国家"十二五"重点图书

规模化生态养殖技术丛书

规模化生态肉牛养殖技术

曹玉凤　李秋凤　主编

U0218784

中国农业大学出版社

·北京·

图书在版编目(CIP)数据

规模化生态肉牛养殖技术/曹玉凤,李秋凤主编.—北京:中国农业大学出版社,2012.12(2016.12重印)

ISBN 978-7-5655-0639-0

Ⅰ.①规… Ⅱ.①曹… ②李… Ⅲ.①肉牛-饲养管理

Ⅳ.①S823.9

中国版本图书馆 CIP 数据核字(2012)第 285311 号

书　　名	规模化生态肉牛养殖技术		
作　　者	曹玉凤　李秋凤　主编		
策划编辑	林孝栋　赵　中	责任编辑	赵　中
封面设计	郑　川	责任校对	陈　莹　王晓凤
出版发行	中国农业大学出版社		
社　　址	北京市海淀区圆明园西路 2 号	邮政编码	100193
电　　话	发行部 010-62818525,8625	读者服务部	010-62732336
	编辑部 010-62732617,2618	出 版 部	010-62733440
网　　址	http://www.cau.edu.cn/caup	E-mail	cbsszs @ cau.edu.cn
经　　销	新华书店		
印　　刷	涿州市星河印刷有限公司		
版　　次	2013 年 1 月第 1 版　　2016 年 12 月第 8 次印刷		
规　　格	880×1 230　32 开本　10.625 印张　293 千字		
定　　价	19.00 元		

图书如有质量问题本社发行部负责调换

规模化生态养殖技术
丛书编委会

总　序

改革开放以来,我国畜牧业飞速发展,由传统畜牧业向现代畜牧业逐渐转变。多数畜禽养殖从过去的散养发展到现在的以规模化为主的集约化养殖方式,不仅满足了人们对畜产品日益增长的需求,而且在促进农民增收和加快社会主义新农村建设方面发挥了积极作用。但是,由于我们的畜牧业起点低、基础差,标准化规模养殖整体水平与现代产业发展要求相比仍有不少差距,在发展中,也逐渐暴露出一些问题。主要体现在以下几个方面:

第一,伴随着规模的不断扩大,相应配套设施没有跟上,造成养殖环境逐渐恶化,带来一系列的问题,比如环境污染、动物疾病等。

第二,为了追求"原始"或"生态",提高产品质量,生产"有机"畜产品,对动物采取散养方式,但由于缺乏生态平衡意识和科学的资源开发与利用技术,造成资源的过度开发和环境遭受严重破坏。

第三,为了片面追求动物的高生产力和养殖的高效益,在养殖过程中添加违禁物,如激素、有害化学品等,不仅损伤动物机体,而且添加物本身及其代谢产物在动物体内的残留对消费者健康造成严重的威胁。"瘦肉精"事件就是一个典型的例证。

第四,由于采取高密度规模化养殖,硬件设施落后,环境控制能力低下,使动物长期处于亚临床状态,导致抗病能力下降,进而发生一系列的疾病,尤其是传染病。为了控制疾病,减少死亡损失,人们自觉或不自觉地大量添加药物,不仅损伤动物自身的免疫机能,而且对环境造成严重污染,对消费者健康形成重大威胁。

针对以上问题,2010年农业部启动了畜禽养殖标准化示范创建活动,经过几年的工作,成绩显著。为了配合这一示范创建活动,指导广大养殖场在养殖过程中将"规模"与"生态"有机结合,中国农业大学出版社策划了《规模化生态养殖技术丛书》。本套丛书包括《规模化生态蛋鸡养殖技术》、《规模化生态肉鸡养殖技术》、《规模化生态奶牛养殖技术》、《规模化生态肉牛养殖技术》、《规模化生态养羊技术》、《规模化生态养兔技术》、《规模化生态养猪技术》、《规模化生态养鸭技术》、《规模化生态养鹅技术》和《规模化生态养鱼技术》十部图书。

《规模化生态养殖技术丛书》的编写是一个系统的工程，要求编著者既有较深厚的理论功底，同时又具备丰富的实践经验。经过大量的调研和对主编的遴选工作，组成了十个编写小组，涉及科技人员百余名。经过一年多的努力工作，本套丛书完成初稿。经过编辑人员的辛勤工作，特别是与编著者的反复沟通，最后定稿，即将与读者见面。

细读本套丛书，可以体会到这样几个特点：

第一，概念清楚。本套丛书清晰地阐明了规模的相对性，体现在其具有时代性和区域性特点；明确了规模养殖和规模化的本质区别，生态养殖和传统散养的不同。提出规模化生态养殖就是将生态养殖的系统理论或原理应用于规模化养殖之中，通过优良品种的应用、生态无污染环境的控制、生态饲料的配制、良好的饲养管理和防疫技术的提供，满足动物福利需求，获得高效生产效率、高质量动物产品和高额养殖利润，同时保护环境，实现生态平衡。

第二，针对性强，适合中国国情。本套丛书的编写者均为来自大专院校和科研单位的畜牧兽医专家，长期从事相关课程的教学、科研和技术推广工作，所养殖的动物以北方畜禽为主，针对我国目前的饲养条件和饲养环境，提出了一整套生态养殖技术理论与实践经验。

第三，技术先进、适用。本套丛书所提出或介绍的生态养殖技术，多数是编著者在多年的科研和技术推广工作中的科研成果，同时吸纳了国内外部分相关实用新技术，是先进性和实用性的有机结合。以生态养兔技术为例，详细介绍了仿生地下繁育技术、生态放养（林地、山场、草场、果园）技术、半草半料养殖模式、中草药预防球虫病技术、生态驱蚊技术、生态保暖供暖技术、生态除臭技术、粪便有机物分解控制技术等。再如，规模化生态养鹅技术中介绍了稻鹅共育模式、果园养鹅模式、林下养鹅模式、养鹅治蝗模式和鱼鹅混养模式等，很有借鉴价值。

第四,语言朴实,通俗易懂。本套丛书编著者多数来自农村,有较长的农村生活经历。从事本专业以来,长期深入农村畜牧生产第一线,与广大养殖场(户)建立了广泛的联系。他们熟悉农民语言,在本套丛书之中以农民喜闻乐见的语言表述,更易为基层所接受。

我国畜牧养殖业正处于一个由粗放型向集约化、由零星散养型向规模化、由家庭副业型向专业化、由传统型向科学化方向发展过渡的时期。伴随着科技的发展和人们生活水平的提高,科技意识、环保意识、安全意识和保健意识的增强,对畜产品质量和畜牧生产方式提出更高的要求。希望本套丛书的出版,能够在一系列的畜牧生产转型发展中发挥一定的促进作用。

规模化生态养殖在我国起步较晚,该技术体系尚不成熟,很多方面处于探索阶段,因此,本套丛书在技术方面难免存在一些局限性,或存在一定的缺点和不足。希望读者提出宝贵意见,以便日后逐渐完善。

感谢中国农业大学出版社各位编辑的辛勤劳动,为本套丛书的出版呕心沥血。期盼他们的付出换来丰硕的成果——广大读者对本书相关技术的理解、应用和获益。

中国畜牧兽医学会副理事长

2012 年 9 月 3 日

前　言

　　目前我国是第三大牛肉生产国,仅次于美国、巴西。据《中国畜牧业年鉴 2011》数字,2010 年全国肉牛存栏 6 738.9 万头,牛出栏 4 716.8 万头,牛肉产量 653.07 万吨。随着养牛业的快速发展,粪便污染已成为一大难题,据有关资料显示,有些地方牛粪对环境的污染已超过了工业污染的总量,有的甚至高达 2 倍以上。一头肉牛每年产生的粪便为5~6 吨。由于各地对牛粪的处理普遍重视不够,导致牛粪到处乱堆乱放,对周边居民的正常生活造成不良影响,同时牛粪又是多种细菌病原体滋生繁殖的源头,对人畜有着严重的影响。随着人民健康意识的加强,对牛肉安全要求以及生态环境保护的要求不断提高,肉牛业规模化经营、生态养殖与环境可持续发展成为我国肉牛发展的必然趋势。

　　为适应我国肉牛规模化生态养殖的新形势,我们编写了《规模化生态肉牛养殖技术》一书,以供同行参阅。本书分九章,较系统地介绍了肉牛规模化生态养殖投资效益分析、肉牛的生物学特性与生态环境控制技术、肉牛品种与引种、肉牛营养需要与生态饲料配制技术、饲草种植与粗饲料加工技术、母牛的饲养管理与繁殖技术、肉牛生态育肥技术、肉牛场的卫生消毒与防疫技术、规模化生态肉牛场粪污处理与利用技术等技术,语言通俗易懂,技术简明实用。

　　本书由"现代农业产业技术体系建设专项资金"资助,同时感谢中国农业大学出版社的编辑们为本书出版付出的辛勤劳动。此外,本书参考和引用了许多文献的有关内容,在此一并致谢!

　　因作者水平所限,书中缺点和不足之处在所难免,敬请读者批评指正。

编　者

2012 年 9 月

目　录

第一章
肉牛规模化生态养殖投资效益分析

导　　读　肉牛规模化生态养殖,主要是通过肉牛标准化养殖配套技术,改善肉质风味,保障食品安全,提高我国肉牛产品质量,增强产品的国际市场竞争力,提高肉牛养殖的经济效益;通过对肉牛排泄物进行综合处理,减少环境污染,提高资源利用率,实现肉牛养殖业的可持续发展。对增加养殖收入,促进我国社会经济发展,满足人民生活需要,增加外汇收入和实现肉牛业"优质、高效、安全、生态"的目标具有重要的意义。

第一节　肉牛规模化生态养殖的意义

改革开放以来,我国肉牛业发展迅速,2007 年,我国的牛肉产量已达到 700 万吨,比改革开放初的 1980 年增长了近 12 倍,但与国外发达国家比较,我国城乡居民的牛肉消费量仍然很低。美国、加拿大等国家牛肉年人均消费量高达 40～60 千克,欧盟国家为 20～30 千克,而我国尚不及世界平均水平的一半。国内外的实践都表明,随着人们生活水平和收入的提高,牛肉消费量将呈逐步增加的趋势。我国当前正处于经济快速发展的阶段,随着小康社会和社会主义新农村的建设,人们对牛肉的需求量将越来越大,肉牛业迫切需要加快发展步伐,但以往的传统养殖模式已经不适应建设社会主义新农村的要求,迫切需要转变养殖方式,进行规模化生态养殖。

我国目前的肉牛养殖多数是单纯追求产量和经济效益的掠夺生产模式,不仅无法做到高产高效,反而造成了养殖环境自身的恶化,同时还对自然环境造成了较为严重影响。虽然,我国已经成为牛肉生产大国,但远不是牛肉生产强国,更不是牛肉出口大国,高档牛肉还主要依赖进口。这是由于我国肉牛生产中存在良种抗逆性差、饲草饲料品质差、投入品及产品药残超标、饲养管理水平低、牛肉品质低下、生产效率低等难题所致。我国加入 WTO 后,牛肉面临越来越强大的国际竞争。同时,发达国家还纷纷采取技术壁垒限制别国牛肉的进口,不仅要求肉质要好,还要求安全无公害。面对日趋加剧的国际竞争压力,我国肉牛业只有走健康生态循环养殖的标准化道路,生产出优质安全的牛肉,才能立足于国际市场。

通过肉牛规模化生态养殖,实施肉牛生态养殖配套技术,改善肉质风味,保障食品安全;通过对肉牛排泄物进行综合处理,减少污染,提高资源利用率,可以迅速提高我国肉牛产品质量,增强产品的国际市场竞争力,提高肉牛养殖的经济效益;通过标准化养殖和粪污处理,降低环境污染,提高肉牛养殖的生态效益,实现肉牛养殖业的可持续发展。对增加农民收入,促进我国社会经济发展,满足人民生活需要,增加外汇收入和实现肉牛业"优质、高效、安全、生态"的目标具有重要的意义。

第二节　肉牛规模化生态养殖的模式

　　生态肉牛生产模式是利用生态学、生态经济学、系统工程和清洁生产思想、理论和方法进行肉牛业生产的过程,其目的在于达到保护环境、资源永续利用的同时生产优质的牛肉。生产模式的特点是在肉牛业全程生产过程中既要体现生态学和生态经济学的理论,同时也要充分利用清洁生产工艺,从而达到生产优质、无污染和健康的牛肉产品;其模式的成功关键在于实现饲料基地、饲料及饲料生产、养殖及生物环境控制、废弃物综合利用及粪便循环利用等环节能够清洁生产,实现无废弃物或少废弃物生产过程。

　　肉牛规模化生态养殖场生产模式主要特点是以大规模肉牛养殖为主,但缺乏相应规模的饲料粮(草)生产基地和粪便消纳土地场所,因此需要通过一系列生产技术措施和环境工程技术进行环境治理,最终生产优质牛肉产品。

第三节　肉牛规模化生态养殖的效益分析

　　河北盐山县益民养殖服务有限公司,成立于 1997 年,现已发展成为沧州市规模最大的集肉牛生态规模养殖、饲料生产销售、黄牛杂交改良繁育、肉牛屠宰加工、养殖综合服务、养殖技术培训于一体的畜牧业综合企业。下设"河北犇腾牧业有限公司"和"沧州益民牧业有限公司"两家子公司,并组织成立了"盐山县益民养牛专业合作社"。拥有 3 个规模化肉牛养殖基地,1 座饲料加工厂,1 个肉牛屠宰厂,1 处养殖综合服务中心,1 座大型沼气发电站和 20 个黄牛改良站。益民养牛专业合作社已发展社员 869 户,遍布盐山县的 12 个乡镇,公司与农户相互依托、合作共赢。

该公司主营业务肉牛养殖与屠宰加工,主导产品"渤海金牛"牌无公害肉牛及牛肉。2005 年被评为"河北省扶贫龙头企业";2008 年被评为"国家扶贫龙头企业";2007—2009 年连续 3 年被评为"沧州市农业产业化经营重点龙头企业";2010 年被评为"河北省农业产业化重点龙头企业"。益民养牛专业合作社,2008 年被评为"沧州市农民专业合作社示范社";2010 年 11 月被评为"河北省农民专业合作社示范社"。是农业部"2011 年肉牛标准化养殖示范场",本场建设高起点、严要求,各种生产设施设备先进齐全,自动化程度高,目前可存栏肉牛 3 000 多头。2009 年,公司实施了国家财政补助的大型沼气池项目,投资 400 万元,建起了 1 000 米³ 的地上搪瓷钢板结构的、具有领先水平的大型沼气池,日产沼气 1 000 米³。引进深圳康达环保科技有限公司生产的、达到国际先进水平的沼气发电机组,日发电量 1 500 千瓦,成为沧州市沼气发电最成功的先例。2010 年,公司又投资建起了现代化肉牛屠宰加工厂,将养牛基地与合作社社员饲养出栏的肥牛,按照穆斯林教规,利用先进的屠宰加工流水线,采用胴体嫩化与精细分割技术,加工成"渤海金牛"牌优质牛肉产品,有效地提高了肉牛的附加值。

一、生态养牛综合效益情况

益民公司投身养殖业,通过 13 年的发展历程,现已发展到总存栏肉牛 4 000 头;年出栏肥牛 6 000 头;年产有机肥 15 000 米³;年生产饲料 10 000 吨;年消化农作物秸秆 20 000 吨;年产沼气 36 万米³;年发电量 54 万千瓦;年屠宰肉牛 10 000 头;年配种母牛 10 000 多头的生产能力,完善了肉牛养殖链条,提高了公司的经济效益(不计饲料销售利润、黄牛改良利润、屠宰加工按公司年出栏量算)。

1.肉牛养殖效益

按照 2010 年价格饲养西门塔尔杂交肉牛,购进架子牛平均体重

300 千克,市场价格 15.6 元/千克,饲养 7 个半月出栏(日增重 1.11 千克)。出栏肥牛平均体重 550 千克,价格 15.2 元/千克。按 50% 的出栏量 3 000 头/年效益如下:

收入:卖牛收入 15.2 元/千克×550 千克=8 360 元/头;卖粪收入 60 元/米³×5 米³/头=300 元/头

合计:8 660 元/头×3 000 头=25 980 000 元

支出:买牛款 15.6 元/千克×300 千克=4 680 元/头;精饲料款 1 000 千克×2.6 元/千克=2 600 元/头,青贮饲草款 3 350 千克×0.1 元/千克=335 元/头,水电费 20 元/头,人工费 125 元/头,防疫灭菌费 20 元/头,折旧费 80 元/头,管理费 20 元/头,其他支出 20 元/头。

合计:7 900 元/头×3 000 元=23 700 000 元

养牛利润:25 980 000 元-23 700 000 元=22 800 000 元

2.屠宰加工效益情况

屠宰加工厂所宰杀的肥牛全部来自本公司养牛基地及养牛合作社。公司诚信经营,绝不饲喂违禁药品,绝不注水掺假,所生产的"渤海金牛"牌牛肉系列产品,以高出市场普通牛肉 1.5～7.5 元/千克(不同档次产品)的价格销往上海、山东、云南、江苏等省市,产品销售畅通。

产品按公司外销价格计算屠宰效益,平均净利润为 480 元/头。年屠宰量以 3 000 头计算效益如下:

全年屠宰净利润:480 元/头×3 000 头＝1 440 000 元

3.沼气发电效益估算

本公司养殖场内建设有大型沼气发电工程,有效转化和利用养殖过程所产生的废弃物,降低自然资源的消耗,开发再生新能源。只需一名技术人员在兼职的情况下操作管理。本场区有热水深机井一眼,为沼气池常年提供 35℃ 的温水。此外,还将沼气发电过程中产生的热量,综合回收导入沼气发酵罐,不需再消耗其他能源,就能保证沼气池常年运行。沼气发电站日消化鲜牛粪 15 吨,日产沼渣 5.5 吨,用于加工有机肥;日产沼液 36 吨,用于加工叶面肥或销售给农户施入农田;日产沼气约 1 000 米³,可发电 1 500 千瓦。效益如下:

收入:发电价值 0.8 元/度×1 500 度＝1 200 元

沼渣:100 元/吨×5.5 吨 ＝ 550 元

沼液:10 元/吨×36 吨＝360 元

合计:1 200 元＋550 元＋360 元 ＝ 2 110 元

支出:牛粪 60 元/吨×15 吨＝900 元,人工 900 元,修理费 20 元,其他费用 30 元。

合计:900 元＋900 元＋20 元＋30 元＝1 850 元

年利润:(2 110 元/天－1 850 元/天)×360 天 ＝ 93 600 元

本公司生态养牛综合效益:

年利润总额＝养牛利润＋屠宰利润＋沼气发电利润

＝2 280 000 元＋1 440 000 元＋93 600 元

＝3 813 600 元

此外,养牛行业是国家批准的免税行业,本公司所屠宰的肥牛,全部来源于本场的养牛基地及合作社,不外购肥牛。屠宰加工环节也符合国家惠农的免税政策。所以,比较可观的利润基本能够满足公司的持续发展。

二、生态养牛的经验

1.发展集养殖、加工、销售、餐饮为一体的全产业链现代化肉牛产业集团,实现可持续发展

目前,我国肉牛业正处在转型阶段,小规模散养户将逐渐退出市场。随着国际市场一体化的发展,国外牛肉的大量进口,劳动力价格以及饲料原料价格的不断攀升,养牛利润会逐渐缩水。养牛企业要想在多重压力的情况下实现发展,走集养殖、加工、销售、餐饮为一体的全产业链现代化之路,延长产业链,实现可持续发展,在同等的市场条件下,争取更大的养殖效益。河北盐山县益民养殖服务有限公司 2011 年又成立了餐饮公司,目前运营状况良好。

2. 严格制度、精细管理是实现目标的保障

随着肉牛规模化养殖的发展,能否做好疫病防预,饲养成本控制,养殖精细化管理,关系着企业的生死存亡。因此,提升从业人员的技术水平,强化养殖管理制度,做到部门之间各负其责协调发展,各生产环节管理不出漏洞,不形成交叉。才能将繁琐连续的养殖生产管理到位,实现规模化养殖的预定利润目标。

3. 完整的产业化经营是抗风险促发展的有效途径

本行业周期长、风险大、利润薄。气候环境、市场行情、传染病等很多因素,随时都可能将微薄的养殖利润夺走。要想规避风险,就需要拉长产业经营链条,提高在架子牛采购、饲料等原材料储备、育肥牛终端产品增值等养殖各环节的市场竞争力,增加养殖安全系数。可保证经营过程中这环节无利润,那环节有利润或利润大,确保企业平稳发展。

4. 联合农户保护母牛资源,促进肉牛产业可持续发展

为了保护农户饲养母牛的积极性,也为益民养牛基地提供良种牛犊资源。公司充分利用自身的产业优势,遍布全县的黄牛改良服务网络,整合县域内千家万户的母牛资源。按照合作社的组织模式,由公司牵头组织成立了"良种牛繁育合作社",并组建了合作社管理委员会。合作社法人代表王俊杰担任理事长,县合作社主管部门及畜牧局主管领导任合作社监事,各改良站负责人出任合作社理事,共同拟定了"公司"、"改良站"、"农户"的三方合作合同,制定了管理制度并监督执行。

在合作经营中,公司负责合作社的业务管理,肉用良种牛冻精细管的供应工作,以高出市场平均价 0.5 元/千克的价格,收购农户社员饲养的改良牛犊,在益民养牛基地集中育肥;各改良站按合同履行合作社理事的职责,组织吸纳服务区内的养牛户加入合作社,指导社员签订"肉用良种牛繁育收购合同",做好所辖片区社员的组织管理、配种防疫、产前产后的跟踪服务,并协助公司与农户完成改良牛犊的收购工作。在利益诱导与合同制约的前提下,各方分工明确、恪尽职守、互惠互利、合作共赢。目前,农户入社养牛积极性高,合作社运转正常,发展前景良好。

思考题

1.肉牛规模化生态养殖的意义是什么?

2.怎样进行肉牛规模化生态养殖?

第二章

肉牛的生物学特性与生态
环境控制技术

　　导　　读　本章介绍了肉牛的生物学特性、生态环境控制措施和
生态肉牛场建设。从肉牛的生活习性、采食习性和消化特点、繁殖特
性、生长特性、对环境的适应性及对外界刺激的反应性六方面论述了肉
牛的生物学特性以及应当提供的福利。生态环境控制技术主要介绍了
各种环境条件(温度、湿度、有害气体、微生物和微粒等)对肉牛的影响
及其生态环境安全控制技术;生态肉牛场建设主要介绍了场址选择、场
区的布局和规划、牛舍设计以及养牛的设备和设施等。

第一节　肉牛的生物学特性与福利

　　牛在进化过程中,由于人工选择和自然选择的作用,逐渐形成了不
同于其他动物的某些习性和特点。了解这些习性和特点,对于采取正
确的饲养管理方法、改善肉牛福利、实现生态肉牛的科学饲养是十分有
益的。

肉牛福利的主要内容：①提供方便的、适温的、清洁饮水和保持生活健康、生长所需要的食物，使肉牛不受饥渴之苦；②提供适当的房舍或栖息场所，能够安全舒适地采食、反刍、休息和睡眠，使肉牛不受困顿不适之苦；③做好防疫，预防疾病和给患病肉牛及时诊治，使肉牛不受疼痛、伤病之苦；④提供足够的空间、适当的设施以及与同类肉牛伙伴在一起，使肉牛能够自由表达社交行为、性行为、泌乳行为、分娩行为等正常的习性；⑤保证拥有良好的栖息条件和处置条件（包括淘汰屠宰过程），保障肉牛免受应激，如惊吓、噪声、驱打、潮湿、酷热、寒风、雨淋、空气污浊、随意换料、饲料腐败等刺激，使肉牛不受恐惧、应激和精神上的痛苦。

一、生活习性

1. 睡眠

牛的睡眠时间很短，每日总共 1～1.5 小时。因此，在夏季对牛可进行夜间放牧或饲喂，使牛在夜间有充分的时间采食和反刍。

2. 群居性

牛是群居家畜，具有合群行为，群体中形成群体等级制度和群体优势序列，当不同的品种或同一品种不同的个体混合时，经过争斗建立起优势序列，优势者在各方面得以优先。

放牧时，牛喜欢 3～5 头结帮活动。放牧牛群不宜过大，否则影响牛的辨识能力，争斗次数增加，一般放牧牛群以 70 头以下为宜。在山高坡陡、地势复杂、产草量低的地方放牧，牛群可小一些；相反，则可大一些。分群应考虑牛的年龄、健康状况和生理等因素，6～8 月龄牛，老牛、病弱牛、妊娠最后 4 个月牛以及哺乳幼犊的母牛，可组成一群，不要把公牛和爱抵架的牛混入这些牛群中，以免发生事故。舍饲时仅有 2% 单独散卧，40% 以上 3～5 头结帮合卧。

牛的群体行为对于放牧按时归队和防御敌害具有重要意义。牛群混合时一般要 7～10 天才能恢复安静，牛的这一习性，在育肥时应给予注意,育肥群体中不要加入陌生个体。

3.视觉、听觉、嗅觉灵敏,记忆力

牛的视觉、听觉、嗅觉灵敏,记忆力强。公牛的性行为主要由视觉、听觉和嗅觉等所引起,并且视觉比嗅觉更为重要。公牛看到母牛或闻嗅母牛外阴部时,就会产生性行为。公牛的记忆力强,对它接触过的人和事,印象深刻,例如兽医或打过它的人接近它时常有反感的表现。

4.运动

牛喜欢自由活动,在运动时常表现嬉耍性的行为特征,幼牛特别活跃,饲养管理上保证牛的运动时间,散栏式饲养有利于牛的健康和生产。

5.排泄

一般情况下,每天牛排尿9~11次,排粪12~20次,早晨排粪次数最多,排尿和排粪时,平均举尾时间分别为21秒和36秒。成年牛每天粪尿的排泄量31~36千克。牛排泄的次数和排泄量因采食饲料的种类和数量、环境温度及个体有差异,排泄的随意性大,对于散放的舍饲牛,在运动场上有向一处排泄的倾向,排泄的粪便大量堆积于某处,牛对粪便不在意,常行走或躺卧于粪便上,舍饲中,管理上注意清除粪便。

二、采食习性和消化特点

1.采食

牛是草食性反刍动物,以植物为食物,主要采食植物的根、茎、叶和籽实。牛无上门齿,舌是摄取食物的主要器官。牛的舌较长,运动灵活而坚强有力,舌面粗糙,能伸出口外,将草卷入口内。上颌齿龈和下颌门齿将草切断,或靠头部的牵引动作将草扯断。散落的饲料用舌舔取。因此,牛适宜在牧草较高的草地放牧,当草高度未超过5~10厘米时,牛难以吃饱,并会因"跑青"而大量消耗体力。

牛有竞食性,即在自由采食时互相抢食。利用牛的这一特性,群饲可增加对劣质饲料的采食量。但在放牧时,应避免因抢食、行走快造成

11

的牧草践踏。

牛首先是喜欢吃青绿饲料、精料和多汁饲料,其次是优质青干草、低水分青贮料,最不爱吃秸秆类粗饲料。同一类饲料中,牛爱吃1厘米^{3}左右的颗粒料,最不喜欢吃粉料。因此,在以秸秆为主喂牛时,应将秸秆切短或粉碎,并拌入精料或打碎的块根、块茎类饲料饲喂,也可将其粉碎后压制成颗粒饲料饲喂。

牛爱吃新鲜饲料,不爱吃长时间拱食而粘附鼻唇镜黏液的饲料。因此,喂草料时应做到少添、勤添,下槽后清扫饲槽,把剩下的草料晾干后再喂。

整粒谷物不能顺利通过小牛瘤胃下端开口,但很容易通过大牛的瘤胃。牛在采食时不嚼碎谷物,而将它贮存在瘤胃内待反刍时才破碎。所以,可以用整粒谷物饲喂体重100~150千克以下的小牛。饲喂大牛时,则需对谷物进行加工,否则会有较多的谷物通过瘤胃并随粪便排出。加工方法最好是将谷物饲料蒸汽压片或稍加粉碎或简单地碾压。磨成细粉后喂牛,反而导致养分在消化过程中损失,还可能造成消化道疾病。圆形块根、块茎类饲料(如胡萝卜等),应切成小块或片再喂。

牛的舌上面长有许多尖端朝后的角质刺状凸出物,食物一旦被舌卷入口中就难以吐出。如果饲草饲料中混入铁钉、铁丝异物时,就会进到胃内,当牛反刍时胃壁会强烈收缩,挤压停留在网胃前部的尖锐异物而刺破胃壁,造成创伤性胃炎;有时还会刺伤心包,引起心包炎,甚至造成死亡。因此,给牛备料时应避免铁器及尖锐物混入草料中。

在自由采食情况下,牛全天采食时间为6~7小时。放牧牛比舍饲牛采食时间长。饲喂粗糙饲料,如长草或秸秆类,采食时间延长;而喂软嫩的饲料(如短草、鲜草),则采食时间短。放牧情况下,草高30~45厘米时采食速度最快。牛的采食还受气候变化的影响,气温低于20℃时,自由采食时间约2/3分布在白天;气温为27℃时,约1/3的采食时间分布在白天。天气晴朗时,白天采食时间比阴雨天多,阴雨天到来前夕,采食时间延长。天气过冷时,采食时间延长。放牧牛,在日出时和近黄昏有两个采食高峰。因此,夏季应以夜饲

（牧）为主，延长上槽时间；冬季则宜舍饲。日粮质量较差时，应增加饲喂时间。放牧时应早出晚归，使牛多进食；清明节前后，先喂牛干草，吃半饱再放牧，以防止拉稀和膨胀病，经 10～15 天适应期后，就可直接出牧了。秋季，牧草逐渐变老，适口性差，牛不喜欢采食；进入霜期，待草上的霜化后才能放牧。

牛的采食量与体重密切相关。日采食干物质，2 月龄时为其体重的 3.2%～3.4%；6 月龄时为其体重的 3.0%；12 月龄牛体重为 250 千克时，日采食干物质为其体重的 2.8%；到 500 千克体重时为 2.3%。

牛对切短的干草比长草采食量大，对草粉采食量少。但把草粉制成颗粒饲料时，采食量可增加 50%。日粮中营养不平衡时，牛的采食量减少。在牛的日粮中增加精料比例，采食量会随之增加；用阉牛试验表明，精料量占日粮 50% 以上时，干物质采食量不再增加；当精料量占日粮的 70% 以上时，采食量随之下降。日粮中脂肪含量超过 6% 时，日粮中粗纤维的消化率下降；超过 12% 时，食欲受到限制。环境安静，群饲自由采食及适当延长采食时间等，均可增加牛的采食量，反之采食量减少。饲草饲料的 pH 过低，会降低牛的采食量。环境温度从 10℃ 逐渐降低时，可使牛对干物质的采食量增加 5%～10%；当环境温度上升超过 27℃ 时，牛的食欲下降，采食量减少。

2. 饮水

先把上下唇合拢，中央留一小缝，伸入液体中，然后因下颌、上颌和舌的有规律的运动，使口腔内形成负压，液体便被吸入到口腔中。牛的饮水量较非反刍动物大，同时受多种因素影响。气温升高，需水量增加；泌乳牛需水量大，每产 1 千克奶需水 3～4 千克；放牧饲养牛较舍饲牛需水多 50%。一般情况下，牛的需水量可按每千克干物质需水 3～5千克供给。生产中最好是自由饮水。冬天应饮温水（不宜低于 10℃），以促进采食、消化吸收，并减少体温散失，以利于增重。

3. 消化特点

（1）咀嚼　食物在口腔内经过咀嚼，被牙齿压碎、磨碎，然后吞咽。牛在采食时未经充分咀嚼（15～30 次）即行咽下，但经过一定时间后，瘤胃中食物重新回到口腔精细咀嚼。乳牛吃谷粒和青贮料时,平均每分钟咀嚼 94 次,吃干草时咀嚼 78 次,由此计算,乳牛 1 天内咀嚼的总次数(包括反刍时咀嚼次数)约为 42 000 次,可见牛在咀嚼上消耗大量的能量。因此,对饲料进行加工(切短、磨碎等),可以节省牛的能量消耗。

(2)复胃消化 牛有 4 个胃室。前三胃无胃腺,第四胃有胃腺,能分泌消化液,其作用与单胃相同。牛胃容积大,占整个消化道 70% 左右。瘤胃中有大量细菌和纤毛虫,能消化和分解饲料中的纤维素。在所有动物中,反刍类动物对粗纤维的消化率最高(50%～90%),所以,牛的日粮应以体积较大的青粗饲料为主。瘤胃微生物还能利用尿素等非蛋白氮化合物,合成微生物蛋白,为宿主提供营养。

(3)反刍 牛在摄食时,饲料一般不经充分咀嚼,就匆匆吞咽进入瘤胃,在瘤胃中浸泡和软化。通常在休息时返回到口腔仔细地咀嚼,然后混入大量唾液,再吞咽入胃。这一过程称为反刍。饲喂后通常经过 0.5～1 小时才出现反刍。每一次反刍的持续时间平均为 40～50 分钟,然后间歇一段时间再开始第二次反刍。这样,一昼夜进行 6～8 次反刍,犊牛的反刍次数则更多。牛每天总反刍时间平均为 7～8 小时。犊牛大约在生后第三周出现反刍,这时犊牛开始选食草料,瘤胃内有微生物滋生。如果训练犊牛提早采食粗料,则反刍提前出现。

自由采食情况下,反刍时间均匀地分布在 1 天之中。白天放牧、舍饲或正在劳役的牛,则反刍主要分布在夜间。牛患病、劳累过度、饮水量不足、饲料品质不良、环境干扰等均能抑制反刍,导致疾病。

三、繁殖特性

牛为双角子宫,单胎动物,性成熟年龄因牛种和品种而有差异,普通牛性成熟年龄一般为 8～12 月龄,小型品种性成熟早一些,个别品种要 15～18 月龄才能达到性成熟。牛的繁殖年限为 11～12 年。一般无明显的繁殖季节,但春秋季发情较明显,牦牛发情有明显的季节性,主要集中在 7～9 月份,范围为 6～10 月份。牛的发情周期平均为 21 天,发情持续性较短,一般为 16～21 小时,母牦牛的发情持续性较长,18～48 小时。圈养牛随年龄增加,尤其在高龄时,发情持续性增长,达 1～3 天。

母牛发情后,表现为兴奋不安,食欲下降,鸣叫,外阴红肿,颜色变深,阴道分泌物增加;公牛通过听觉和嗅觉判断母牛的发情状况,反应为追逐,与母牛靠近,表现为性激动。当发情母牛与公牛接触时,公牛常嗅舐母牛外阴部,公牛阴茎勃起,母牛接受交配时,站立不动,公牛爬跨,跃上母牛后躯,阴茎插入母牛阴道,抽动,阴茎提肌收缩,5～10 秒后射精,公牛跃下,阴茎收回,完成整个交配行为。

母牛妊娠后,食欲增加,被毛光泽性增加,性情很温顺,行动缓慢、小心。

四、生长特性

牛断奶前各组织器官发育已基本完成,神经组织发育已完善,牛体的生长过程是由前到后、由下到上的过程。各组织生长首先是与生命关系密切者优先。身体各部位生长次序为由头到颈、四肢,再到胸廓,最后是腰尻部;各组织发育的顺序是由神经到骨骼,再到肌肉,最后到脂肪。10～12 月龄以前是骨骼生长发育的高峰期,12 月龄后肌肉生长加快,18 月龄左右其生长基本完成,以后脂肪的沉积加快。牛在生长发育某阶段受营养水平的限制,生长速度减慢甚至停止,当恢复到高营养水平后,生长速度比未受限饲养的牛快,经过一段时间饲养后能恢复到正常体重,称之为代偿生长,合理利用代偿生长有助于肉牛生产。

五、对环境的适应性

牛是一种大型的哺乳类恒温动物。体型较大,每单位体重的体表面积小,较有利于热的保存,不利于热的发散。如体重 1 千克的动物,代谢体重(体重的 0.75 次方)亦为 1 千克,体表面积为 0.10 米²。体重 100 千克的动物,代谢体重为 32 千克,体表面积为 2.2 米²。亦即体重增加 100 倍,代谢体重增加 32 倍,体表面积仅增加 22 倍。一般而言,体重大的牛怕热而耐寒;体型小的牛耐热而怕冷。

被毛和体组织的保温性能好。肉用牛身体的隔热能力很强,不同品种、个体的体组织隔热能力差异很大,例如,海福特牛体组织的隔热要比荷斯坦牛大 20%。

饲料消化和利用过程产热量多。牛采食大量的青粗料,瘤胃的发酵以及采食、反刍、消化和养分的吸收利用等过程中产生大量的热(热增耗或食后增热),在寒冷季节可用于体温维持,但在炎热时却增加散热负担。据研究,瘤胃发酵产生的乙酸,在代谢过程中有 41%～67% 以热的形式损失,丙酸损失 14%～44%,丁酸损失 24%～38%。

牛汗腺机能不发达,且有被毛妨碍对流和蒸发,所以,当温度升高时必须加快呼吸蒸发。

牦牛适应于高寒、海拔 3 000 米以上的高山草原地区。黄牛主要分布于温带和亚热带地区,耐寒不耐热。我国南方黄牛个体小,皮薄毛稀,耐热耐潮湿,并能抗蜱。一般来说,大部分牛耐寒不耐热。

牛喜欢安静的环境,噪声影响牛的生长和产奶。

温度是对牛影响最重要的环境因子,一般情况,牛适宜的环境温度为 10～21℃。高温使牛的采食量下降,引起牛生长速度降低和产奶量下降,同时使公牛精液品质下降,一般情况下,欧洲类型的牛耐热性差一些,瘤牛耐热性较强;低温对牛无明显的影响,牛对低温环境调节能力较强,低温使牛的基础代谢增加,通过增加采食量产生热量抵御低温条件;极端低温抑制母牛的发情和排卵。湿度通过温度来影响牛的生产性能,高湿使高温或低温对牛的影响加剧。

基于牛耐寒怕热的生物学特性,在牧场和牛舍的设计上应注意防暑,特别是太阳辐射热的防上,如屋顶敷设隔热层,建筑凉棚,绿化环境。热天牛体淋水,使用风扇,饮用冷水,提高日粮营养水平等,都能缓和热应激,减少生产损失。至于寒冷地区,虽不必过分考虑牛舍的保温问题,但亦必须能躲避风雪,牛舍内仍需保持 0℃以上。

六、对外界刺激的反应性

牛的性情温顺,易于管理。但若经常粗暴对待,就可能产生顶人、踢人等恶癖。牛的鼻镜感觉最灵敏,套鼻环处更为敏感,以手指或鼻钳子挟住鼻中隔时,就能驯服它。

牛对突然的意外刺激(如异物、噪声等),也会引起恐惧,产奶量减少,公牛抑制其性活动。公牛有防御反射强的特点,当陌生人接近时,把头低下,目光直射前方,发出粗声出气,前脚刨地吼叫,表现出对来者进行攻击的样子。

在养牛生产中,对牛不要打骂、恫吓。应经常刷拭牛体,使牛养成温顺的性格,利于饲养和管理。

第二节　肉牛场生态环境控制

为了充分发挥肉牛的遗传潜力,获取更大的生产效率,必须对肉牛场的环境加以改善和控制,以获得最大的经济效益。在实际生产中,必须结合当地的社会、自然条件以及经济条件,借鉴国内外先进的科学技术,因地制宜地制订合理的环境调控方案,改善牛舍小气候。

一、环境条件对肉牛的影响

(一)温热环境

1.温度

牛舍气温的高低直接或间接影响牛的生长和繁殖性能。牛的适宜温度为 5～21℃。牛在高温环境下,散热困难,当气温达到某一限度时,牛呼吸频率增加,在严重热应激的条件下,呼吸急速,呼吸频率可达到 200 次左右,同时出现张口伸舌,唾沫直流,甚至出现热性喘息的状态,最后导致热射病,即在高温高湿条件下,机体散热受阻,体内蓄热,导致体温升高,引起中枢神经系统紊乱而发生的一种疾病。动物主要表现为体温升高、行动迟缓、呼吸困难、口舌干燥、食欲减退等症状。另外,高温时也会降低机体免疫力,影响牛的健康。

在低温环境下,对肉牛造成直接的影响的就是在寒冷的冬季容易出现感冒、气管和支气管炎、肺炎以及肾炎等症状,所以必须加以重视。初生牛犊由于体温调节能力尚未健全,更容易受低温的不良影响,必须加强牛犊的保温措施。

气温还可以通过对饲料或病原体寄生虫的作用间接影响牛体的健康,进而影响其生产性能。如高温高湿的夏季,牛吃了发霉的饲料容易引起中毒、流产等症状;寒冷的冬季,牛采食了冰冻的青贮、块根块茎饲料,常导致肠胃功能紊乱,导致拉稀。另外,病原体或寄生虫在适宜的温度和湿度条件下大量繁殖,如球虫病多发于高温高湿季节,而牛痘、流感则多发于低温季节。

2. 湿度

牛舍要求的适宜湿度一般为 55%～80%。湿度主要通过影响机体的体热调节而影响家畜生产力和健康,常与温度、气流和辐射等因素综合作用对家畜产生影响舍内温度不适时,增加舍内湿度可减弱了机体抵抗力,增加发病率,且发病后的过程较为沉重,死亡率也较高。如高温高湿是最热的天气,机体散热受阻,且促进病原性真菌、细菌和寄生虫的繁殖;而低温高湿是最冷的天气,因为潮湿空气导热性增加,且家畜被毛、皮肤等吸收了水分导热性也增加,同时潮湿空气本身善于吸收长波辐射热,所以低温高湿时,牛易患各种感冒性疾病,如风湿、关节炎、肌肉炎、神经痛和消化道疾病等。当舍内温度适宜时,高湿有利于灰尘下沉,空气较为洁净,对防止和控制呼吸道感染有利。而空气过于干燥,牛的皮肤和口、鼻、气管等黏膜发生干裂,减弱皮肤和黏膜对微生物的防卫能力。相对湿度在 40% 以下,易引起呼吸道疾病。

3.气流

任何季节牛舍都需要通风。舍内风速的大小表明了牛舍的换气程度。气流速度在 0.01~0.05 米/秒,说明牛舍的通风不良;大于 0.4 米/秒,则说明舍内有风,不利于冬季保温(夏季适当加强通风)。一般来说,犊牛和成牛适宜的风速分别为 0.1~0.4 米/秒和 0.1~1.0 米/秒。舍内风速可随季节和天气情况进行适当调节,在寒冷冬季,气流速度应在控制在 0.1~0.2 米/秒,不超过 0.25 米/秒;而在夏季,应尽量增大风速或用排风扇加强通风。

另外,和湿度一样,气流也是与其他环境因素综合作用影响牛的体热调节,从而影响其生产力和健康。夏季环境温度低于牛的皮温时,适当增加风速可以提高牛的舒适度,减少热应激;而环境温度高于牛的皮温时,增加风速反而不利。

4.综合评定

实际生产中,通常是不同气温、气湿和气流等多种因素综合作用下的生产环境,各种环境因素相互影响、相辅相成。综合评定牛舍环境的评定指标主要有温湿指数(THI)和等温指数(ETI)。THI 是将气温和相对湿度综合起来评价牛受炎热影响而感到不适的一个指标。Ingraham 等认为,THI 达到 72 左右时,牛处于轻微热应激状态;THI 达到 79 左右时,牛处于中度热应激状态;THI 达到 89 左右时,牛处于严重热应激状态;THI 上升到 98 左右时,牛就会热死。ETI 是用气温、气湿和风速相结合来评定不同状态下牛热应激程度的指标。一般认为当 ETI 低于 23 时,牛较为舒适。

(二)有害气体

牛舍内有害气体主要来源于粪尿分解、剩余饲料发酵、动物呼吸以及尾部排放的臭气。舍内的有害气体不仅影响到牛的生长,对外界环境也造成不同程度的污染。对牛危害比较大的有害气体主要包括氨气、二氧化碳、硫化氢、甲烷、一氧化碳、挥发性脂肪酸、酸类、醇类、酚类和吲哚等。其中氨气和二氧化碳是目前给牛健康造成危害较大的两种气体。

1. 氨气（NH_3）

牛舍内 NH_3 来自含氮有机物（如粪、尿、饲料和垫草等）的分解。NH_3 比重较小，多集中于温暖牛舍的上方。其在舍内含量的高低取决于牛的饲养密度、通风、粪污处理、舍内管理水平和地面结构等，如有漏缝地板的牛舍，NH_3 浓度明显低于实体地面的牛舍。

NH_3 易溶于水，常被溶解或吸附在潮湿地面、墙壁表面，也可溶于牛的黏膜上，产生刺激和损伤。当舍内 NH_3 的浓度较低时，可刺激黏膜，引起黏膜充血，喉头水肿。肉牛长期处于低浓度 NH_3 环境中，对结核病或其他传染病的抵抗力下降，炭疽杆菌、大肠杆菌、肺炎球菌的感染过程显著加快。当氨吸入呼吸系统后，可引起上部呼吸道黏膜充血、支气管炎，严重者引起肺水肿和肺出血等症状。现行的国家行业标准规定，牛舍内 NH_3 含量不能超过 20 毫克/米³。

2. 二氧化碳（CO_2）

CO_2 本身无毒，是无色、无臭、略带酸味的气体，它的危害主要是造成舍内缺氧，引起慢性中毒。CO_2 浓度的高低表明牛舍通风状况和污浊程度，因此二氧化碳浓度常被作为监测空气污染程度的可靠指标。现行的国家行业标准规定，牛舍内 CO_2 含量不能超过 1 500 毫克/米³。实际生产中，夏季牛舍由于门窗开启，CO_2 浓度通常是不超标的，但北方的冬季由于门窗紧闭，舍内通风不良，CO_2 浓度高达 2 000 毫克/米³以上，造成舍内严重缺氧。

（三）微粒

牛舍中的微粒小部分来自于外界的带入，大部分来自饲养过程。微粒的数量取决于有否粪便、垫料的种类（锯末、泥炭、谷草等）、垫料湿度、通风强度、畜舍内气流的强度和方向、家畜的年龄、活动程度以及饲料湿度等。一般空气中尘埃含量为 103～106 粒/米³，加料时可增 10 倍。现行的国家行业标准规定，牛舍内总悬浮颗粒物（TSP）不超过

4 毫克/米³,可吸入颗粒物(PM₁₀)不超过 2 毫克/米³。

　　微粒对肉牛的最大危害是通过呼吸道造成的。危害程度取决于微粒本身的毒性,不同的微粒吸附微生物和有毒有害气体的程度不同。微粒直径的大小也影响其对呼吸道危害的程度,一般直径大于 10 微米的微粒可以留在鼻腔内,对牛不产生影响;5～10 微米的微粒可以到达支气管,容易发生支气管炎和气管炎;5 微米以下的微粒则可进入细支气管和肺泡,这些微粒部分可随呼吸排出,停留在肺组织内的微粒可通过肺泡间隙,侵入周围结缔组织的淋巴间隙和淋巴管内,并能阻塞淋巴管,引起肺部疾病。

(四)微生物

　　牛舍空气中的微生物含量主要取决于舍内空气中微粒的含量,大部分的病原微生物附着在微粒上。凡是使空气中微粒增加的因素,都会影响舍内空气中的微生物含量。据测定,牛舍在一般生产条件下,空气中细菌总数为 121～2 530 个/升,清扫地面后,可使细菌达到 16 000 个/升。另外,牛咳嗽或打喷嚏时喷出的大量飞沫液滴也是携带微生物的主要途径。粒径小于 1 微米的飞沫,长期浮在空中,蒸发后变成飞沫小核后,可直接进入支气管深部和肺泡内,其危害更为严重。

二、生态环境安全控制技术

(一)防暑与降温

1.屋顶隔热设计

　　屋顶的结构在整个牛舍设计中起着关键作用,直接影响舍内的小气候。为了减少夏季外面的热量尽可能少的进入舍内,满足外围护结构的夏季低限热阻值,屋顶隔热设计可以考虑以下的技术措施。

　　(1)选择导热系数小的材料

　　(2)确定合理的结构　在夏热冬暖的南方地区,可以在屋面最下层铺设导热系数小的材料,其上铺设蓄热系数较大的材料,再上铺设导热系数大的材料,这样可以延缓舍外热量向舍内的传递,当夜晚温度下降的时候,被蓄积的热量通过导热系数大的最上层材料迅速散失掉。而在夏热冬冷的北方地区,屋面最上层应该为导热系数小的材料。

(3)选择通风屋顶　通风屋顶通常指双层屋顶,间层的空气可以流动,主要靠风压和热压将上层传递的热量带走,起到一定的防暑效果。通风屋顶间层的高度一般平屋顶为 20 厘米,坡屋顶为 12～20 厘米。这种屋顶适于热带地方,寒冷地方或冬冷夏热地方不适于选择通风屋顶,但可以采用双坡屋顶设天棚,两山墙上设通风口的形式,冬季可以将风口堵严。

(4)采用浅色、光平外表面　外围护结构外表面的颜色深浅和光平程度,决定其对太阳辐射热的吸收和发射能力。为了减少太阳辐射热向舍内的传递,牛舍屋顶可用石灰刷白,增强屋面反射。

2.加强舍内的通风设计

自然通风畜舍可以设天窗、地窗、通风屋脊、屋顶风管等设施,以增加进、排风口中心的垂直距离,从而增加通风量。天窗可在半钟楼式牛舍的一侧或钟楼式牛舍的两侧设置,或沿着屋脊通长或间断设置;地窗设在采光窗下面,应为保温窗,冬季可密闭保温;屋顶风管适用于冬冷夏热地区,炎热地区牛舍屋顶也可设计为通风屋脊形式,增加通风效果。

3.遮阳与绿化

夏季可以通过遮阳和绿化措施来缓解舍内的高温。

(1)遮阳　遮阳可以使从外围护结构各个方向传入畜舍的热量减少 17%～35%。建筑遮阳通常采用加长屋檐或遮阳板的形式。根据牛舍的朝向,可选用水平遮阳、垂直遮阳和综合遮阳。对于南向及接近南向的牛舍,可选择水平遮阳,遮挡来自窗口上方的阳光;西向、东向和接近这两个朝向的牛舍需采用垂直遮阳,用垂直挡板或竹帘、草帘等遮挡来自窗口两侧的阳光。此外,很多牛舍通过增加挑檐的宽度达到遮阳的目的,考虑到采光,挑檐宽度一般不超过 80 厘米。

（2）绿化 绿化既起到美化环境、降低粉尘、减少有害气体和噪声等作用，又可起到遮阳作用。经常在牛场空地、道路两旁、运动场周围等种草种树。据测定，草地上的草可遮挡80%阳光，茂密树林可遮挡50%～90%阳光。绿化时，不同地点选不同的绿化方式。一般情况下，场院墙周边、场区隔离地带种植乔木和灌木的混合林带；道路两旁既可选用高大树木，又可选用攀缘植物，但考虑遮阳的同时一定要注意通风和采光；运动场绿化一般是在南侧和西侧，选择冬季落叶、夏季枝叶繁茂的高大乔木。

4.搭建凉棚

建有运动场的牛场，运动场内要搭建凉棚。凉棚长轴东西向配置，以防阳光直射凉棚下地面，东西两端应各长出3～4米，南北两端应各宽出1.0～1.5米。凉棚内地面要平坦，混凝土较好。凉棚高度一般3～4米，过高，虽利于通风，但阴影移动性较大，会增加地面温度，可根据当地气候适当调整棚高，潮湿多雨地区应该适当降低，干燥地区可适当增加高度。凉棚形式可采用单坡或双坡，单坡的跨度小，南低北高，顶部刷白色，底部刷黑色较为合理。

凉棚应与牛舍保持一定距离，避免有部分阴影会射到牛舍外墙上，造成无效阴影。而且如果舍与凉棚距离太近，影响牛舍的通风。

5.降温措施

夏季牛舍的门窗打开，以期达到通风降温的目的。但高温环境中仅靠自然通风是不够的，应适当辅助机械通风。吊扇因为价格便宜是目前牛场常用的降温设备，一般安装在牛舍屋顶或侧壁上，有些牛舍也会选择安装轴流式排风扇，采用屋顶排风或两侧壁排风的方式。在实际生产中，风扇经常与喷淋或喷雾相结合使用效果更好。安装喷头时，舍内每隔6米装1个，每个喷头的有效水量为1.2～1.4升/分钟，效果较好。

冷风机是一种喷雾和冷风相结合的降温设备，降温效果很好，在奶牛舍应用很普遍，由于冷风机价格相对较高，肉牛舍使用不多，但由于冷风机降温效果很好，而且水中可以加入一定的消毒剂，降温的同时也可以达到消毒的效果,在大型肉牛舍值得推广。

(二)防寒与保暖

1.合理的外围护结构保温设计

牛舍的保温设计应根据不同地方的气候条件和牛的不同生长阶段来确定。外围护结构建筑材料的选择和合理的外围护结构是牛舍保温设计的根本措施。不管采取何种建材、何种结构,必须要满足围护结构的冬季低限热阻值,才能保证冬季舍内的保温性能,也就是要求舍内墙壁温度不得低于舍内的露点温度,而舍内屋顶的温度比舍内的露点温度至少高 1℃。目前冬季北方地区牛舍的墙壁结冰、屋顶结露的现象非常严重,主要原因在于为了节省成本,屋顶和墙壁的结构不合理。选择屋顶和墙壁的构造时,尽量选择导热系数小的材料,如可以用空心砖代替普通红砖,热阻值可提高 41%,而用加气混凝土砖代替普通红砖,热阻值可增加 6 倍。近几年来,国内研制了一些新型经济的保温材料,如全塑复合板、夹层保温复合板等,除了具保温性能外,还有一定的防腐、防潮、防虫等功能。

在外围护结构中,屋顶失热较多,所以加强屋顶的保温设计很重要。天棚可以使屋顶与舍空间形成相对静止的空气缓冲层,加强舍内的保温。如果在天棚中添加一些保温材料如锯末、玻璃棉、膨胀珍珠岩、矿棉、聚乙烯泡沫等可以提高屋顶热阻值。

地面的保温设计直接影响牛的体热调节,可以在牛床上加设橡胶垫、木板或塑料等,牛卧在上面比较舒服。也可以在牛舍内铺设垫草,尤其是小群饲养,定期清除,可以改善牛舍小气候。

2.牛舍建筑形式和朝向

牛舍的建筑形式主要考虑当地气候,尤其是冬季的寒冷程度、饲养规模和饲养工艺。炎热地方可以采用开放舍或半开放舍,寒冷地区宜采用有窗密闭舍,冬冷夏热的地区可以采用半开放舍,冬季牛舍半开的部分覆膜保温。

牛舍朝向设计时主要考虑采光和通风。北方牛舍一般坐北朝南,因为北方冬季多偏西或偏北风,另外,北面或西面尽量不设门,必须设门时应加门斗,防止冷风侵袭。

(三)饲养管理

1.调整饲养密度

饲养密度是指每头牛占床或占栏的面积,表示牛的密集程度。冬季可以适当增加牛的饲养密度,以提高舍温,但密度太大,舍内湿度会相对增加,有的牛舍早上湿度可高达90％,有害气体如氨气和二氧化碳浓度也会随之增加。而且密度太大,小群饲养时会增加牛的打斗,不利于牛的健康生长。夏季为了减少舍内的热量,要适当降低舍内牛的饲养密度,但一定要考虑牛舍面积的利用效率。

2.控制湿度

每天肉牛可排出约20千克的粪便和18千克的尿液,再加上冲洗废水,每天的粪便污水量很大,如果不及时清除这些污水污物,很容易导致舍内空气的污浊和湿度的增加。夏季高温的情况下,增加舍内湿度很容易导致牛的中暑,而且高湿也容易引发蹄病和皮肤病。而冬季的低温高湿很容易导致牛的流感、关节炎和肌肉炎等疾病。所以要想肉牛健康生长,必须控制舍内湿度。通风和铺设垫草是较便捷、有效的降低舍内湿度的方法。一年四季每天定时通风换气,既能排出舍内的有害气体、微生物和微粒,又能排出多余的热量和水汽。冬季通风除了排出污浊空气,还要排除舍内产生大量的水汽,尤其是早上通风尤为关键。

为了保持牛床的干燥,可以在牛床上铺设垫草,以保持牛体清洁、健康,而且垫草本身可以吸收水汽和部分有害气体,如稻草吸水率为324％,麦秸吸水率为230％。但铺设垫草时,必须勤更换,否则污染会加剧。

3.利用温室效应

透光塑料薄膜和阳光板起到不同程度的保温和防寒作用,冬季经常在舍顶和窗户部位覆盖这些透明材料,充分利用太阳辐射和地面的长波辐射热使舍内增温,形成"温室效应",但应用这种保温措施时,一定要注意防潮控制。

总之,这些管理措施虽然可以改善牛舍的环境,但必须根据牛场的具体情况加以利用。此外,控制牛的饮水温度也是生态牛场养殖的一个重要环节,夏季饮用地下水、冬季饮用温水对于夏季防暑和冬季的防寒有重要意义。

第三节　生态肉牛场建设

肉牛的健康程度以及生产性能与肉牛场的建设密切相关。肉牛场建设的好坏直接影响场区及舍内的环境。该部分主要包括场址的选择、肉牛场的布局和规划、牛舍的建筑以及养牛设备和设施。

一、场址的选择

(一)自然条件

1. 地形和地势

地形指场地形状、大小和地物(房屋、树木、河流、沟坎等)情况。场地要求地形整齐、开阔、有足够的面积。地形整齐便于场内布局的规划,避开边边角角和狭长地带,地形不规则或边角太多,使建筑物布局凌乱,不便管理并造成防疫的困难。

地势指场地的高低起伏状况。场地地势要求高燥、向阳背风、干燥平坦、排水良好。在平原地区选场时,一般选择平坦、开阔、较周围地段稍高的地方;在山区地方建场,应选择缓坡,坡度不大于25%,以2%~3%为宜;在靠近河流、湖泊的地方选址,应选在较高地方,比当地水资料最高水位高1~2米,防止洪水暴发时遭到水淹。

2.水源

牛场需要大量的水,用水主要包括牛的饮水、人员生活用水、饲养管理用水以及消防和灌溉用水。选场时要求水源的水量充足,满足整个场区牛和人员的需要,同时要求水质清洁,符合国家农业部2008年出台的畜禽饮用水水质要求(表2-1),另外,选择水源时,应方便使用和进行水源保护,并易于进行水的净化和消毒。水源主要包括降水、地面水和地下水。目前常用的水源为地下水。

表 2-1　NY 5027—2008 无公害食品　畜禽饮用水水质

项目		标准值	
		畜	禽
感官性状及一般化学指标	色	≤30°	
	浑浊度	≤20°	
	臭和味	不得有异臭、异味	
	总硬度(以 $CaCO_3$ 计)/(毫克/升)	≤1 500	
	pH	5.5～9.0	6.5～8.5
	溶解性总固体/(毫克/升)	≤4 000	≤2 000
	硫酸盐(以 SO_4^{2-} 计)/(毫克/升)	≤500	≤250
细菌学指标	每100毫升中总大肠菌群个数	成年畜 100,幼畜和禽 10	
毒理学指标	氟化物(以 F^- 计)/(毫克/升)	≤2.0	≤2.0
	氰化物/(毫克/升)	≤0.20	≤0.05
	砷/(毫克/升)	≤0.20	≤0.20
	汞/(毫克/升)	≤0.01	≤0.001
	铅/(毫克/升)	≤0.10	≤0.10
	铬(六价)/(毫克/升)	≤0.10	≤0.05
	镉/(毫克/升)	≤0.05	≤0.01
	硝酸盐(以 N 计)/(毫克/升)	≤10.0	≤3.0

3.土壤地质

适合建场的土壤,应该是透水透气性强、毛细血管作用弱、吸湿性和导热性较小、质地均匀、抗压性强的土壤。沙壤土由于砂粒和黏粒比例适宜,兼具沙土和壤土的优点,既克服了黏土透水透气性差、吸湿性强的缺点,又弥补了沙土导热性大、热容量小的不足。所以沙壤土最适合建场,但实际生产中选择理想的土壤不是容易的,这就需要在牛舍设计、施工、使用和管理过程中,设法弥补土壤缺陷带来的不足。

4.气候

主要指与建筑设计有关和造成牛场小气候的气候气象资料,如气温、气湿、风向等,拟建地区要考虑的因素主要包括平均气温、常年主导方向、日照情况、降雨量和积雪深度、土壤冻结深度等。这些指标直接关系着场区的防暑、防寒措施以及畜舍朝向、遮阴设施的设置等。

(二)社会条件

(1)城乡建筑设计 牛场场址的选择应考虑城镇和乡村的长远发展,不应在城镇建设发展方向上选择,以免造成场址的搬迁和重建。

(2)卫生防疫间距 场址选择地点必须不能成为周围社会的污染源,也不能受周围环境的污染。因此,牛场的位置应选在居民点的下风向,地势较低的地方,并且要与居民点保持200~500米的间距,牛场距离大城市应该达到20千米,距离小城镇达到10千米。牛场与其他畜牧场之间也要保持一定的卫生间距,一般牧场应不小于150~300米,大型牧场之间的间距应该达到1 000~1 500米。牛场位置要求交通便利,但必须与公路保持一定间距,按照畜牧场建设标准,要求距国道、省际公路500米,距省道、区际公路300米,距一般公路100米。

(3)交通运输条件 牛场要求交通方便,特别是大型牛场,饲料、产品、粪污废弃物运输量较大,必须保证交通运输的便利,以减少运输的费用。一般场址选择在距饲料场近、便于产品外销的地方。

(4)电力条件 必须有可靠的电力供应,通常要求有罗数级供电能源,罗数级电源时要自备发电机,以保证场内供电的稳定可靠。另外,为减少投资成本,应靠近输电线路,尽量减少电线的铺设距离。

(5)土地征用需要 必须符合本地农牧业生产发展的总体规划、土地利用发展规划和城乡建设发展规划的用地要求。不占农田,尽量选择荒地或劣地建场,但不宜征用土地包括自然保护区、风景旅游区;受洪水或山洪威胁及有泥石流、滑坡等自然灾害多发地带;自然环境污染严重地区。大型牛场分期建设时,场址选择一次完成,可以分期征地。

(6)协调的周边环境　可以充分利用自然山丘或树林作建筑背景,起到美化环境的作用。多风地区的夏季,由于臭味容易扩散,应考虑贮粪池的位置和容量,仔细核算粪污的产生量,计算贮粪池的贮粪能力,最好在规划牛场时,建一个处理粪污的处理场,使粪污能成为可利用的资源。

二、肉牛场的布局和规划

(一)功能分区

根据生产功能,牛场通常分为生活管理区、辅助生产区、生产区和粪污处理区。各功能区的位置见图 2-1。当地势和风向不是同一方向,而按照防疫要求又不容易处理时,则应以风向为主。

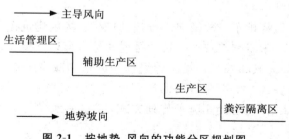

图 2-1　按地势、风向的功能分区规划图

(1)生活管理区　主要包括办公室、接待室、资料室、财务室、职工宿舍、食堂、厕所和值班室等建筑。一般情况下生活管理区位于靠近场区大门内集中布置。生活管理区应该设在常年主导风向上风向、地势较高的地方。

(2)辅助生产区　主要是与生产功能联系较紧的设施,要紧靠生产区布置。主要包括供水、供电、供热、维修的设施,大型牛场可形成独立的区,一般牛场可以生活辅助区合并为场前区,二者没有明显界限。

(3)生产区 生产区是整个牛场的核心区域,主要布置不同类型的牛舍、饲料调配间、原料间、草料棚、青贮窖、酒糟池、装牛台等设施。如果自繁自养的牛场,牛舍主要有母牛舍、犊牛舍、青年牛舍、育成牛舍、育肥牛舍和产房等,按照场地建筑规划要求,犊牛舍设在上风向,育肥牛舍设在下风向。

生产区与生活管理区、辅助生产区之间应设置围墙或绿化带,既起到绿化作用,又起到隔离作用。干草棚处于场区下风向,与周围建筑物要保持 50 米左右的间距,注意防火安全。

(4)粪污隔离区 主要包括兽医室、畜尸解剖室及处理设施、贮粪池及粪污处理设施。该区位于全场场区最低处、主导风的下风向,并应与生产区保持适当的卫生间距,且该区周围必须有绿化隔离带。粪污处理区的设施有专门的道路与生产区相连。

(二)牛场建筑设施布局

1.牛舍排列

牛场建筑物排布一般横向成排,竖向成列,场区建筑物排列尽量做到合理、整齐、紧凑和美观。建筑物排列的是否合理直接关系到场区环境的好坏(如通风和采光),道路铺设面积的适当减少会提高场地利用率和降低投资成本。牛舍常用的排列方式主要有单列式、双列式和多列式等(图 2-2),不管使用哪种排列方式,应避免因线路交叉而引起相互污染。

(1)单列式 场区的净道和污道分工明确,但工程和道路线路较长,该排列方式适合小规模、场地狭长的牛场。

(2)双列式 该布置方式既能保证场区净道和污道严格分开,又能缩短道路和工程管道的线路,比较经济实用。

(3)多列式 适于大型牛场,该布置方式要注意净道和污道不要交叉。

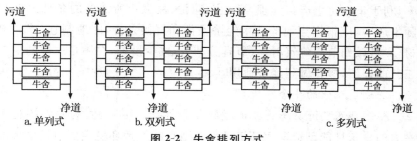

图 2-2　牛舍排列方式

2. 牛舍朝向

朝向选择与当地地理纬度、当地环境、局部气候及建筑用地条件等因素有关。适宜的朝向既可以满足家畜对太阳光照的需求,又要符合对通风的要求。一般情况下,牛舍多采用南向,南方炎热地方尽量避开夏季的西晒,而寒冷地区或冬冷夏热的地方,要避免冬季的西北风。在实际生产中,南向畜舍可以适当偏东或偏西 15°,以确保冬季获得更多的阳光和防止夏季太阳过分照射。

3. 牛舍间距

适当的牛舍间距应根据舍内的采光、通风、防疫和防火等几个方面综合确定。在我国采光间距应根据当地的纬度、日照要求以及畜舍檐口高度来确定,通常情况下,采光间距一般为 1.5~2 倍的檐高,通风和防疫间距为 3~5 倍的檐高,防火间距为 3~5 倍的檐高。总体来说,牛舍间距主要由防疫间距来定,一般不少于牛舍檐高的 3~5 倍。实际生产中,两栋牛舍间距要求不少于 10 米,隔离舍应设在健康牛舍 50 米以外、地势较低、场区下风向或侧风向处。

三、牛舍的建筑

(一)牛舍建筑设计原则

1. 符合生产工艺要求

牛场设计必须与生产工艺相配套,便于生产操作及提高劳动生产率,利于集约化生产与管理,满足自动化、机械化所需要的条件。在实际生产中,应根据当地的技术经济条件和气候条件,因地制宜,就地取材,尽量做到节约建筑材料、节省劳动力,减少投资,在满足先进的生产工艺前提下,尽量做到经济适用。

2.创造适宜的牛舍环境

牛舍建筑要充分考虑牛的生物学特性和生活习性,为牛发挥更大潜力的生长性能创造适宜环境条件。适宜的牛舍环境主要包括牛舍温度、湿度、通风和采光等。

3.配套的工程防疫和环境保护措施

牛场的工程防疫主要通过合理规划场地和建筑物布局,场门口设置消毒池、消毒垫或消毒间以及合理设计粪水的贮存和处理设施等措施来实现。牛舍的标准化建设是实现工程防疫的有效措施,此外,牛场中应要设置兽医室、治疗室、病牛处理室等附属建筑,最大限度地减少牛场疾病的发生,保证牛的健康。牛舍建设时间越长,疾病就越多,从防疫角度来讲,一般牛舍建设以15年即可。

(二)牛舍建筑造型

牛舍建筑分类方法主要有两种,一种是根据牛舍墙壁的封闭程度分为完全开放舍、半开放舍、封闭舍和塑料暖棚舍;另一种是根据牛舍屋顶造型可分为单坡式屋顶、双坡式屋顶、联合式屋顶、平顶式屋顶、拱顶式屋顶、钟楼和半钟楼式屋顶以及通风缝式屋顶等(图 2-3)。

1. 完全开放式牛舍

又称敞篷式、凉棚式或棚舍。牛舍四面无墙或只有端墙,起到遮阳和挡雨雪的作用。这种牛舍结构比较简单,主要优点是成本低、施工容易,但冬季保温能力较差,适合于南方和北方温暖地区。为了提高冬季的保温性能,可以在牛舍前后加设卷帘或塑料薄膜。根据牛舍屋顶形式,目前最常用的完全开放舍是双坡完全开放舍和拱顶完全开放舍。双坡完全开放舍的牛栏一般双列布置。

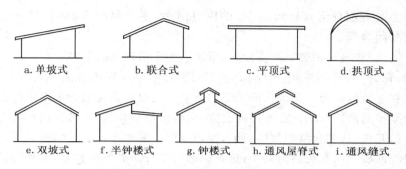

图 2-3　不同屋顶形式的牛舍样式

2.半开放式牛舍

三面有墙、正面无墙或半截墙(常见于南面)。相比完全开放舍,半开放舍的夏季通风较差较差,但冬季保温性能相对好些。该类牛舍冬季经常在敞开的一面附设塑料薄膜、阳光板或卷帘等设施,以加强保温性能。根据牛舍屋顶形式,半开放式牛舍又可细分为单坡半开放舍和联合半开放舍等。

(1)单坡半开放舍　牛舍结构简单,投资少,屋顶只有一个南向坡,南墙高 3 米,北墙高 2 米。该结构牛舍采光好,适于单列牛舍,多见于小型肉牛场或个体养殖户。其缺点是土地利用率较低,冬季不利于保温,而炎热地区夏季的通风也较差。

(2)联合半开放舍　结构与单坡式基本相同,但在前缘增加一个短缘,起挡风避雨的作用,该种结构的牛舍采光比单坡式差,但保温性能远远高于单坡式。该类牛舍适用于跨度较小的单列牛舍。

3.封闭式牛舍

主要分为有窗式和无窗式。无窗式牛舍由于结构复杂、投资高、运行成本高等特点不建议采用。有窗式牛舍通过墙体、屋顶、门窗和地面等外围护结构形成全封闭状态的牛舍。该类牛舍就有较好的保温隔热性能,便于人工控制舍内的环境条件,舍内的通风换气、采光、温湿度等均能通过人工或机械设备来控制。根据屋顶形式,封闭式牛舍又可细分为双坡封闭舍、拱顶封闭舍、平顶封闭舍、钟楼和半钟楼封闭舍等。

（1）双坡封闭舍 跨度较大，屋顶有两个坡向，前后墙高 2.5～3.0 米，脊高 4.5～5.0 米，该结构比较经济合理，利于保温和通风，适用于各种规模的牛舍。牛舍纵墙上窗户或洞口的设置直接影响冬季的保温和夏季的散热功能。在寒冷的北方，一般采用自然通风，借助窗户或卷帘的开启，达到通风换气的目的，窗户或洞口的密闭性直接影响冬季的保温性能。而在炎热的夏季，这种结构的牛舍防暑效果较差，需辅助机械通风。

（2）钟楼式和半钟楼封闭舍 钟楼式牛舍是在双坡式屋顶两侧设置贯通横轴的天窗，南北两侧屋顶的坡长和坡脚对称设置。该种结构屋顶夏季的防暑效果较好，适宜南方温暖地方。而半钟楼式屋顶在双坡屋顶南侧，设有与地面垂直的天窗。天窗可以用来进行通风和采光，这种牛舍北侧较热，适于温暖地区大跨度牛舍使用。

（3）平顶封闭舍 屋顶坡度小于 10% 的牛舍，前后墙高 2.2～2.5 米，夏季通风较差，可应用于寒冷地区。另外，该舍最大优点是可充分利用平顶屋顶。

此外，为了加强通风，可以在双坡屋顶开启一条 30～60 厘米的通风缝或通风屋脊（宽度为牛舍跨度的 1/60），克服了双坡屋顶通风量不足的缺点，但适于温暖、降雨量少的地区。

4. 塑料暖棚牛舍

塑料暖棚牛舍是北方常用的一种经济实用的单列或双列式半封闭牛舍。在北方寒冷的冬季、无霜期短的地区，可将半开放舍用塑料薄膜封闭敞开部分，利用太阳光和牛自身散发的热量提高舍温，实现暖棚养牛，塑料薄膜的扣棚面积为棚面积的 1/3 左右。该舍屋顶可分为双坡结构、联合结构和拱顶结构等。一般牛舍的朝向为坐北朝南、东西走向的塑料暖棚舍，在冬冷夏热地区，也可以采用南北走向，牛舍东、西两面夏季开敞，为防夏季西晒，西面可搭建部分草帘，而冬季舍的东西两面塑料覆膜，效果很好。北方的塑料暖棚结构以联合式和半圆形拱式较多。

（1）联合式屋顶的塑料暖棚舍　该结构为双坡形，但南北坡不对称，北墙高于南墙。该种结构主要优点是扣棚面积小、光照充足、保温性能好，易于推广使用。设计联合屋顶式塑料暖棚时，扣棚角度的设计较为重要，即暖棚棚面与地面的夹角，扣棚角度不合适，难以达到理想的保温效果。计算扣棚角度时，可以依据下面公式来计算：

扣棚角度＝$90°-h$（太阳高度角）

$h=90°-\Phi+\delta$

式中，Φ 为当地地理纬度，δ 为赤道纬度（冬至时，太阳直射南回归线，$\delta=-23.5°$；夏至时，太阳直射北回归线，$\delta=23.5°$；春分和秋分时，太阳直射赤道，$\delta=0$）。

例如，张家口和承德市均位于北纬 $41°$，则冬至时的太阳高度角 $h=90°-41°-23.5°=25.5°$，扣棚角度＝$90°-25.5°=64.5°$；春分时的 $h=90°-41°=49°$，扣棚角度＝$90°-49°=41°$。因此，在承德地区建联合式塑料暖棚牛舍时，扣棚角度 $41°\sim64.5°$ 为宜，这样冬季会有更多的太阳光进入舍内。

（2）半圆拱式塑料暖棚舍　该结构为单列半开放舍，棚舍中梁高 2.5 米，前墙高 1.2 米，后墙高 1.8 米，前后跨度 5 米，后坡角度以 $30°$ 左右为宜。中梁和后墙之间用木椽等材料搭成屋面，中梁与前沿墙之间用竹片和塑料膜搭成拱形棚膜面。中梁距前沿墙 2 米，距后墙 3 米。

（3）塑料暖棚舍的使用　确定适宜的扣棚时间，可根据无霜期的长短，北方寒冷地区扣棚时间为 11 月上旬至来年 3 月中旬。扣棚时，塑料薄膜应绷紧拉票，四边封严，夜间和阴雪天塑料膜上要加设麻袋片、草帘或棉帘等材料，增加棚内的保温性能。

为了保证舍内的温湿度，每天定时通风，已经在棚顶设置通风窗或换气扇的塑料暖棚舍，每天可在早中晚适时开启，一般每天通风 $2\sim3$ 次，每次 $10\sim20$ 分钟。没有通风设施的牛舍，可以靠打开门帘进行部分通风，但通风效果较差。

(三)牛舍设计

1.平面布局

根据牛舍跨度和采食位的列数要求,可将肉牛舍分为单列式、双列式和多列式。根据饲养需要,肉牛舍又可分为拴系和散养。

(1)单列式牛舍 只有一列牛床,牛场前设置料槽,牛床后设置清粪道,牛舍跨度一般为 6.0 米左右,高 2.2~2.8 米,适合于小规模牛舍。主要优点是建造容易,通风、采光较好,但牛占舍面积大,比双列式牛舍多 6%~10%。另外,该类牛舍散热面积较大,适合建半开放型牛舍。

(2)双列式牛舍 两列牛床并列布置,跨度 10~12 米,高 2.5~3.0 米。根据牛采食时的相对位置,可分为对头式和对尾式。对头式由于饲喂方便,而且便于机械化饲喂,通常被采用。牛舍中间设一条纵向饲喂通道,两侧牛群对头采食,每侧牛床后边设置清粪道。如果牛舍长度较大,可增加横向通道,横向通道的宽度一般为 1.2 米,其平面布局见图 2-4。对尾式牛舍,舍中间设纵向的清粪通道,两侧为饲喂通道。

(3)多列式牛舍 也分对头式和对尾式,一般适于大型牛场。

(4)小群散养牛舍 舍内运动场和牛床合二为一的一种模式,饲养时间较长,用于生产高档牛肉,如大连雪龙黑牛的饲养时间为 28 个月。该模式采用小群舍内饲养,一般每栏饲养 10 头左右,占栏面积 4~5 米^2,地面铺设稻草、锯末等垫料,铺设厚度为 20 厘米,根据垫料的使用情况 1~2 个月可更换一次,以保证地面的干燥和清洁。该种模式的平面和剖面图如图 2-5 所示。

(5)带舍外运动场的牛舍 舍内平面、剖面设计和拴系牛舍基本相似(可参照图 2-4),运动场一般设在舍南北两侧,舍南北两侧的纵墙上设置通往运动场的大门,门宽度视牛群大小而定,牛可自由出入舍内和运动场。舍内设有长饲槽,饲喂在舍内进行,而运动场内设有饮水槽和补料槽,可供牛自由饮水。该类牛舍的平面和剖面图见图 2-6。

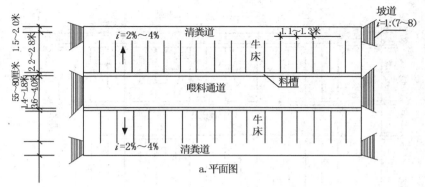

a.平面图

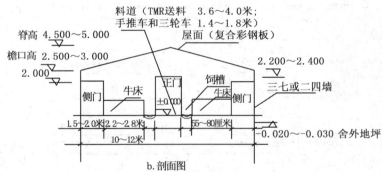

b.剖面图

图 2-4　双列式牛舍的平面和剖面图

（i 代表坡度）

2.剖面设计

（1）牛床　牛舍地面要求坚实、易清洗消毒、保温和防滑等特点。通常将牛床地面分为实体地面和漏缝地板。肉牛舍实体地面应用较多，一般采用混凝土或砖地面。混凝土地面结实，且容易清洗消毒，但没有砖地面保温性能好，混凝土地面主要由 3 层组成：底层是素土夯实，中间一层为 300 毫米厚的粗沙卵石垫层或三合土垫层，表层为 100 毫米厚的混凝土，分段设伸缩缝。为了增加防滑效果，一般混凝土地面设计条形凹槽、六边形凹槽或正方形凹槽进行防滑处理（图 2-7）。牛床设计为砖地面时，主要有平砖和立砖两种设计方法，后者较为结实，

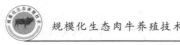

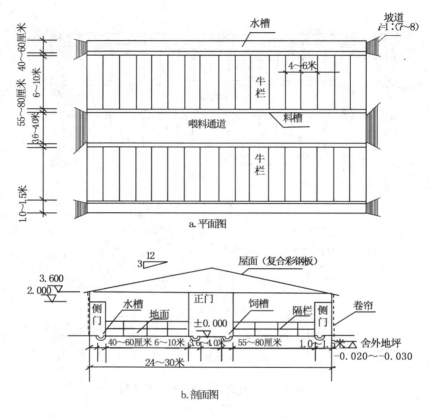

a. 平面图

b. 剖面图

图 2-5 小群散养牛舍的平面和剖面图

（i 代表坡度）

但稍贵些,通常的设计是底层素土夯实,上面铺混凝土,最上层再铺砖,这样既结实又保温防潮。

设计牛床时,牛床平面尺寸为(2.2~2.8)米×(1.1~1.3)米。为了保证牛床的干燥,一般要有 2%~4% 坡度。另外,为了保证舍外雨雪水不进入舍内,通常舍内地平应高于舍外地平 20~30 厘米,且门口设有防滑坡道,坡度为 1:(7~8)。

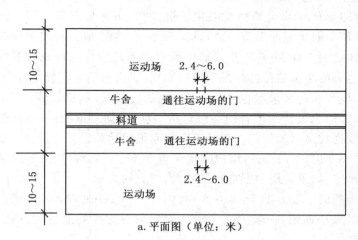

a. 平面图（单位：米）

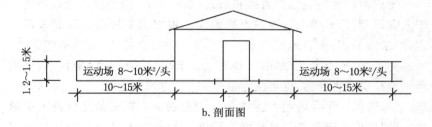

b. 剖面图

图 2-6　带舍外运动场的牛舍平面和剖面图

a. 条形凹槽　　　　b. 六边形凹槽　　　　c. 正方形凹槽

图 2-7　牛舍地面凹槽做法

（2）墙体　牛舍墙体常采用砖混结构,寒冷地方可采用一砖半墙（三七墙）,温暖地方采用一砖墙（二四墙）。寒冷地方的肉牛舍为了增加墙体的保温性,可采用空心墙内填充聚乙烯泡沫或珍珠岩等保温材料。也有的牛舍墙体部分采用卷帘形式,通风和采光都较好,而且投资较低,但严寒地区采用卷帘会造成舍内温度较低,不宜采用。

（3）门窗设计　牛舍门一般包括 3 种:通向料道的门、通向粪道的门以及通往运动场的门。门的平面尺寸根据饲养工艺来设计。如果采用 TMR 饲喂车,通向料道的门宽应该 3.6～4.0 米,高度根据设备的高度来定;如果采用小型拖拉机喂料,门宽约为 2.4 米,门高 2.4 米;通向粪道的门一般为 1.5～2.0 米,高 1.8～2.0 米;通向运动场的门可根据牛群大小而定,一般为 2.4～6.0 米,只考虑牛的通过时,门高度为 1.6 米。

窗户的设计主要考虑通风和采光,寒冷地方,南窗面积和数量要多于北窗,一般（2～4）:1;窗户面积的大小根据肉牛所需的采光系数来定,要求窗面积:牛舍地面面积＝1:（10～16）。另外,窗台不能太低,一般为 1.2～1.5 米,窗平面尺寸为 1.2 米×（1.0～1.2）米,一般采用塑钢推拉窗或平开窗,也可用卷帘窗。

（4）通道　牛舍内通道主要是料道和粪道。料道是送料及人员通过,其宽度取决于送料工具和操作距离要求来决定,人工推车和三轮车送料时料道宽分别为 1.4～1.8 米（不含料槽）,TMR 饲料车直接送料时,其宽度则为 3.6～4.0 米（不含料槽）。粪道主要是运送舍内产生的粪便通道,其宽度应根据清粪工艺不同进行具体设计,主要取决于运粪工具。

（5）粪尿沟　在牛床和清粪道之间设有粪尿沟。粪尿沟一般为明沟,以常规铁锨推行宽度为宜,沟宽 25～30 厘米,深 10～15 厘米,沟底有 1%～2% 的坡度,在最低处放入铁篦子以清除杂草和其他沉淀物。出粪口要以暗沟通入污水池,污水池远离牛舍 6～8 米。有的牛舍也可用沟深加铁篦子或水泥漏缝地板的形式,粪尿通过缝隙漏入粪尿沟。

（6）运动场　运动场是肉牛自由运动和休息的地方。运动场一般利用牛舍之间的空地,设在牛舍南侧,也可设在牛舍两侧。运动场面积根据牛的数量来定,一般 8～10 米²。运动场要求干燥,中央稍高,四周设排水沟。运动场地面常采用土地面、三合土地面或砖地面。砖地面保温性能好,吸水性强,比较耐用,但易造成牛蹄损伤。三合土地面,即黄土:沙子:石灰比例为 5:3:2,按 2% 坡度铺垫夯实,这种地面软硬适度,吸热、散热较好,但不如砖地面结实耐用。土地面一般用黄土或沙子铺设,维护较困难。

运动场周围要设有围栏,防治肉牛跑出或混群。围栏要坚固,一般有横栏和栏柱组成,横栏高 1.2～1.5 米,拦柱间距 2～3 米。围栏门一般采用钢管平开门。运动场内要设饮水槽,槽周围铺设水泥地面防止泥泞。

凉棚一般建在运动场中间,常为四面敞开的棚舍建筑,建筑面积按每头牛 3～5 米² 即可。凉棚高度以 3.5 米为宜,棚柱可采用钢管、水泥柱、水泥电杆等,顶棚支架可用角铁、或木架等。棚顶面可用石棉瓦、油毡材料。凉棚一般采用东西走向。

四、养牛设备和设施

(一)饲喂设备

1.饲槽

饲槽要求坚固、光滑、清洁,常用高强度混凝土砌成。一般为固定饲槽,其长度与牛场宽度相同,饲槽上沿宽 55～80 厘米,底部宽 40～60 厘米,槽底为 U 形,在槽一端留有排水孔,高槽饲养时前沿高 60 厘米,后沿高 30 厘米。目前大部分小群饲养以及部分拴系饲养的肉牛采用地面饲喂,一般在牛站立的地方和饲槽间要设挡料坎墙,其宽度 10～12 厘米。低槽结构及其尺寸如图 2-8 所示。

2.TMR 饲喂车

TMR 饲喂车(图 2-9)主要由自动抓取、自动称量、粉碎、搅拌、卸

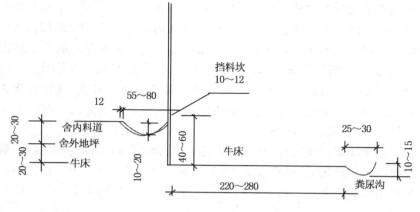

图 2-8　饲槽设计尺寸(单位:厘米)

料和输送装置等组成。意大利龙尼法斯特和意大利司达特公司都是生产饲料搅拌喂料车专业公司,生产40多种规格和不同价位产品,其中有卧式全自动自走系列和立式全自动自走系列,可以自动抓取青贮、自动抓取草捆、自动抓取精料和啤酒糟等,可以大量减少人工,简化饲料配制及饲喂过程,提高肉牛饲料转化率。

北京现代农装科技股份有限公司畜禽机械事业部生产的移动式牛饲料搅拌喂料车和牵引式立式牛饲料搅拌喂料车,也可以满足不同养牛养殖的需要。

(二)饮水和牛舍通风及防暑降温设备

1.饮水设备

拴系饲养的肉牛饮水设备主要是饮水碗(图 2-10),一般相邻2头肉牛共用1个,设在相邻牛栏隔栏的立柱上,高度要高出牛床70厘米左右。也有的肉牛场,尤其是大部分育肥牛场,水槽和料槽共用1个,牛吃完料后给水,但难于保证每头牛都能喝上足够的水。运动场内要设饮水槽,1个水槽可以满足10～30头肉牛的饮水需要,肉牛饮水占用的空间与其采食位宽度相似,如果牛群大于10头,至少要设2个饮

图 2-9 TMR 喂料车

水槽。饮水槽宽 40~60 厘米,深 40 厘米,高不超过 70 厘米,槽内放水以 15~20 厘米^3 为宜。水槽周围要设 3 米宽的水泥地面,利于排水。

a.饮水碗   b.饮水槽

图 2-10 饮水设备

2.牛舍通风及防暑降温设备

牛舍通风设备有电动风机和电风扇。轴流式风机是牛舍常见的通风换气设备,这种风机既可排风,又可送风,而且风量大。电风扇也常用于牛舍通风,一般以吊扇多见。

牛舍防暑降温可采用喷雾设备,即在舍内每隔6米装1个喷头,每1个喷头的有效水量为每分钟1.4～2升,降温效果良好。目前,有一种进口的喷头喷射角度是90°和180°喷射成淋雾状态,喷射半径1.8米左右,安装操作方便,并能有效合理的利用水资源。喷淋降温设备包括:PVC、PE工程塑料管、球阀、连接件、进口喷头、进口过滤器、水泵等。安装一个80头肉牛舍需投资1 300元(不包括水泵),生产厂家有北京嘉源易润工程技术有限公司等。一般常用深井水作为降温水源。

(三)粪便清除设备

牛场一般采用固液分离、干清粪的方法,尿液通过粪尿沟、沉淀池流入主干管道,最后汇入污水池进一步处理,而固体粪便则由清粪车清出舍外后进行发酵或沼气处理。

(四)饲料加工设备

1.铡草机

铡草机主要用于秸秆和牧草类饲料的切短,也可用于铡短青贮料。按照型号铡草机可分为大、中、小型3种。按切割部分不同又可分为滚筒式和圆盘式。小型以滚筒式为多,用于切割稻草、麦秸、谷草类等,也可用来铡干草和青饲料,适于现铡现喂的应用方法。圆盘式铡草机适于大中型牛场,可移动,为了方便抛送青贮饲料,一般采用此法(图2-11)。

2.饲料粉碎机

饲料粉碎机主要用来粉碎各种粗、精饲料,市值达到所需要的粒度。目前国内生产的粉碎机类型主要有锤片式和齿爪式粉碎机。前者是一种利用高速旋转的锤片击碎饲料的机器,生产率较高,适应性广,既能粉碎谷物类精饲料,又能粉碎纤维含量高、水分较多的青草类、秸秆类饲料。后者是利用固定在轮子上的齿爪击碎精饲料,适于粉纤维含量少的精饲料(图2-11)。

a.锤片式饲料粉碎机　　　　　　　　b.铡草机

图 2-11　饲料加工设备

3.揉搓机

揉搓机是1989年问世的一种新型机械。它介于铡切与粉碎两种加工方法之间的一种新方法。其工作原理是将秸秆送入料槽,在锤片及空气流的作用下,进入揉搓室,受到锤片、定刀、斜齿板及抛送叶片的综合作用,把物料切断,揉搓成丝状,经出料口送出机外。制造商有:北京嘉亮林海农牧机械有限责任公司、赤峰农机总厂、黑龙江安达市牧业机械厂等。

4.小型饲料加工机组

主要由粉碎机、混合机和输送装置等组成。其特点:①生产工艺流程简单,多采用主料先配合后粉碎再与副料混合的工艺流程;②多数用人工分批称量,只有少数机组采用容积式计量和电子秤重量计量配料,添加剂采用人工分批直接加入混合机;③绝大多数机组只能粉碎谷物类原料,只有少数机组可以加工秸秆料和饼类料;④机组占地面积小,对厂房要求不高,设备一般安置在平房建筑物内。小型饲料加工机组有时产0.1吨、0.3吨、0.5吨、1.0吨、1.5吨,可根据需要选购。生产厂家:江西红星机械厂、北方饲料粮油工程有限公司、河北亚达机械制造有限公司等。

(五)青贮设施

青贮池应用较多的有 3 种:地下式、半地下式和地上式。前 2 种投资少常被采用,但由于不易排水的缺点使人们的注意点逐渐转向地上式。地上式青贮池在规模化畜牧场用的较多。青贮池一般设为条形,一端或二端开口,多个青贮池可并联建筑。设计青贮池容积时,根据每年牛实际消耗的青贮料加上 20% 的损失青贮来计算,青贮池高度常采用 2.5~4.0 米,每天取料深度约 20 厘米以上,据此可以得出青贮窖宽度。地上青贮时,要求地面设计标高高于池外标高 30 厘米左右,利于排水。青贮池地面向取料口应有一定坡度,0.5%~1.0%。池中央沿纵轴向设 1 条排水沟,或在青贮池内的 2 条纵墙内侧设置 2 条排水沟。一般排水沟宽为 0.35~0.40 厘米,起点深 0.1~0.15 米,沟底坡向青贮池外方向,坡度不宜小于 0.5%。

(六)消毒设施

一般在牛场或生产区入口处设置车辆和人员的消毒池或消毒间。消毒池常用钢筋水泥浇筑,供车辆通行的消毒池平面尺寸(长×宽×高)为 4 米×3 米×0.1 米。供人员通行的消毒池尺寸(长×宽×高)为 2.5 米×1.5 米×0.05 米。消毒间一般设有紫外线和脚踏双重消毒设施,对来往的人员进行全面消毒。

(七)赶牛入圈和装卸牛的场地

运动场宽阔的散放式牛舍,人少赶牛很难。圈出一块场地用二层围栅围好,赶牛、圈牛就方便得多。运动场狭小时,可以用梯架将牛赶至角落再牵捉。用 1 米长的 8 号铁丝顶端围一圆圈,勾住牛的鼻环后再捉就容易了。

使用卡车装运牛时需要装卸场地。在靠近卡车的一侧堆土坡便于往车上赶牛。运送牛多时,应制一个高 1.2 米、长 2 米左右的围栅,把牛装入栅内向别处运送很方便,这种围栅亦可放在运动场出入口处,将一端封堵,将牛赶入其中即可抓住牛,这种形式适用于大规模饲养。

思考题

1.简述肉牛的采食习性和消化特点。

2.选择肉牛场的场址时考虑的因素有哪些?

3.如何对肉牛场进行合理的布局和规划?

4.温热环境对肉牛产生何种影响? 改善肉牛场温热环境的因素有哪些?

5.牛舍内空气中的有害气体对肉牛产生何种影响? 如何减少有害气体的产生?

6.肉牛场生态环境安全控制技术有哪些?

第三章

肉牛品种与引种

导　　读　本章主要介绍了已经引入我国的国外肉用及兼用牛品种、我国培育的肉用及兼用牛品种和我国的黄牛品种的原产地、外貌特征和生产性能。简要介绍了引种的原则和应注意的问题。

第一节　国外肉用及兼用牛品种

一、利木赞牛

（1）原产地及分布　利木赞牛原产于法国中部的利木赞高原，并因此得名。在法国，其主要分布在中部和南部的广大地区，数量仅次于夏洛来牛，育成后于 20 世纪 70 年代初，输入欧美各国，现在世界上许多国家都有该牛分布，属于专门化的大型肉牛品种（图 3-1）。

（2）外貌特征　牛毛色为红色或黄色，口、鼻、眼周围、四肢内侧及尾帚毛色较浅,角为白色,蹄为红褐色。头较短小,额宽,胸部宽深,体躯较长,后躯肌肉丰满,四肢粗短。平均成年体重公牛 1 100 千克、母牛 600 千克;在法国较好饲养条件下,公牛活重可达 1 200～1 500 千克,母牛达 600～800 千克。

(3)生产性能 利木赞牛产肉性能高,胴体质量好,眼肌面积大,前后肢肌肉丰满,出肉率高,在肉牛市场上很有竞争力。集约饲养条件下,犊牛断奶后生长很快,10 月龄体重即达

(公)

图 3-1 利木赞牛

408 千克,周岁时体重可达 480 千克左右,哺乳期平均日增重为 0.86～1.0 千克;因该牛在幼龄期,8 月龄小牛就可生产出具有大理石纹的牛肉。因此,是法国等一些欧洲国家生产牛肉的主要品种(表3-1)。

表 3-1　利木赞牛 1 岁内活重　　　　　　　　　　　千克

性别	头数	初生重	3 月龄重	6 月龄重	1 岁体重
公	2 981	38.9	131	227	407
母	3 042	36.6	121	200	300

(4)与我国黄牛杂交的效果 1974 年和 1993 年,我国数次从法国引入利木赞牛,在河南、山东、内蒙古等地改良当地黄牛。利杂牛体型改善,肉用特征明显,生长强度增大,杂种优势明显。目前,黑龙江、山东、安徽为主要供种区,现有改良牛约 45 万头。

二、夏洛来牛

(1)原产地及分布 夏洛来牛原产于法国中西部到东南部的夏洛来省和涅夫勒地区,是举世闻名的大型肉牛品种,自育成以来就以其生长快、肉量多、体型大、耐粗放而受到国际市场的广泛欢迎,早已输往世界许多国家,参与新型肉牛的育成、杂交繁育,或在引入国进行纯种

繁殖。

(2)外貌特征　该牛最显著的特点是被毛为白色或乳白色,皮肤常有色斑;全身肌肉特别发达;骨骼结实,四肢强壮。夏洛来牛头小而宽,角圆而较长,并向前方伸展,角质蜡黄,颈粗短,胸宽深,肋骨方圆,背宽肉厚,体躯呈圆筒状,肌肉丰满,后臀肌肉很发达,并向后和侧面突出。成年活重,公牛平均为 1 100~1 200 千克,母牛 700~800 千克。其平均体尺、活重资料如表 3-2 所示。

表 3-2　夏洛来牛的体尺和活重

性别	体高(厘米)	体长(厘米)	胸围(厘米)	管围(厘米)	活重(千克)	初生重(千克)
公	142	180	244	26.5	1 140	45
母	132	160	203	21.0	735	42

(3)生产性能　夏洛来牛在生产性能方面表现出的最显著特点是生长速度快,瘦肉产量高。在良好的饲养条件下,6 月龄公犊可达 250 千克,母犊 210 千克。日增重可达 1 400 克。在加拿大,良好饲养条件下公牛周岁可达 511 千克。该牛作为专门化大型肉用牛,产肉性能好,屠宰率一般为 60%~70%,胴体瘦肉率为 80%~85%。16 月龄的育肥母牛胴体重达 418 千克,屠宰率 66.3%。夏洛来母牛泌乳量较高,一个泌乳期可产奶 2 000 千克,乳脂率为 4.0%~4.7%,但该牛纯种繁殖时难产率较高为 13.7%。

(4)与我国黄牛杂交效果　我国在 1964 年和 1974 年,先后两次直接由法国引进夏洛来牛,分布在东北、西北和南方部分地区,用该品种与我国本地牛杂交来改良黄牛,取得了明显效果。表现为夏杂后代体格明显加大,增长速度加快,杂种优势明显(图 3-2)。

三、安格斯牛

(1)原产地　原产于英国苏格兰北部的阿拉丁和安格斯地区,为古老的小型黑色肉牛品种,近几十年来,美国、加拿大等一些国家育成了

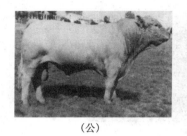　　

（公）　　　　　　　　　　　（母）

图 3-2　夏洛来牛

红色安格斯牛（图 3-3）。

　　（2）外貌特征　　安格斯牛无角，头小
额宽，头部清秀，体躯宽深，呈圆筒状，背
腰宽平，四肢短，后躯发达，肌肉丰满；被
毛为黑色，光泽性好。

（公）

图 3-3　安格斯牛

　　（3）生产性能　　成年公牛体重 700～
900 千克，体高 130 厘米；母牛体重 500～
600 千克，体高 119 厘米。屠宰率 60％～
70％。该品种具有早熟，耐粗饲，放牧性
能好，性情温顺的特点；难产率低，耐寒，适应性强。肉牛中胴体品质最
好，是理想的母系品种。但母牛稍具神经质。

四、西门塔尔牛

　　（1）原产地　　西门塔尔牛原产于瑞士西部的阿尔卑斯山区，主要产
地为西门塔尔平原和萨能平原（图 3-4）。在法、德、奥等国边邻地区也
有分布。西门塔尔牛占瑞士全国牛只的 50％、奥地利占 63％、前西德
占 39％，现已分布到很多国家，成为世界上分布最广，数量最多的乳、
肉、役兼用品种之一。是世界著名的兼用牛品种。

　　（2）外貌特征　　该牛毛色为黄白花或淡红白花，头、胸、腹下、四肢
及尾帚多为白色，皮肤为粉红色。体型大，骨骼粗壮结实，体躯长，呈圆

(公)

图 3-4　西门塔尔牛

筒状,肌肉丰满。头较长,面宽;角较细而向外上方弯曲,尖端稍向上。颈长中等;前躯发育良好,胸深,背腰长平宽直,尻部长宽而平直。乳房发育中等,泌乳力强。

(3)生产性能　西门塔尔牛乳、肉用性能均较好,平均产奶量为4 070千克,乳脂率3.9%。在欧洲良种登记牛中,年产奶4 540千克者约占20%。该牛生长速度较快,平均日增重可达1.0千克以上,生长速度与其他大型肉用品种相近。胴体肉多,脂肪少而分布均匀,公牛育肥后屠宰率可达65%左右。成年母牛难产率低,适应性强,耐粗放管理。总之,该牛是兼具奶牛和肉牛特点的典型品种。成年公牛体重1 000～1 300千克,母牛650～750千克。适应性好,耐粗饲,性情温顺,适于放牧。

(4)与我国黄牛杂交的效果　我国自20世纪初就开始引入西门塔尔牛,到1981年我国已有纯种该牛3 000余头,杂交种50余万头。西门塔尔牛改良各地的黄牛,都取得了比较理想的效果。据河南省报道,西杂一代牛的初生重为33千克,本地牛仅为23千克;平均日增重,杂种牛6月龄为608.09克,18月龄为519.9克,本地牛相应为368.85克和343.24克;6月龄和18月龄体重,杂种牛分别为144.28千克和317.38千克,而本地牛相应为90.13千克和210.75千克。在产奶性能上,从全国商品牛基地县的统计资料来看,207天的泌乳量,西杂一代为1 818千克,西杂二代为2 121.5千克,西杂三代为2 230.5千克。

五、日本和牛

（1）原产地 日本和牛为原产于日本的土种牛（图3-5）。1912年日本对和牛进行了有计划的杂交工作。并在1944年正式命名为黑色和牛、褐色和牛和无角和牛，作为日本国的培育品种。

（2）外貌特征 体型小，体躯紧凑，腿细，前躯发育好，后躯差，一般和牛分为褐色和牛和黑色和牛两种。但以黑色为主毛色，在乳房和腹壁有白斑。也有条纹及花斑的杂色牛只。母牛体高为115～118厘米。

（3）生产性能 成年母牛体重约620千克、公牛约950千克，犊牛经27月龄育肥，体重达700千克以上，平均日增重1.2千克以上。日本和牛是当今世界公认的品质最优秀的良种肉牛，其肉大理石花纹明显，又称"雪花肉"。由于日本和牛的肉多汁细嫩、肌肉脂肪中饱和脂肪酸含量很低，风味独特，肉用价值极高，在日本被视为"国宝"，在西欧市场也极其昂贵。我省畜禽品种改良站现有日本和牛32头。日本和牛是我国十分珍贵的优质肉牛品种资源。褐色和牛在育肥360天，20月龄时，体重566千克，胴体重356千克，屠宰率达62.9％；26月龄屠宰，育肥514天，体重624千克，胴体重403千克，屠宰率64.7％。和牛晚熟，母牛3岁，公牛4岁才进行初次配种。

（公）

图 3-5 日本和牛

第二节 我国培育的肉用及兼用牛品种

一、夏南牛

(1)原产地 夏南牛原产于河南省南阳市。是以法国夏洛来牛为父本,以我国地方良种南阳牛为母本,经导入杂交、横交固定和自群繁育三个阶段的开放式育种,培育而成的肉牛新品种(图 3-6)。

图 3-6 夏南牛

(2)外貌特征 夏南牛体型外貌一致。毛色为黄色,以浅黄、米黄居多;公牛头方正,额平直,母牛头部清秀,额平稍长;公牛角呈锥状,水平向两侧延伸,母牛角细圆,致密光滑,稍向前倾;耳中等大小;颈粗壮、平直,肩峰不明显。成年牛结构匀称,体躯干呈长方形;胸深肋圆,背腰平直,尻部宽长,肉用特征明显;四肢粗壮,蹄质坚实,尾细长;母牛乳房发育良好。成年公牛体高 142.5 厘米,体重 850 千克,成年母牛体高135.5 厘米,体重 600 千克左右。

(3)生产性能 夏南牛体质健壮,性情温顺,适应性强,耐粗饲,采食速度快,易育肥;抗逆力强,耐寒冷,耐热性稍差;遗传性能稳定。夏南牛繁育性能良好。母牛初情期平均 432 天左右,初配时间平均 490 天左右,公犊初生重 38.52 千克、母犊初生重 37.90 千克。在农户饲养条件下,公母犊牛 6 月龄平均体重分别为 197.35 千克和 196.50 千克,平均日增重为 0.88 千克;周岁公、母牛平均体重分别为 299.01 千克和 292.40 千克。体重 350 千克的架子公牛经强化肥育 90 天,平均体重达 559.53 千克,平均日增重可达 1.85 千克。据屠宰实验,17～19 月龄的未肥育公牛屠宰率 60.13%,净肉率 48.84%。

二、延黄牛

(1)原产地 原产于吉林延边。"延黄牛"是以利木赞牛为父本,延边黄牛为母体,从 1979 年开始,经过杂交、正反回交和横交固定 3 个阶段,形成的含 75% 延边黄牛、25% 利木赞牛血统的稳定群体(图 3-7)。

图 3-7 延黄牛

(2)外貌特征 "延黄牛"体质结实,骨骼坚实,体躯较长,颈肩结合良好,背腰平直,胸部宽深,后躯宽长而平,四肢端正,骨骼圆润,肌肉丰满,整体结构匀称,全身被毛为黄色或浅红色,长而密,皮厚而有弹力。公牛头短,额宽而平,角粗壮,多向后方伸展,呈一字形或倒八字角,公牛睾丸发育良好;母牛头清秀适中,角细而长,多为龙门角,母牛乳房发育良好。

(3)生产性能 "延黄牛"具有耐寒、耐粗饲、抗病力强的特性,是我国宝贵的耐寒黄牛品种,具有性情温顺、适应性强、生长速度快等特点,遗传性稳定。成年公、母牛体重分别为 1 056.6 千克和 625.5 千克;体高分别为 156.2 厘米和 136.3 厘米。母牛的初情期为 9 月龄,性成熟期母牛平均为 13 月龄,公牛平均为 14 月龄。发情周期平均为 20～21天,发情持续时间平均为 20 小时,平均妊娠期为 285 天。犊牛初生公牛体重为 30.9 千克,母牛为 28.9 千克。

"延黄牛"舍饲短期育肥为 30 月龄公牛,宰前活重 578.1 千克,胴体重 345.7 千克,屠宰率 59.8％,净肉率 49.3％,日增重为 1.22千克,眼肌面积 98.6 厘米^2。肉质细嫩多汁、鲜美适口、营养丰富,肌肉脂肪中油酸含量为 42.5％。

三、中国西门塔尔牛

(1)原产地　我国自 20 世纪 40 年代从前苏联、德国、法国、奥地利、瑞士等国引进西门塔尔牛(图 3-8),历经多年繁殖,改良当地牛,组建核心群进行长期选育而成。中国西门塔尔牛因培育地点的生态条件不同,分为平原、草原和山区 3 个类群。

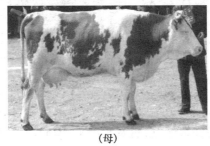

(母)

图 3-8　中国西门塔尔牛

(2)外貌特征　毛色为黄白花或红白花,但头、胸、腹下和尾帚多为白色。体型中等,蹄质坚实,乳房发育良好,耐粗饲,抗病力强。成年公牛活重平均 800～1 200 千克,母牛 600 千克左右。

(3)生产性能　据对 1 110 头核心群母牛统计,305 天产奶量达到 4 000 千克以上,乳脂率 4% 以上,其中 408 头育种核心群产奶量达到 5 200 千克以上,乳脂率 4% 以上。新疆呼图壁种牛场 118 头西门塔尔牛平均产奶量达到 6 300 千克,其中 900302 号母牛第 2 胎 305 天产奶量达到 11 740 千克。据 50 头育肥牛实验结果,18～22 月龄宰前活重 575.4 千克,屠宰率 60.9%,净肉率 49.5%,其中牛柳 5.2 千克,西冷 12.4 千克,肉眼 11.0 千克。

5 年的资料统计,中国西门塔尔牛平均配种受胎率 92%,情期受胎率 51.4%,产犊间隔 407 天。

四、三河牛

(1)原产地　三河牛是由内蒙古地区培育的乳肉兼用优良品种牛。主要分布在呼伦贝尔盟,约占品种牛总头数的 90% 以上;其次兴安盟、哲里木盟和锡林郭勒盟等地也有分布。

(2)外貌特征　三河牛(图 3-9)体躯高大,结构匀称,骨骼粗壮,体质结实,肌肉发达;头清秀,眼大明亮;角粗细适中,稍向上向前弯曲;颈窄,胸深,背腰平直,腹围圆大,体躯较长;四肢坚实,姿势端正;心脏发育良好;乳头不够整齐;毛色以红(黄)白花占绝大多数。

(公)

图 3-9　三河牛

(3)生产性能　年平均产乳量 2 000 千克左右,在较好条件下可达 4 000 千克。最高产奶个体为谢尔塔拉种畜场 8144 号母牛,第五泌乳期,360 天产奶 8 416.6 千克,牛群含脂率 4.10%～4.47%。在内蒙古条件下,该牛繁殖成活率 60% 左右,国营农场中则可达 77%(平均)。母牛妊娠期 283～285 天。一般 20～24 月龄初配,可繁殖 10 胎次以上。该牛耐粗放,抗寒暑能力强(-50～35℃)。

三河牛产肉性能好,在放牧育肥条件下,阉牛屠宰率为 54.0%,净肉率为 45.6%。在完全放牧不补饲的条件下,2 岁公牛屠宰率为 50%～55%,净肉率在 44%～48%,产肉量比当地蒙古牛增加 1 倍左右。

三河牛由于来源复杂,品种育成时间较短,因而个体间尚有差异。

五、草原红牛

(1)原产地　吉林省白城地区、内蒙古自治区和河北张家口地区(图 3-10)。分乳肉兼用和肉乳兼用两种类型。

(公)

图 3-10　草原红牛

(2)外貌特征　被毛多为深红色,鼻镜多呈粉红色。角细短,向上弯曲,呈蜡黄色,角尖呈黄褐色。颈肩宽厚,胸宽深,背腰平直,后躯略短,尻宽平。全身肌肉丰满,乳房发育良好。

(3)生产性能　成年公牛体重 825.2 千克,母牛体重 482 千克,每头年均产奶量 1 662 千克。18 月龄阉牛,屠宰率为 50.84%,净肉率为 40.95%,经短期育肥的牛屠宰率和净肉率分别可达到 58.1% 和 49.5%,肉质良好。

第三节　我国的黄牛品种

一、秦川牛

(1)原产地　秦川牛产于陕西省关中地区,以渭南、临潼、蒲城、富平、咸阳、兴平、乾县、礼泉、泾阳、武功、扶风、岐山等县、市为主产区。还分布于渭北高原地区。

（2）外貌特征　在体型外貌上，秦川牛属较大型的役肉兼用品种（图 3-11）。体格较高大，骨骼粗壮，肌肉丰满，体质强健。头部方正，肩长而斜。中部宽深，肋长而开张。背腰平直宽长，长短适中，结合良好。荐骨部稍隆起，后躯发育稍差。四肢粗壮结实，两前肢相距较宽，蹄叉紧。公牛头较大，颈短粗，垂皮发达，鬐甲高而宽；母牛头清秀，颈厚薄适中，

（公）

图 3-11　秦川牛

鬐甲低而窄。角短而钝，多向外下方或向后稍弯。公牛角 14.8 厘米，母牛角长 10 厘米。毛色为紫红、红、黄色 3 种。鼻镜肉红色约占 63.8％，亦有黑色、灰色和黑斑点的，约占 32.2％。角呈肉色，蹄壳为黑红色。

（3）生产性能　在生产性能上经肥育的 18 月龄牛的平均屠宰率为 58.3％，净肉率为 50.5％。肉细嫩多汁，大理石纹明显。泌乳期为 7 个月，泌乳量（715.8±261.0）千克。鲜乳成分为：乳脂率 4.70％±1.18％，乳蛋白率 4.00％±0.78％，乳糖率 6.55％，干物质率 16.05％±2.58％。公牛最大挽力为（475.9±106.7）千克，占体重的 71.7％。在繁殖性能上，秦川母牛常年发情。在中等饲养水平下，初情期为 9.3 月龄。成年母牛发情周期 20.9 天，发情持续期平均 39.4 小时。妊娠期 285 天，产后第一次发情约 53 天。秦川公牛一般 12 月龄性成熟，2 岁左右开始配种。秦川牛是优秀的地方良种，是理想的杂交配套品种。

二、鲁西黄牛

（1）原产地　主要产于山东省西南部的菏泽和济宁两地区，北自黄河，南至黄河故道，东至运河两岸的三角地带。分布于菏泽地区的郓

城、鄄城、菏泽、巨野、梁山和济宁地区的嘉祥、金乡、济宁、汶上等县、市。聊城、泰安以及山东的东北部也有分布。20世纪80年代初有40万头，现已发展到100余万头。鲁西牛是中国中原四大牛种之一。以优质育肥性能著称于世。

(2)外貌特征　在体型外貌上，鲁西牛体躯结构匀称，细致紧凑，为役肉兼用(图3-12)。公牛多为平角或龙门角，母牛以龙门角为主。垂皮发达。公牛肩峰高而宽厚。胸深而宽，后躯发育差，尻部肌肉不够丰满，体躯明显地呈前高后低体型。母牛鬐甲低平，后躯发育较好，背腰短而平直，尻部稍倾斜。筋腱明显。

（公）

图3-12　鲁西黄牛

前肢呈正肢势，后肢弯曲度小，飞节间距离小。蹄质致密但硬度较差。尾细而长，尾毛常扭成纺锤状。被毛从浅黄到棕红色，以黄色为最多，一般前躯毛色较后躯深，公牛毛色较母牛的深。多数牛的眼圈、口轮、腹下和四肢内侧毛色浅淡，俗称"三粉特征"。鼻镜多为淡肉色，部分牛鼻镜有黑斑或黑点。角色蜡黄或琥珀色。

(3)生产性能　据屠宰测定的结果，18月龄的阉牛平均屠宰率57.2%，净肉率49.0%，骨肉比1:6.0，脂肉比1:4.23，眼肌面积89.1厘米²。成年牛平均屠宰率58.1%，净肉率为50.7%，骨肉比1:6.9，脂肉比1:37，眼肌面积94.2厘米²。肌纤维细，肉质良好，脂肪分布均匀，大理石状花纹明显。母牛性成熟早，有的8月龄即能受胎。一般10~12月龄开始发情，发情周期平均22天，范围16~35天；发情持续期2~3天。妊娠期平均285天，范围270~310天。产后第一次发情平均为35天，范围22~79天。

三、南阳牛

(1)原产地　南阳牛产于河南省南阳市白河和唐河流域的平原地

区,以南阳、唐河、邓县、新野、镇平、社旗、方城 7 个县、市为主产区。许昌、周口、驻马店等地区分布也较多。南阳牛属较大型役肉兼用品种(图 3-13)。

(2)外貌特征　体高大,肌肉较发达,结构紧凑,体质结实,皮薄毛细,鼻镜宽,口大方正。角形以萝卜角为主,公牛角基粗壮,母牛角细。鬐甲隆起,肩部宽厚。背腰平直,肋骨明显,荐尾略高,尾细长。四肢端正而较高,筋腱明显,蹄大坚实。公牛头部雄壮,额微凹,脸细长,颈短厚稍呈弓形,颈部皱褶多,前躯发达。母牛后躯发育良好。毛色有黄、红、

(公)

图 3-13　南阳牛

草白 3 种,面部、腹下和四肢下部毛色浅。鼻镜多为肉红色,部分南阳牛是中国黄牛中体格最高的。

(3)生产性能　经强度肥育的阉牛体重达 510 千克时,屠宰率达 64.5%,净肉率 56.8%,眼肌面积 95.3 厘米^2。肉质细嫩,颜色鲜红,大理石纹明显。在繁殖性能上,南阳牛较早熟,有的牛不到 1 岁即能受胎。母牛常年发情,在中等饲养水平下,初情期在 8~12 月龄。初配年龄一般掌握在 2 岁。发情周期 17~25 天,平均 21 天。发情持续期1~3 天。妊娠期平均 289.8 天,范围为 250~308 天。怀公犊比怀母犊的妊娠期长 4.4 天。产后初次发情约需 77 天。

四、晋南牛

(1)原产地　原产山西晋南地区。晋南牛是经过长期不断地人工选育而形成的地方良种(图 3-14)。

(2)外貌特征　晋南牛的毛色为枣红或红色。皮柔韧,厚薄适中,体格高大,骨骼结实,体型结构匀称,头宽中等长。母牛较清秀,面平。公牛额短而宽,鼻镜宽,鼻孔大。眼中等大,角形为顺风扎角,公牛较短

粗,角根蜡黄色,角尖为枣红色或淡青色。母牛颈短而平直,公牛粗而微弓,鬐甲宽圆,蹄圆厚而大,蹄壁为深红色。公牛睾丸发育良好,母牛乳房附着良好,发育匀称。

（3）生产性能　晋南牛肌肉丰满,肉质细嫩,香味浓郁。成年牛在育肥条件下,日增重为851克(最高日增重可

（公）

图3-14　晋南牛

达 1.13 千克)。屠宰率为55%～60%,净肉率为45%～50%。成年母牛在一般饲养条件下,一个泌乳期产奶 800 千克左右,乳脂率 5% 以上。

晋南牛母牛性成熟期为 10～12 月龄,初配年龄 18～20 月龄,繁殖年限 12～15 年,繁殖率 80%～90%,犊牛初生重 23.5～26.5 千克。公牛 12 月龄性成熟,24 月龄开始配种,使用年限为 8～10 年;射精量为 4～5 毫升/次,精子密度 5 亿个/毫升,原精液精子活力 0.7 以上。

晋南牛具有适应性强、耐粗饲、抗病力强、耐热等优点。

五、延边牛

（1）原产地　延边牛产于东北三省东部的狭长地区,分布于吉林省延边朝鲜族自治区的延吉、和龙、汪清、珲春及毗邻各县;黑龙江省的宁安、海林、东宁、林口、汤元、桦南、桦川、依兰、勃利、五常、尚志、延寿、通河,辽宁省宽甸县及沿鸭江一带,据 1982 年统计总计有 21 万头。延边牛是寒温带的优良品种,是东北地区优良地方牛种之一。

（2）外貌特征　在体型外貌上,延边牛属役肉兼用品种(图3-15)。胸部深宽,骨骼坚实,被毛长而密,皮厚而有弹力。公牛额宽,头方正,角基粗大,多向后方伸展,呈一字形或倒八字角,颈厚而隆起,肌肉发达。母牛头大小适中,角细而长,多为龙门角。毛色多呈浓淡不同的黄色,其中浓黄色占 16.3%,黄色占 74.8%,淡黄色占 6.7%,其他占

2.2%。鼻镜一般呈淡褐色,带有黑点。

（3）生产性能　在生产性能上,延边牛自 18 月龄育肥 6 个月,日增重为 813 克,胴体重 265.8 千克,屠宰率 57.7%,净肉率 47.23%,眼肌面积 75.8 厘米^2。在繁殖性能上,母牛初情期为 8～9 月龄,性成熟期平均为 13 月龄;公牛平均为 14 月龄。母牛发情周期平均为 20.5 天,发情持续期 12～36

（公）

图 3-15　延边牛

小时,平均 20 小时。母牛终年发情,7～8 月份为旺季。常规初配时间为 20～24 月龄。延边牛耐寒,在 −26℃ 时牛才出现明显不安,但能保持正常食欲和反刍。延边牛体质结实,抗寒性能良好,适宜于林间放牧。

第四节　引种

一、引种的原则

（1）生产性能高　引进肉牛时既要考虑肉牛的生长速度,缩短出栏时间和提高出栏体重,又要考虑育肥牛的肉质。如果引进国外牛与地方牛的杂交品种,应从良种肉牛站购进西门塔尔、利木赞、夏洛来、海福特等杂交良种牛。如果引进国内地方优良品种牛,应选择国内地方黄牛中体型大、肉用性能好的培育品种,如从陕西省渭南市临渭区秦川牛、河南省南阳县南阳牛等。

（2）适应当地的生产环境　要引进的肉牛品种产地的饲养方式、气候和环境条件进行分析,并与引进地进行比较。对采购地进行调研,注意产地的气温、饲草料质量、气候等环境条件,以便相应调整运输与运达后的饲养管理措施。

(3)禁止从疫区购牛 购牛前,应调查拟购地区的疫病发生情况,禁止从疫区购牛。牛常见传染病有口蹄疫、结核病、布病、牛病毒性腹泻/黏膜病、牛传染性鼻气管炎等。

二、引种应注意的问题

(1)要了解品种特性 对引入品种要掌握其外貌特征、饲养管理要点和抗病能力,符合品种标准质量要求,并有当地畜牧主管部门颁发的种畜禽生产经营许可证。

(2)要做好引牛前的准备工作 包括运牛车辆、圈舍消毒、饲料、疫苗、人员等。运输车辆用 1% 烧碱消毒,并准备好饲草、饮水工具、铁锹等。

(3)选择健康牛 应选来源清晰的健康牛。营养与精神状态良好,无精神委靡、被毛杂乱、毛色发黄、步态蹒跚、喜欢独蹲墙角或卧地不起、发热、咳嗽、腹泻等临床发病症状。应查验免疫记录,确保拟购牛处于口蹄疫等疫苗的免疫保护期内。规模引牛,应派兽医人员同往选购。

(4)严格执行动物检疫制度 肉牛场和养牛户买牛时,一定要从非疫区购买。装车前,必须经过当地动物防疫监督机构实施检疫,并取得合格的检疫证明,方可启运。保证引进的牛只健康无疫。

(5)检疫可按照国家颁发的《家畜家禽防疫条例》中有关规定执行 必须对口蹄痰、结核病、布氏杆菌病、蓝色冰、地方流行型牛白血病、副结核病、肉牛传染性胸膜肺炎、牛传染性鼻气管炎和黏膜病进行检疫。

(6)运输前饲喂与分群 运前 3～4 小时停喂具有轻泻性的青贮饲料、麸皮、鲜草和易发酵饲料如饼类和豆科草类。少喂精料,半饱,不过量饮水。运前 2 小时可每头牛补口服盐溶液(氯化钠 3.5 克、氯化钾 1.5 克、碳酸氢钠 2.5 克、葡萄糖 20 克,加凉开水至 1 000 毫升)2～3 升。为了保证牛群在运输途中不发生意外,应按大小、强、弱分群。

(7)运输汽车　护栏高度应不低于 1.4 米,装车前给车上铺一层沙土防滑或均匀铺垫熏蒸消毒过、厚度 20～30 厘米以上的干草或草垫防滑。应有防晒、防风、挡雨设施。装车密度适当,如用车身长度 12 米汽车运输未成年牛(300 千克左右),在春、秋季每车装 21～26 头为宜,夏季每车装 18～21 头为易。对牛进行适当固定,以减少开车前和刹车时肉牛站立不稳造成的事故。

(8)运输　天气炎热时,应在傍晚起运,运输车要通风良好,途中车辆尽量减少急刹车,尽可能缩短运输时间,随车必须配备有经验的饲养员或兽医人员,以应付突发事件。长距离运输还应尽可能携带饲草和饮水。冬天启运,还应考虑当时天气,做好抗风寒准备。运输途中,不准在疫区停留和装填草料、饮水及其他相关物资,押解员应经常观察牛的健康状况,发现异常及时与当地动物防疫监督机构联系,按有关规定处理。

(9)进场后管理　对购入的牛,进行全身消毒,方可入场内,打开车门,搭一木板或就斜坡让牛自行慢慢走下车。但仍要隔离 200～300 米以外的地方,在隔离场观察 20～35 天,在此期间进行群体、个体检疫,进一步确认引进肉牛体质健康后,再并群饲养。牛进圈后休息 1.5～2 小时,然后给少量饮水或补口服盐溶液 2～3 升,给少量优质干草。切勿暴饮暴食。过渡期第 1 周以粗饲料为主,略加精料,第 2 周开始逐渐加料至正常水平。

思考题

1.引入我国的主要国外肉用及兼用牛品种有哪些? 主要的外貌特征和生产性能是什么?

2.我国自己培育的肉用及兼用牛品种有哪些? 主要的外貌特征和

生产性能是什么？

　　3.我国著名的黄牛品种都有哪些？主要的外貌特征和生产性能是什么？

　　4.引种的原则是什么？应注意哪些问题？

第四章

肉牛营养需要与生态 饲料配制技术

导　　读　本章简要介绍了肉牛不同生理阶段的干物质、能量、粗蛋白、矿物质、维生素和水的需要量;较详细地阐述了生态饲料的概念、肉牛饲料的种类及饲料配制技术。

第一节　肉牛的营养需要

一、干物质

肉牛日粮必须保持一定的干物质采食量,来满足其营养需要。许多试验表明,如果满足肉牛的营养需要但干物质供给不足,不仅不能充分发挥肉牛的生产能力,而且消化障碍增多。

干物质进食量受体重、增重水平、饲料能量浓度、日粮类型、饲料加工、饲养方式和气候等因素的影响。根据国内饲养试验结果,参考计算公式如下：

(1)生长育肥牛 干物质进食量（千克）＝0.062$W^{0.75}$（千克）＋[1.529 6＋0.003 71×体重（千克）]×日增重（千克）。

(2)妊娠后期母牛 干物质进食量（千克）＝0.062$W^{0.75}$（千克）＋(0.790＋0.005 587×妊娠天数)。

二、能 量

能量是肉牛营养的重要基础，它是构成体组织，维持生理功能和增加体重的主要原料。牛所需的能量除用于维持需要外，多余的能量用于生长和繁殖。肉牛所需要的能量来源于饲料中的碳水化合物、脂肪和蛋白质。最重要的能源是从饲料中的碳水化合物（粗纤维、淀粉等）在瘤胃的发酵产物——挥发性脂肪酸中取得的。脂肪的能量虽然比其他养分高两倍以上，但作为饲料中的能源来说并不占主要的地位。蛋白质也可以产生能量，但是从资源的合理利用及经济效益考虑，用蛋白质供能是不适宜的，在配制日粮时尽可能以碳水化合物提供能量是经济的。

当能量水平不能满足动物需要时，则生产力下降，健康状况恶化，饲料能量的利用率降低（维持比重增大）。生长期牛能量不足，则生长停滞。动物能量营养水平过高对生产和健康同样不利。能量营养过剩，可造成机体能量大量沉积（过肥），繁殖力下降。由此不难看出，合理的能量营养水平对提高牛能量利用效率，保证牛的健康，提高生产力具有重要的实践意义。

(1)维持的能量需要 维持能量需要是维持生命活动，包括基础代谢、自由运动、保持体温等所需要的能量。维持能量需要与代谢体重（$W^{0.75}$）成比例，计算公式：

$$NE_m（千焦）＝322W^{0.75}$$

肉牛的维持能量需要以牛在无应激的环境下活动最少的能量需要

为标准。维持能量需要受性别、品种、年龄、环境等因素的影响,这些因素的影响程度可达3%～14%。我国饲养标准推荐,当气温低于12℃时,每降低1℃,维持能量需要增加1%。

(2)增重的能量需要 增重能量需要是由增重时所沉积的能量来确定,包括肌肉、骨骼、体组织、体脂肪的沉积等。我国饲养标准对生长肉牛增重净能的计算公式:

$$增重净能(千焦)=\Delta W(2\ 092+25.1W)/(1-0.3\Delta W)$$

式中:W 为体重,ΔW 为日增重(千克)。对生长母牛增重净能的计算是在计算公式的基础上增加10%。

(3)妊娠母牛的能量需要 根据国内78头母牛饲养试验结果,在维持净能需要的基础上,不同妊娠天数每千克胎儿增重的维持净能为:

$$NE_m(兆焦)=0.197\ 769t-11.761\ 22$$

式中 t 为妊娠天数。

不同妊娠天数不同体重母牛的胎儿日增重(千克)$=(0.008\ 79t-0.854\ 54)\times(0.143\ 9+0.000\ 355\ 8W)$,式中 W 为母牛体重(千克)。

由上述两式可计算出不同体重母牛妊娠后期各月胎儿增重的维持净能需要,再加母牛维持净能需要,即为总的维持净能需要。总的维持净能需要乘以0.82即为综合净能(NE_{mf})需要量。

(4)哺乳母牛能量需要 泌乳的净能需要按每千克4%乳脂率的标准乳含3.138兆焦计算;维持能量需要(兆焦)$=0.322W^{0.75}$(千克)。二者之和经校正后即为综合净能需要。

生长肥育牛对能量的需要量见表4-1。

表4-1 生长肥育牛的营养需要

体重/千克	日增重/千克	干物质/千克	肉牛能量单位/RND	综合净能/兆焦	粗蛋白质/克	钙/克	磷/克
150	0	2.66	1.46	11.76	236	5	5
	0.3	3.29	1.87	15.10	377	14	8
	0.4	3.49	1.97	15.90	421	17	9

续表 4-1

体重/千克	日增重/千克	干物质/千克	肉牛能量单位/RND	综合净能/兆焦	粗蛋白质/克	钙/克	磷/克
	0.5	3.70	2.07	16.74	465	19	10
	0.6	3.91	2.19	17.66	507	22	11
	0.7	4.12	2.30	18.58	548	25	12
	0.8	4.33	2.45	19.75	589	28	13
	0.9	4.54	2.61	21.05	627	31	14
	1.0	4.75	2.80	22.64	665	34	15
	1.1	4.95	3.02	24.35	704	37	16
	1.2	5.16	3.25	26.28	739	40	16
175	0	2.98	1.63	13.18	265	6	6
	0.3	3.63	2.09	16.90	403	14	9
	0.4	3.85	2.20	17.78	447	17	9
	0.5	4.07	2.32	18.70	489	20	10
	0.6	4.29	2.44	19.71	530	23	11
	0.7	4.51	2.57	20.75	571	26	12
	0.8	4.72	2.79	22.05	609	28	13
	0.9	4.94	2.91	23.47	650	31	14
	1.0	5.16	3.12	25.23	686	34	15
	1.1	5.38	3.37	27.20	724	37	16
	1.2	5.59	3.63	29.29	759	40	17
200	0	3.30	1.80	14.56	293	7	7
	0.3	3.98	2.32	18.70	428	15	9
	0.4	4.21	2.43	19.62	472	17	10
	0.5	4.44	2.56	20.67	514	20	11
	0.6	4.66	2.69	21.76	555	23	12
	0.7	4.89	2.83	22.89	593	26	13
	0.8	5.12	3.01	24.31	631	29	14
	0.9	5.34	3.21	25.90	669	31	15
	1.0	5.57	3.45	27.82	708	34	16
	1.1	5.80	3.71	29.96	743	37	17
	1.2	6.03	4.00	32.30	778	40	17

续表 4-1

体重/千克	日增重/千克	干物质/千克	肉牛能量单位/RND	综合净能/兆焦	粗蛋白质/克	钙/克	磷/克
225	0	3.60	1.87	15.10	320	7	7
	0.3	4.31	2.56	20.71	452	15	10
	0.4	4.55	2.69	21.76	494	18	11
	0.5	4.78	2.83	22.89	535	20	12
	0.6	5.02	2.98	24.10	576	23	13
	0.7	5.26	3.14	25.36	614	26	14
	0.8	5.49	3.33	26.90	652	29	14
	0.9	5.73	3.55	28.66	691	31	15
	1.0	5.96	3.81	30.79	726	34	16
	1.1	6.20	4.10	33.10	761	37	17
	1.2	6.44	4.42	35.69	796	39	18
250	0	3.90	2.20	17.78	346	8	8
	0.3	4.64	2.81	22.72	475	16	11
	0.4	4.88	2.95	23.85	517	18	12
	0.5	5.13	3.11	25.10	558	21	12
	0.6	5.37	3.27	26.44	599	23	13
	0.7	5.62	3.45	27.82	637	26	14
	0.8	5.87	3.65	29.50	672	29	15
	0.9	6.11	3.89	31.38	711	31	16
	1.0	6.36	4.18	33.72	746	34	17
	1.1	6.60	4.49	36.28	781	36	18
	1.2	6.85	4.84	39.08	814	39	18
275	0	4.19	2.40	19.37	372	9	9
	0.3	4.96	3.07	24.77	501	16	12
	0.4	5.21	3.22	25.98	543	19	12
	0.5	5.47	3.39	27.36	581	21	13
	0.6	5.72	3.57	28.79	619	24	14
	0.7	5.98	3.75	30.29	657	26	15
	0.8	6.23	3.98	32.13	696	29	16
	1.0	6.74	4.55	36.74	766	34	17

续表 4-1

体重/千克	日增重/千克	干物质/千克	肉牛能量单位/RND	综合净能/兆焦	粗蛋白质/克	钙/克	磷/克
	1.1	7.00	4.89	39.50	798	36	18
	1.2	7.25	5.26	42.51	834	39	19
300	0	4.47	2.60	21.00	397	10	10
	0.3	5.26	3.32	26.78	523	17	12
	0.4	5.53	3.48	28.12	565	19	13
	0.5	5.79	3.66	29.58	603	21	14
	0.6	6.06	3.86	31.13	641	24	15
	0.7	6.32	4.06	32.76	679	26	15
	0.8	6.58	4.31	34.77	715	29	16
	0.9	6.85	4.58	36.99	750	31	17
	1.0	7.11	4.92	39.71	785	34	18
	1.1	7.38	5.29	42.68	818	36	19
	1.2	7.64	5.60	45.98	850	38	19
325	0	4.75	2.78	22.43	421	11	11
	0.3	5.57	3.54	28.58	547	17	13
	0.4	5.84	3.72	30.04	586	19	14
	0.5	6.12	3.91	31.59	624	22	14
	0.6	6.39	4.12	33.26	662	24	15
	0.7	6.66	4.36	35.02	700	26	16
	0.8	6.94	4.60	37.15	736	29	17
	0.9	7.21	4.90	39.54	771	31	18
	1.0	7.49	5.25	42.43	803	33	18
	1.1	7.76	5.65	45.61	839	36	19
	1.2	8.03	6.08	49.12	868	38	20
350	0	5.02	2.95	23.85	445	10	12
	0.3	5.87	3.76	30.38	569	18	14
	0.4	6.15	3.95	31.92	607	20	14
	0.5	6.43	4.16	33.60	645	22	15
	0.6	6.72	4.38	35.40	683	24	16
	0.7	7.00	4.61	37.24	719	27	17

续表 4-1

体重/千克	日增重/千克	干物质/千克	肉牛能量单位/RND	综合净能/兆焦	粗蛋白质/克	钙/克	磷/克
	0.8	7.28	4.89	39.50	757	29	17
	0.9	7.57	5.21	42.05	789	31	18
	1.0	7.85	5.59	45.15	824	33	19
	1.1	8.13	6.01	48.53	857	36	20
	1.2	8.41	6.47	52.26	889	38	20
375	0	5.28	3.13	25.27	469	12	12
	0.3	6.16	3.99	32.22	593	18	14
	0.4	6.45	4.19	33.85	631	20	15
	0.5	6.74	4.41	35.61	669	22	16
	0.6	7.03	4.65	37.53	704	25	17
	0.7	7.32	4.89	39.50	743	27	17
	0.8	7.62	5.19	41.88	778	29	18
	0.9	7.91	5.52	44.60	810	31	19
	1.0	8.20	5.93	47.87	845	33	19
	1.1	8.49	6.26	50.54	878	35	20
	1.2	8.79	6.75	54.48	907	38	21
400	0	5.55	3.31	26.74	492	13	13
	0.3	6.45	4.22	34.06	613	19	15
	0.4	6.76	4.43	35.77	651	21	16
	0.5	7.06	4.66	37.66	689	23	17
	0.6	7.36	4.91	39.66	727	25	17
	0.7	7.66	5.17	41.76	763	27	18
	0.8	7.96	5.49	44.31	798	29	19
	0.9	8.26	5.64	47.15	830	31	19
	1.0	8.56	6.27	50.63	866	33	20
	1.1	8.87	6.74	54.43	895	35	21
	1.2	9.17	7.26	58.66	927	37	21
425	0	5.80	3.48	28.08	515	14	14
	0.3	6.73	4.43	35.77	636	19	16
	0.4	7.04	4.65	37.57	674	21	17

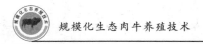

续表 4-1

体重 /千克	日增重 /千克	干物质 /千克	肉牛能量单位 /RND	综合净能 /兆焦	粗蛋白质 /克	钙 /克	磷 /克
	0.5	7.35	4.90	39.54	712	23	17
	0.6	7.66	5.16	41.67	747	25	18
	0.7	7.97	5.44	43.89	783	27	18
	0.8	8.29	5.77	46.57	818	29	19
	0.9	8.60	6.14	49.58	850	31	20
	1.0	8.91	6.59	53.22	886	33	20
	1.1	9.22	7.09	57.24	918	35	21
	1.2	9.35	7.64	61.67	947	37	22
450	0	6.06	3.63	29.33	538	15	15
	0.3	7.02	4.63	37.41	659	20	17
	0.4	7.34	4.87	39.33	697	21	17
	0.5	7.66	5.12	41.38	732	23	18
	0.6	7.98	5.40	43.60	770	25	19
	0.7	8.30	5.69	45.94	806	27	19
	0.8	8.62	6.03	48.74	841	29	20
	0.9	8.94	6.43	51.92	873	31	20
	1.0	9.26	6.90	55.77	906	33	21
	1.1	9.58	7.42	59.96	938	35	22
	1.2	9.90	8.00	64.60	967	37	22
475	0	6.31	3.79	30.63	560	16	16
	0.3	7.30	4.84	39.08	681	20	17
	0.4	7.63	5.09	41.09	719	22	18
	0.5	7.96	5.35	43.26	754	24	19
	0.6	8.29	5.64	45.61	789	25	19
	0.7	8.61	5.94	48.03	825	27	20
	0.8	8.94	6.31	51.00	860	29	20
	0.9	9.27	6.72	54.31	892	31	21
	1.0	9.60	7.22	58.32	928	33	21
	1.1	9.93	7.77	62.76	957	35	22
	1.2	10.26	8.37	67.61	989	36	23

续表 4-1

体重 /千克	日增重 /千克	干物质 /千克	肉牛能量单位 /RND	综合净能 /兆焦	粗蛋白质 /克	钙 /克	磷 /克
500	0	6.56	3.59	31.92	582	16	16
	0.3	7.58	5.04	40.71	700	21	18
	0.4	7.91	5.30	42.84	738	22	19
	0.5	8.25	5.58	45.10	776	24	19
	0.6	8.59	5.88	47.53	811	26	20
	0.7	8.93	6.20	50.08	847	27	20
	0.8	9.27	6.58	53.18	882	29	21
	0.9	9.61	7.01	56.65	912	31	21
	1.0	9.94	7.53	60.88	947	33	22
	1.1	10.28	8.10	65.48	979	34	23
	1.2	10.62	8.73	70.54	1 011	36	23

三、蛋白质

蛋白质是生命的重要物质基础。它主要由碳、氢、氧、氮 4 种元素组成,有些蛋白质还含有少量的硫、磷、铁、锌等。蛋白质是三大营养物质中唯一能提供牛体氮素的物质。因此,它的作用是脂肪和碳水化合物所不能代替的。常规饲料分析测得的蛋白质包括真蛋白质和氨化物,通常称粗蛋白质,其数值等于样品总含氮量乘以 6.25。

蛋白质是维持正常生命活动,修补和建造机体组织、器官的重要物质,如肌肉、内脏、血液、神经、毛等都是由蛋白质作为结构物质而形成的。蛋白质还是体内多种生物活性物质的组成部分,如牛体内的酶、激素、抗体等都是以蛋白质为原料合成的;蛋白质是形成牛产品的重要物质,如肉、乳的主要成分都是蛋白质。

当日粮中缺乏蛋白质时,幼龄牛生长缓慢或停止,体重减轻,成年牛体重下降。长期缺乏蛋白质,还会发生血红蛋白减少的贫血症;当血液中免疫球蛋白数量不足时,则牛抗病力减弱,发病率增加。蛋白质缺乏的牛,食欲不振,消化力下降,生产性能降低;日粮蛋白质不足还会影响牛的繁殖机能,如母牛发情不明显,不排卵,受胎率降低,胎儿发育不良,公牛精液品质下降。反之,过多地供给蛋白质,不仅造成浪费,而且还可能是有害的。蛋白质过多时,其代谢产物的排泄加重了肝、肾的负担,来不及排出的代谢产物可导致中毒。蛋白质水平过高,对繁殖也有不利影响,公牛表现为精子发育不正常,降低精子的活力及受精能力,母牛则表现为不易形成受精卵或胚胎的活力下降。

1. 生长肥育牛的粗蛋白质需要量

维持的粗蛋白质需要(克)$=5.5W^{0.75}$(千克)。

增重的粗蛋白需要(克)$=\Delta W(168.07-0.168\,69W+0.000\,163\,3W^2)\times(1.12-0.123\,3\Delta W)/0.34$。式中 ΔW 为日增重(千克),W 为体重(千克)。

2. 妊娠后期母牛的粗蛋白质需要

维持的粗蛋白质需要(克)$=4.6W^{0.75}$(千克);在维持基础上粗蛋白质的给量,6 个月时 77 克,7 个月时 145 克,8 个月时 255 克,9 个月时 403 克。

3. 哺乳母牛的粗蛋白质需要

维持的粗蛋白质需要(克)$=4.6W^{0.75}$(千克);生产需要按每千克4%乳脂率标准乳需粗蛋白质 85 克。

不同肉牛对蛋白质的需要量见表 4-1。

四、矿物质

矿物质是维持体组织、细胞代谢和正常生理功能的所必需的,肉牛需要的矿物质元素至少有 17 种,包括常量元素钙、磷、钾、钠、氯、镁、硫等,微量元素包括钴、铜、碘、铁、锰、硒、锌、硒、钼等。

1. 钙和磷

钙和磷是牛体内含量最多的无机元素,是骨骼和牙齿的重要成分,约有 99% 的钙和 80% 的磷存在于骨骼和牙齿中。钙是细胞和组织液的重要成分,参与血液凝固,维持血液 pH 以及肌肉和神经的正常功能。磷是磷脂、核酸、磷蛋白的组成成分,参与糖代谢和生物氧化过程,形成含高能磷酸键的化合物,维持体内的酸碱平衡。

日粮中缺钙会使幼牛生长停滞,发生佝偻病。成年牛缺钙引起骨软症或骨质疏松症。泌乳母牛的乳热症由钙代谢障碍所致,由于大量泌乳使血钙急剧下降,甲状旁腺机能未能充分调动,未能及时释放骨中的钙贮补充血钙。此病常发生于产后,故亦称产后瘫痪。缺磷会使牛食欲下降,牛出现"异食癖",如爱啃骨头、木头、砖块和毛皮等异物,牛的泌乳量下降。钙、磷对牛的繁殖影响很大。缺钙可导致难产、胎衣不下和子宫脱出。牛缺磷的典型症状是母牛发情无规律、乏情、卵巢萎缩、卵巢囊肿及受胎率低,或发生流产,产下生活力很弱的犊牛。高钙日粮可引起许多不良后果。因元素间的拮抗而影响锌、锰、铜等的吸收利用,因影响瘤胃微生物区系的活动而降低日粮中有机物质消化率等。日粮中过多的磷会引起母牛卵巢肿大,配种期延长,受胎率下降。日粮中钙、磷比例不当也会影响牛的生产性能及钙、磷在牛消化道的吸收。实践证明,理想的钙磷比是(1~2):1。

(1)钙　肉牛的钙需要量(克/天)=[0.015 4×体重(千克)+0.071×日增重的蛋白质(克)+1.23×日产奶量(千克)+0.013 7×日胎儿生长(克)]÷0.5

(2)磷　肉牛的磷需要量(克/天)=[0.028 0×体重(千克)+0.039×日增重的蛋白质(克)+0.95×日产奶量(千克)+0.007 6×日胎儿生长(克)]÷0.85。

2. 钠与氯

主要存在于体液中,对维持牛体内酸碱平衡、细胞及血液间渗透压有重大作用,保证体内水分的正常代谢,调节肌肉和神经的活动。氯参与胃酸的形成,为饲料蛋白质在真胃消化和保证胃蛋白酶作用所需的 pH 所必需。牛日粮中需补充食盐来满足钠和氯的需要。缺乏钠和氯,牛表现为食欲下降,生长缓慢,减重,泌乳下降,皮毛粗糙,繁殖机能降低。

肉牛的食盐给量应占日粮干物质的 0.3%。牛饲喂青贮饲料时，需食盐量比饲喂干草时多;给高粗料日粮时要比喂高精料日粮时多;喂青绿多汁的饲料时要比喂枯老饲料时多。

3. 镁

大约 70% 存在于骨骼中,镁是碳水化合物和脂肪代谢中一系列酶的激活剂,它可影响神经肌肉的兴奋性,低浓度时可引起痉挛。泌乳牛较不泌乳牛对缺镁的反应更敏感。成年牛的低镁痉挛(亦称草痉挛或泌乳痉挛)最易发生的是放牧的泌乳母牛,尤其是放牧于早春良好草地采食幼嫩牧草时,更易发生。表现为泌乳量下降,食欲降低,兴奋和运动失调,如不及时治疗,可导致死亡。

肉牛镁的需要量占日粮 0.16%。一般肉牛日粮中不用补充镁。

4. 钾

在牛体内以红细胞内含量最多。具有维持细胞内渗透压和调节酸碱平衡的作用。对神经、肌肉的兴奋性有重要作用。另外,钾还是某些酶系统所需的元素。牛缺钾表现为食欲减退,毛无光泽,生长发育缓慢,异嗜,饲料利用率下降,产奶量减少。夏季给牛补充钾,可缓解热应激对牛的影响。高钾日粮会影响镁和钠的吸收。

肉牛钾的需要量占日粮 0.65%。一般肉牛日粮中不用补充钾。夏季给牛补充钾,可缓解热应激对牛的影响。高钾日粮会影响镁和钠的吸收。

5. 硫

在牛体内主要存在于含硫氨基酸(蛋氨酸、胱氨酸和半胱氨酸)、含硫维生素(硫胺素、生物素)和含硫激素(胰岛素)中。硫是瘤胃微生物活动中不可缺少的元素,特别是对瘤胃微生物蛋白质合成,能将无机硫结合进含硫氨基酸和蛋白质中。牛日粮中添加尿素时,易发生缺硫。缺硫能影响牛对粗纤维的消化率,降低氮的利用率。用尿素作为蛋白补充料时,一般认为日粮中氮和硫之比为 15:1 为宜。

肉牛硫的需要量占日粮 0.16%。一般肉牛日粮中不用补充硫。但肉牛日粮中添加尿素时,易发生缺硫。缺硫能影响牛对粗纤维的消化率,降低氮的利用率。用尿素作为蛋白补充料时,一般认为日粮中氮和硫之比为 15∶1 为宜,例如每补 100 克尿素加 3 克硫酸钠。

6. 铁、铜、钴

这 3 种元素都和牛体的造血机能有密切关系。铁是血红蛋白的重要组成成分。铁作为许多酶的组成成分,参与细胞内生物氧化过程。长期喂奶的犊牛常出现缺铁,发生低色素型小红细胞性贫血(血红蛋白过少及红细胞压积降低),皮肤和黏膜苍白,食欲减退,生长缓慢,体重下降,舌乳头萎缩。

铜促进铁在小肠的吸收,铜是形成血红蛋白的催化剂。铜是许多酶的组成成分或激活剂,参与细胞内氧化磷酸化的能量转化过程。铜还可促进骨和胶原蛋白的生成及磷脂的合成,参与被毛和皮肤色素的代谢,与牛的繁殖有关。缺铜时,牛易发生巨细胞性低色素型贫血,被毛褪色,犊牛消瘦,运动失调,生长发育缓慢,消化紊乱。牛缺铜还表现为体重减轻,产奶量下降,胚胎早期死亡,胎衣不下,空怀增多;公牛性欲减退,精子活力下降,受精率降低。牛也易受高铜的危害。牛对日粮中铜的最大耐受量为 70～100 毫克/千克,长期用高铜日粮喂牛对健康和生产性能不利,甚至引起中毒。

钴的主要作用是作为维生素 B_{12} 的成分,是一种抗贫血因子。牛瘤胃中微生物可利用饲料中提供的钴合成维生素 B_{12}。钴还与蛋白质、碳水化合物代谢有关,参与丙酸和糖原异生作用。钴也是保证牛正常生殖机能的元素之一。牛缺钴表现为食欲丧失,消瘦,黏膜苍白,贫血,幼牛生长缓慢,被毛失去光泽,生产力下降。缺钴直接影响牛的繁殖机能,表现为受胎率显著降低。缺钴的牛往往血铜降低,同时补充铜钴制剂,可显著提高受胎率。

肉牛铁的需要量为 50 毫克/千克日粮干物质,铜的需要量为 8 毫克/千克日粮干物质,钴的需要量为 0.10 毫克/千克日粮干物质。

7. 锌

是牛体内多种酶的构成成分,直接参与牛体蛋白质、核酸、碳水化合物的代谢。锌还是一些激素的必需成分或激活剂。锌可以控制上皮细胞角化过程和修复过程,是牛创伤愈合的必需因子,并可调节机体内的免疫机能,增强机体的抵抗力。日粮中缺锌时,牛食欲减退,消化功能紊乱,异嗜,角化不全,创伤难愈合,发生皮炎(特别是牛颈、头及腿部),皮肤增厚,有痂皮和皲裂。产奶量下降,生长缓慢,唾液过多,瘤胃挥发性脂肪酸产量下降。公、母牛缺锌可使繁殖力受损害。

肉牛锌的需要量为40毫克/千克日粮干物质。

8. 锰

是许多参与碳水化合物、脂肪、蛋白质代谢酶的辅助因子。参与骨骼的形成,维持牛正常的繁殖机能。锰具有增强瘤胃微生物消化粗纤维的能力,使瘤胃中挥发性脂肪酸增多,瘤胃中微生物总量也增加。缺锰牛生长缓慢、被毛干燥或色素减退。犊牛出现骨变形和跛行,运动共济失调。缺锰导致公、母牛生殖机能退化,母牛不发育或发情不正常,受胎延迟,早产或流产;公牛发生睾丸萎缩,精子生成不正常,精子活力下降,受精能力降低。

肉牛锰的需要量为40毫克/千克日粮干物质。

9. 碘

是牛体内合成甲状腺素的原料,在基础代谢、生长发育、繁殖等方面有重要作用。日粮中缺碘时,牛甲状腺增生肥大。幼牛生长迟缓,骨骼短小成侏儒型。母牛缺碘可导致胎儿发育受阻,早期胚胎死亡,流产,胎衣不下。公牛性欲减退,精液品质低劣。

肉牛碘的需要量为0.25毫克/千克日粮干物质。

10. 硒

具有某些与维生素 E 相似的作用。硒是谷胱甘肽过氧化物酶的组成成分,能把过氧化脂类还原,保证生物膜的完整性。硒能刺激牛体内免疫球蛋白的产生,增强机体的免疫功能。硒为维持牛正常繁殖机能所必需。缺硒地区的牛常发生白肌病,精神沉郁,消化不良,运动共济失调。幼牛生长迟缓,消瘦,并表现出持续性腹泻。缺硒导致牛的繁殖机能障碍,胎盘滞留、死胎、胎儿发育不良等。公牛缺硒,精液品质下降。研究发现,补硒的同时补充维生素 E 对改善牛的繁殖机能比单补任何一种效果更好。

肉牛硒的需要量为 0.3 毫克/千克日粮干物质。

五、维生素

肉牛所需要的维生素主要来源于饲料和体内微生物合成,主要有脂溶性维生素和水溶性维生素 2 大类,具体包括:

1. 脂溶性维生素

包括维生素 A、维生素 D、维生素 E 和维生素 K。在春夏季节牧草品质优良或秋冬季节有优质干草和青贮饲料的条件下,牛一般不会缺乏维生素 A、维生素 D 和维生素 E,同时牛瘤胃微生物能合成维生素 K,一般也不易缺乏。

(1)维生素 A 维生素 A 与视觉、骨骼的生长发育、繁殖有关;还能维持皮肤、消化道呼吸道和生殖泌尿系统上皮组织的正常;还与动物的免疫力有关。缺乏维生素 A 则食欲减退、生长受阻、干眼、夜盲、神经失调、繁殖力下降、流产、死胎、产盲犊等症状;维生素 A 过量可引起动物中毒,造成骨骼过度生长、听神经和视觉神经受影响、皮肤发炎等。

肉用牛维生素 A 需要量(数量/千克饲料干物质):生长育肥牛 2 200 国际单位(或 5.5 毫克胡萝卜素);妊娠母牛为 2 800 国际单位(或 7.0 毫克胡萝卜素);泌乳母牛为 3 800 国际单位(或 9.75 毫克胡萝卜素)。

(2)维生素 D 其最基本的功能就是促进肠道钙、磷的吸收,提高血液钙和磷的水平,促进骨的钙化;影响巨噬细胞的免疫功能;还与肠黏膜细胞的分化有关。缺乏维生素 D 表现为骨软化症、骨质疏松症、佝偻病和产后瘫痪等;维生素 D 过量同样引起中毒,则血液钙过多,各种组织器官中都发生钙质沉着以及骨损伤,另外还有食欲丧失、失重等。

肉牛的维生素 D 需要量为每千克饲料干物质 275 国际单位。犊牛、生长牛和成年母牛每 100 千克体重需 660 国际单位维生素 D。

（3）维生素 E　又叫抗不育维生素，作为抗氧化剂维持细胞膜结构的完整和膜的通透性；与繁殖、肌肉代谢、体内物质代谢有关；维持毛细血管结构和神经系统正常功能增强机体免疫力和抵抗力；改善肉质等。幼年犊牛缺乏维生素 E 的典型症状为白肌病或微量元素硒引起的，也可能二者都缺乏。通常肉牛饲料中不会缺乏，但在应激和免疫力较差时需补充维生素 E。反刍动物中很少发现维生素 E 中毒的情况。

正常饲料中不缺乏维生素 E。犊牛日粮中需要量为每千克干物质含 15～60 国际单位，成年牛正常日粮中含有足够的维生素 E。

（4）维生素 K　又叫止血维生素，其主要的作用是参与凝血活动，催化凝血酶原和凝血活素的合成；另外，还参与骨骼的钙化、利尿、强化肝脏、降血压等功能。反刍动物的瘤胃微生物能合成大量的维生素 K_2，当牛采食发霉腐败的草木樨时，易发生双香豆素中毒，其结构与维生素 K 相似，但功能与维生素 K 拮抗，通常 2～3 周后才发病，症状为机体衰弱、步态不稳、运动困难、体温低、发抖、瞳孔放大、凝血时间变慢、皮下血肿或鼻孔出血等。

2. 水溶性维生素

包括维生素 B 族和维生素 C。B 族维生素主要包括维生素 B_1、维生素 B_2、维生素 B_3、维生素 B_5、维生素 B_6、维生素 B_{12}、叶酸、生物素等，它们都作为细胞酶的辅酶或辅基的成分参与碳水化合物、脂肪和蛋白质的代谢过程；短期缺乏或不足就会降低一些酶的活性，阻碍相应的代谢过程，影响动物的健康和生产力，必须经常供给；但除维生素 B_{12} 外，其他 B 族维生素广泛存在于各种酵母、优质干草、青绿饲料、青贮饲料、子实类的种皮和胚芽中，并且犊牛一般在 6 周龄后瘤胃微生物能合成足够的 B 族维生素，故很少容易缺乏。生产中的缺乏症多发生在瘤胃发育不全的幼龄牛和存在拮抗物或缺乏前体物，瘤胃合成受到限制的情况下。

维生素 C 又叫抗坏血病维生素，其来源广泛，牛体组织中能够合成，一般不用补饲；但在应激状况下，体内合成能力下降，而消耗量却增加，必须额外补充。

六、水

水是动物必需的重要养分。体温调节、营养物质的消化代谢、有机物质的水解、废物的排泄、内环境的稳定、神经系统的缓冲、关节的润滑等都需要水的参与。

牛所需要的水主要来源于饮水、饲料水,另外,有机物质在体内氧化分解或合成过程中所产生的代谢水也是水分来源之一。牛体内的水经复杂的代谢可以通过粪尿的排泄、肺脏和皮肤的蒸发以及动物产品等途径排出体外,保持动物体内水的平衡。由尿中排出的水通常可占总排水量的一半左右;粪中排水量受饲料性质和饮水的影响,采食多汁饲料和饮水较多时,粪中水分量增加;通过肺脏和皮肤蒸发的水分量随温度的升高和运动量的增加而增加。

在正常情况下,动物的需水量与采食的干物质量呈一定的比例关系,适宜环境中牛采食 1 千克干物质需饮水 3～5 千克,犊牛为 6～8 千克,肉牛每天需水量为 22～66 升。另外,牛对水的需要量受其体重、环境温度、生产性能、饲料类型和干物质采食量等的影响(表4-2)。夏天饮水量增加,冬天饮水量减少。同时还要注意饮水的质量,当水中食盐含量超过 1% 时,就会发生食盐中毒,含过量的亚硝酸盐和碱的水对肉牛也非常有害。

表 4-2　不同生长阶段和环境温度肉牛对水的需要量　　　升

名称	体重/千克	温度/℃					
		4	10	14	21	26	32
生长牛	180	15	16	19	22	25	36
	270	20	22	25	30	34	48
	360	24	26	30	35	40	57
育肥牛	270	23	25	28	33	38	54
	360	28	30	34	41	47	66
	450	33	56	41	48	55	78

表 4-3 妊娠期母牛的营养需要

体重/千克	妊娠月份	干物质/千克	肉牛能量单位/RND	综合净能/兆焦	粗蛋白质/克	钙/克	磷/克
300	6	6.32	2.80	22.60	409	14	12
	7	6.43	3.11	25.12	477	16	12
	8	6.60	3.50	28.26	587	18	13
	9	6.77	3.97	32.05	735	20	13
350	6	6.86	3.12	25.19	449	16	13
	7	6.98	3.45	27.87	517	18	14
	8	7.15	3.87	31.24	627	20	15
	9	7.32	4.37	35.30	775	22	15
400	6	7.39	3.43	27.69	488	18	15
	7	7.51	3.78	30.56	556	20	16
	8	7.68	4.23	34.13	666	22	16
	9	7.84	4.76	38.47	814	24	17
450	6	7.90	3.73	30.12	526	20	17
	7	8.02	4.11	33.15	594	22	18
	8	8.19	4.58	36.99	704	24	18
	9	8.36	5.15	41.58	852	27	19
500	6	8.40	4.03	32.51	563	22	19
	7	8.52	4.42	35.72	631	24	19
	8	8.69	4.92	39.76	741	26	20
	9	8.86	5.53	44.62	889	29	21
550	6	8.89	4.31	34.83	599	24	20
	7	9.00	4.73	38.23	667	26	21
	8	9.17	5.26	42.47	777	29	22
	9	9.34	5.90	47.61	925	31	23

表 4-4 哺乳母牛的营养需要

体重/千克	干物质/千克	肉牛能量单位/RND	综合净能/兆焦	粗蛋白质/克	钙/克	磷/克
300	4.47	2.36	19.04	332	10	10
350	5.02	2.65	21.38	372	12	12
400	5.55	2.93	23.64	411	13	13
450	6.06	3.20	25.82	449	15	15
500	6.56	3.46	27.91	486	16	16
550	7.04	3.72	30.04	522	18	18

表 4-5　哺乳母牛每千克泌乳的营养需要

干物质 /千克	肉牛能量单位 /RND	综合净能 /兆焦	粗蛋白质 /克	钙 /克	磷 /克
0.45	0.32	2.57	85	2.46	1.12

表 4-6　矿物质需要量及最大耐受量（干物质基础）

矿物质	需要量		最大耐受量
	推荐量	范围	
钙（％）	—		2.0
磷（％）			1.0
钠（％）	0.08	0.06～0.10	10.0
氯（％）	—	—	—
硫（％）	0.10	0.08～0.15	0.4
钾（％）	0.65	0.50～0.70	3.0
镁（％）	0.10	0.05～0.25	0.4
铁（毫克/千克）	50.0	50.00～100.00	1 000.0
铜（毫克/千克）	8.0	4.00～10.00	100.0
锌（毫克/千克）	30.0	20.00～40.00	500.0
碘（毫克/千克）	0.5	0.20～2.00	50.0
锰（毫克/千克）	40.0	20.00～50.00	1 000.0
钴（毫克/千克）	0.10	0.07～0.11	5.0
硒（毫克/千克）	0.10	0.05～0.30	2.0
钼（毫克/千克）	—	—	3.0

表 4-7　维生素需要量

名称	罗氏公司 国际单位/（天·头）	NRC 标准 国际单位/（千克·干物质）		
	育肥牛	育肥牛	干奶怀孕牛	泌乳牛
维生素 A	40 000	2 200	2 800	3 900
维生素 D	5 000	275	275	275
维生素 E	250	15～60	—	15～60

第二节　生态饲料配制技术

一、生态饲料的概念

畜牧生产对环境造成的污染主要来自畜禽粪尿排出物及食物中有毒有害物质的残留，其根源在于饲料。畜禽饲养者和饲料生产者为最大限度地发挥畜禽的生产性能，往往在饲料配制中有意提高日粮蛋白和矿物质、微量元素浓度，造成粪尿中氮、磷和微量元素的排出增多；添加抗生素和一些药物添加剂，致使畜禽食品药物残留超标，危害了人体健康；磷、铜、砷、锌及药物添加剂排出后，造成水、土壤的污染，恶化了人们的生活环境。

随着动物营养研究的进一步深入和人类环保意识的不断增强，解决畜禽产品公害和减轻畜禽对环境污染问题被提到了重要议事日程。生态饲料就是利用生态营养学理论和方法，围绕畜禽产品健康和减轻畜禽对环境污染等问题，从原料的选购、配方设计、加工饲喂等过程进行严格质量控制，并实施动物营养调控，从而控制可能发生的畜禽产品公害和环境污染，使饲料达到低成本、高效益、低污染的效果。生态饲料代表了当今和未来饲料产品的发展趋势。可获得最大营养物利用率和最佳动物生产性能，且能最大限度地注重饲料对饲养动物、生产者、消费者和环境（主要是土壤、水资源等）的安全性，促进生态和谐的饲料。

生态饲料的特点：①强调提高资源的利用率，减少动物排泄，降低对环境的污染；②强调最佳的动物生产性能，提高饲料的经济性；③强调安全性，即不使用违禁饲料添加剂和不符合卫生标准的饲料原料，不滥用会对环境（土地、水资源等）造成污染的饲料添加剂，尽可能不用或少用抗生素;④强调饲料的适口性和易消化性,善待动物;⑤强调改善动物产品的营养品质和风味;⑥提倡使用有助于动物排泄物分解和去除不良气味的安全性饲料添加剂。

二、生态饲料的选择

根据国际分类原则,按照饲料的营养特性,我国将饲料分成 8 大类:青绿多汁饲料、青贮饲料、粗饲料、能量饲料、蛋白质饲料、矿物质饲料、维生素饲料、饲料添加剂。

(一)青绿多汁饲料

指天然水分含量 60% 及其以上的青绿多汁植物性饲料。以富含叶绿素而得名。

1.营养特性

青绿饲料水分含量高,为 70%～90%;蛋白质含量较高,品质较优,一般禾本科牧草和叶菜类饲料的粗蛋白质含量在 1.5%～3.0%,豆科牧草在 3.2%～4.4%。若按干物质计算,前者粗蛋白质含量达 13%～15%,后者可高达 18%～24%;幼嫩的青绿饲料含粗纤维较少,木质素低,无氮浸出物较高。干物质中无氮浸出物为 40%～50%,而粗纤维不超过 30%。

青绿饲料中还含有丰富的维生素,特别是维生素 A 源(胡萝卜素),可达 50～80 毫克/千克;也是矿物质的良好来源。矿物质中钙、磷含量丰富,比例适当,尤其是豆科牧草更为突出。还富含铁、锰、锌、铜、硒等必需的微量元素。青绿饲料易消化,牛对有机物质的消化率可达 75%～85%。还具有轻泻、保健作用。

2.主要的青绿饲料

(1)天然牧草 天然草地的利用价值受许多因素的影响,诸如地形地势、草原类型、水源供应以及放牧制度等,但就草层的营养特性而论主要取决于牧草的种类和生产阶段。我国天然草地上生长的牧草种类繁多,主要有禾本科、豆科、菊科和莎草科 4 大类。

干物质中无氮浸出物含量均为 40%～50%;豆科牧草的蛋白质含量偏高,为 15%～20%,莎草科为 13%～20%,菊科与禾本科多在 10%～15%,少数可达 20%;粗纤维含量以禾本科牧草较高,约为 30%,其他 3 类牧草约为 25%,个别低于 20%;粗脂肪含量以菊科含量最高,平均达 5%左右,其他类为 2%～4%;矿物质中一般都是钙高于磷,比例恰当。

总的来说,豆科牧草的营养价值较高。虽然禾本科牧草的粗纤维含量较高,对其营养价值有一定影响,但由于其适口性较好,特别是在生长早期,幼嫩可口,采食量高,因而也不失为优良的牧草。并且,禾本科牧草的匍匐茎或地下茎再生力很强,比较耐牧,对其他牧草起到保护作用。菊科牧草往往有特殊的气味,牛不喜采食。

草地牧草的利用方式主要是放牧,或有计划地在生长适宜时期刈割,供晒制干草或青贮。放牧是一种节省人力的利用方式,牛可以自由采食,在野外有充分的光照和运动,有利于健康。值得注意的是,应按草原面积、牧草生长状况及放牧肉牛的数量,做好规划,实行分区轮牧,避免载畜过量而使草原退化。

(2)栽培牧草 是指人工播种栽培的各种牧草,以产量高、营养好的豆科和禾本科牧草占主要地位。栽培牧草是解决青绿饲料来源的重要途径,可为肉牛常年提供丰富而均衡的青绿饲料。

①豆科牧草。紫花苜蓿、三叶草、苕子、草木樨、沙打旺、小冠花、红豆草等。

紫花苜蓿:特点是产量高、品质好、适应性强,是最经济的栽培牧草,被冠以"牧草之王"。营养价值很高,在初花期刈割的干物质中粗蛋白质为 20%～22%,必需氨基酸组成较为合理,赖氨酸可高达 1.34%,此外还含有丰富的维生素与微量元素,如胡萝卜素含量可达 161.7 毫克/千克。紫花苜蓿中含有各种色素,对牛的生长发育及乳汁有好处。紫花苜蓿的营养价值与刈割时期关系很大,幼嫩时含水多,粗纤维少。刈割过迟,茎的比重增加而叶的比重下降,饲用价值降低。苜蓿的利用方式有多种,可青饲、放牧、调制干草或青贮,对各类家畜均适宜。紫花苜蓿茎叶中含有皂角素,有抑制酶的作用,牛羊大量采食鲜嫩苜蓿后,可在瘤胃内形成大量泡沫样物质,引起膨胀病,甚至死亡,故饲喂鲜草时应控制喂量,放牧地最好采取和禾本科草混播。

三叶草:目前栽培较多的为红三叶和白三叶。新鲜的红三叶含干物质 13.9%,粗蛋白质 2.2%,草质柔软,适口性好。既可以放牧,也可以制成干草、青贮利用,放牧时发生臌胀病的机会也较苜蓿为少,但仍应注意预防。白三叶由于草丛低矮、耐践踏、再生性好,最适于放牧利用。适口性好,营养价值高,鲜草中粗蛋白质含量较红三叶高,而粗纤维含量较红三叶低。

苕子:主要有普通苕子和毛苕子 2 种。普通苕子其营养价值较高,茎枝柔嫩,生长茂盛,叶多,适口性好。既可青饲,又可青贮、放牧或调制干草。毛苕子是水田或棉田的重要绿肥作物。它生长快,茎叶柔嫩,可青饲、调制干草或青贮。毛苕子蛋白质和矿物质含量都很丰富,营养价值较高,无论鲜草或干草,适口性均好。

草木樨:主要是白花草木樨、黄花草木樨和无味草木樨 3 种。草木樨既是一种优良的豆科牧草,也是重要的保土植物和蜜源植物。草木樨可青饲、调制干草、放牧或青贮,具有较高的营养价值,与苜蓿相似。以干物质计,草木樨含粗蛋白质 19.0%,粗脂肪 1.8%,粗纤维 31.6%,无氮浸出物 31.9%,钙 2.74%,磷 0.02%。草木樨含有香豆素,有不良气味,故适口性差,饲喂时应由少到多,使肉牛逐步适应。无味草木樨的最大特点是香豆素含量低,仅为前 2 种的 1%～2%,因而适口性较佳。当草木樨发霉腐败时,香豆素会变为双香豆素,其结构式与维生素 K 相似,二者具有拮抗作用。家畜采食了霉烂草木樨后,遇到内外创伤或手术,血液不易凝固,有时会因出血过多而死亡。减喂、混喂、轮换喂可防止出血症的发生。

沙打旺:适应性强,产量高,是饲料、绿肥、固沙保土等方面的优良牧草。沙打旺的茎叶鲜嫩,营养丰富,以干物质计,沙打旺含粗蛋白质 23.5%,粗脂肪 3.4%,粗纤维 15.4%,无氮浸出物 44.3%,钙 1.34%,

磷0.34%，产奶净能为6.24兆焦/千克。沙打旺为黄芪属牧草，含有硝基化合物，有苦味，饲喂时应与其他牧草搭配使用。

小冠花：小冠花根系发达、花期长，既可饲用又可作为保土、蜜源植物。小冠花茎叶繁茂柔软，叶量丰富，以干物质计，含粗蛋白质20.0%，粗脂肪3.0%，粗纤维21.0%，无氮浸出物46.0%，钙1.55%，磷0.30%。

红豆草：红豆草花色粉红艳丽，气味芳香，适口性极好，各种家畜均喜食，饲用价值可与紫花苜蓿相媲美，被称为"牧草皇后"。开花期干物质中含粗蛋白质15.1%，粗脂肪2.0%，粗纤维31.5%，无氮浸出物43.0%，钙2.09%，磷0.24%。红豆草在各个生育阶段均含有很高的浓缩单宁，肉牛食后不得臌胀症。

②禾本科牧草。重要的禾本科牧草包括黑麦草、无芒雀麦、羊草、苏丹草、鸭茅、象草等。

黑麦草：黑麦草生长快，分蘖多，一年可多次收割，产量高，茎叶柔嫩光滑，适口性好，以开花前期的营养价值最高，可青饲、放牧或调制干草。新鲜黑麦草干物质含量约17%，粗蛋白质2.0%。随生长期的延长，黑麦草的营养价值下降，故刈割时期要适宜。试验证明，周岁阉牛在黑麦草地上放牧，日增重为700克；喂黑麦草颗粒料（占饲粮40%、60%、80%），日增重分别为994克、1 000克、908克，而且肉质较细。

无芒雀麦：无芒雀麦适应性广，生活力强，适口性好，茎少叶多，营养价值高，幼嫩的无芒雀麦干物质中所含粗蛋白质不亚于豆科牧草，到种子成熟时，其营养价值明显下降。无芒雀麦有地下根茎，能形成絮结草皮，耐践踏，再生力强，青饲或放牧均宜。

羊草：羊草为多年生禾本科牧草，叶量丰富，适口性好，羊草鲜草干物质含量28.64%，粗蛋白质3.49%，粗脂肪0.82%，粗纤维8.23%，无氮浸出物14.66%，灰分1.44%。羊草营养生长期长，有较高的营养价值，种子成熟后茎叶仍可保持绿色，可放牧、割草。羊草干草产量高，营养丰富，但刈割时间要适当，过早过迟都会影响其质量，抽穗期刈割调制成干草，颜色浓绿，气味芳香，也是我国出口的主要草产品之一。

苏丹草：苏丹草具有高度的适应性，抗旱能力特强，在夏季炎热干旱地区，一般牧草都枯萎而苏丹草却能旺盛生长。苏丹草的营养价值取决于其刈割日期，抽穗期刈割要比开花期和结实期刈割营养价值高，适口性也好，苏丹草的茎叶比玉米、高粱柔软，容易晒制干草。喂肉牛的效果和喂苜蓿、高粱干草差别不大。利用时第一茬适于刈割鲜喂或晒制干草，第二茬以后可用于放牧。由于幼嫩茎叶含少量氢氰酸，为防止发生中毒，要等到株高达 50～60 厘米以后才可以放牧。

高丹草：高丹草是由饲用高粱和苏丹草自然杂交形成的一年生禾本科牧草，其特点是产量高，抗倒伏和再生能力出色，抗病抗旱性好，茎秆更为柔软纤细，可消化的纤维素和半纤维素含量高而难以消化的木质素低，消化率高，适口性好，营养价值高。经测定高丹草在拔节期的营养成分为水分 83%、粗蛋白 3%、粗脂肪 0.8%、无氮浸出物 7.6%、粗纤维 3.2%、粗灰分 1.7%，是一种优良青饲料。高丹草的主要利用方式是调制干草和青贮，也可直接用于放牧。

黑麦：黑麦适应性广、耐旱、抗寒、耐瘠薄，分蘖再生能力强，生长速度快，产量高。冬牧 70 具有营养丰富全面、适口性好、饲用价值高等优点，干物质中粗蛋白占 18%，尤其赖氨酸含量较高，是玉米、小麦的 4～6 倍，脂肪含量也高，并含有丰富的铁、铜、锌等微量元素和胡萝卜素，除了利用其青饲外，也可制作青贮或晒制青干草。

鸭茅：鸭茅草质柔嫩，叶量多，营养丰富，适口性好，抽穗期茎叶干物质中含粗蛋白质 12.7%，粗脂肪 4.7%，粗纤维 29.5%，无氮浸出物 45.1%，粗灰分 8%。鸭茅适宜青饲、调制干草或青贮，也适于放牧。青饲宜在抽穗前或抽穗期进行；晒制干草时收获期不迟于抽穗盛期；放牧时以拔节中后期至孕穗期为好。

象草：象草具有产量高、管理粗放、利用期长等特点，已成为南方青绿饲料的重要来源。象草营养价值较高，茎叶干物质中含粗蛋白质 10.58%，粗脂肪 1.97%，粗纤维 33.14%，无氮浸出物 44.70%，粗灰分 9.61%。象草主要用于青割和青贮，也可以调制成干草备用。适时刈割，柔软多汁，适口性好，利用率高。

（3）青饲作物　青饲作物是指农田栽培的农作物或饲料作物,在结实前或结实期收割作为青绿饲料用。常见的青饲作物有青刈玉米、青刈大麦、青刈燕麦等。一般青割作物用于直接饲喂,也可以调制成青干草或作青贮,这是解决青绿饲料供应的一个重要途径。

①青刈玉米。玉米是重要的粮食和饲料兼用作物,其植株高大,生长迅速,产量高,茎中糖分含量高,胡萝卜及其他维生素丰富,饲用价值高。做牛饲料时可从吐丝到蜡熟期分批刈割。青刈玉米味甜多汁,适口性好,消化率高,营养价值远远高于收获籽实后剩余的秸秆,是良好的青绿饲料。近年来,我国育成了一些饲料专用玉米新品种,如"龙牧3号"、"新多2号"等,均适合于青饲或青贮,属于多茎多穗型,即使果实成熟后茎叶仍保持鲜绿,草质优良,每公顷鲜草产量可达45～135吨。

②青刈大麦。大麦也是重要的粮饲兼用作物之一,有冬大麦和春大麦之分。大麦有较强的再生性,分蘖能力强,及时刈割后可收到再生草,因此是一种很好的青饲作物。青割大麦可根据要求,在拔节至开花时,分期刈割,随割随喂。延迟收获则品质迅速下降。也可调制成干草或青贮利用。

③青刈燕麦。燕麦叶多茎少,叶片宽长,柔嫩多汁,适口性强,是一种极好的青刈饲料。青刈燕麦可在拔节至开花时刈割,青割燕麦营养丰富,干物质中粗蛋白质含量14.7%,粗脂肪4.6%,粗纤维27.4%,无氮浸出物45.7%,粗灰分7.6%,钙0.56%,磷0.36%。

（4）树叶类饲料　槐、榆、杨树等的树叶。

①紫穗槐叶、刺槐叶。紫穗槐又名紫花槐,是很有价值的饲用灌木类。刺槐又名洋槐,为豆科乔木。两者叶中蛋白质含量很高,以干物质计可达20%以上,且粗纤维含量又较低,因此鲜叶制成的青干叶粉又属于蛋白质饲料。此外,维生素(尤以胡萝卜素和维生素B含量高)和矿物质含量丰富,与优质苜蓿相当。按营养特性,两者除具相同的共性外,刺槐叶尚有口味香甜、适口性好等特点。

采集季节不同,槐叶质量不同。一般春季质量较好,夏季次之,秋季较差。但过早采集影响林木生长,因此,科学采集时间宜在不影响林木生长的前提下尽量提前。北方可在7月底、8月初开采,最迟不超过9月上旬。采集过迟,绿叶变黄,营养价值大幅度下降。采集部位一般为叶柄和叶片。槐叶叶片薄、易晒,一般2天水分可降至10％左右。鲜槐叶可直接青饲。

②泡桐叶。泡桐生长快,管理得当时5～6年即可成材,故有"3年成檩、5年成梁"之说。据测定,一株10年轮伐期的泡桐,年产鲜叶100千克,折干叶28千克左右;一株生长期泡桐,年可得干叶10千克左右。按此计算,全国泡桐叶若能充分利用,其量亦十分可观。用泡桐叶、花、果作饲料由来已久。鲜泡桐叶肉牛不喜食,干制可改善适口性。泡桐叶干物质中含粗蛋白质19.3％,粗纤维11.1％,粗脂肪5.82％,无氮浸出物54.8％,钙1.93％,磷0.21％。

③桑叶。桑叶的产量高,生长季节可采4～6次。桑叶不仅是蚕的基本饲料,也可做牛的饲料。鲜桑叶含粗蛋白4％,粗纤维6.5％,钙0.65％,磷0.85％。还含有丰富的维生素E、维生素B_2、维生素C及各种矿物质。桑树枝、叶营养价值接近,均为优质饲料。桑叶、枝采集可结合整枝进行,宜鲜用,否则营养价值下降。枝叶量大时,可阴干贮藏供冬季饲用。

④苹果叶、橘树叶。苹果枝叶来源广、价值高。据分析,一般含粗蛋白质9.8％,粗脂肪7％,粗纤维8％,无氮浸出物59.8％,钙0.29％,磷0.13％。橘树叶粗蛋白质含量较高,比稻草高3倍。每千克橘树叶含维生素C约151毫克,并含单糖、双糖、淀粉和挥发油,故该叶具舒肝、通气、化痰、消肿解毒等药效。《日本农业新闻》报道,将整枝剪下的橘树枝叶加工成2～3厘米的碎条青贮1个月后喂役牛或肉牛,牛生长速度加快,健康。橘叶采集宜结合秋末冬初修剪整枝时进行。

⑤松叶。松叶主要是指马尾松、黄山松、油松以及桧、云杉等树的针叶。马尾松针叶干物质为53.1％～53.4％,总能9.66～10.37兆焦/千克,粗蛋白质6.5％～9.6％,粗纤维14.6％～17.6％,钙0.45％～0.62％,磷0.02％～0.04％。富含维生素、微量元素、氨基

酸、激素和抗生素等,具抗病、促生长之效。针叶一般以每年 11 月至翌年 3 月采集较好,其他时间因针叶含脂肪和挥发性物质较多,易对畜禽胃肠和泌尿器官产生不良影响。采集时应选嫩绿肥壮松针,采集后避免阳光暴晒,采集到加工要求不应超过 3 天。

(5)叶菜类饲料 苦荬菜、聚合草、甘蓝、人类食用剩余的蔬菜、次菜及菜帮等。

①苦荬菜。苦荬菜生长快,再生力强,南方一年可刈割 5～8 次,北方 3～5 次,一般每公顷产鲜草 75～112.5 吨。苦荬菜鲜嫩可口,粗蛋白质含量较高,粗纤维含量较少,营养价值较高。

②聚合草。产量高,营养丰富,利用期长,适应性广,再生性很强,南方一年可刈割 5～6 次,北方为 3～4 次,第一年每公顷产 75～90 吨,第二年以后每公顷产 112.5～150 吨,聚合草干草的粗蛋白质含量与苜蓿接近,而粗纤维则比苜蓿低。风干聚合草茎叶的营养成分为:粗蛋白质 21.09%,粗脂肪 4.46%,粗纤维 7.85%,无氮浸出物 36.55%,粗灰分 15.69%,钙 1.21%,磷 0.65%,胡萝卜素 200.0 毫克/千克,核黄素 13.80 毫克/千克。聚合草有粗硬刚毛,牛不喜食,也可调制成青贮或干草。如晒制干草,须选择晴天刈割,就地摊成薄层晾晒,宜快干,以免日久颜色变黑,品质下降。

③杂交酸模。也叫鲁梅克斯。抗寒、耐盐碱、耐旱涝、喜水肥,但易感白粉病,也易发生虫危害。在水肥条件较好的情况下,每公顷产量可达 150～225 吨,折合干草为 15～22.5 吨。干物质中粗蛋白质含量在叶簇期达 30%～34%,并且还含有较高的胡萝卜素、维生素 C 等维生素。喂牛可整株饲喂。青贮时可加 20%～30% 的禾本科干草粉或秸秆,效果很好。因其水分很高,干物质含量低,故不适宜调制青干草。因单宁含量高,适口性差。

(6)水生饲料 主要有水浮莲、水葫芦、水花生、绿萍、水芹菜和水竹叶等。这类饲料具有生长快、产量高、不占耕地和利用时间长等优点。在南方水资源丰富地区,因地制宜发展水生饲料,并加以合理利用,是扩大青绿饲料来源的一个重要途径。这类饲料水分含量可达

90%～95%,干物质含量很低,故营养价值也较低,因此,水生饲料应与其他饲料搭配使用,以满足牛的营养需要。

此外,水生饲料最易带来寄生虫病,如猪蛔虫、姜片虫、肝片吸虫等,利用不当往往得不偿失。解决的办法除了注意水塘的消毒、灭螺工作外,最好将水生饲料青贮发酵或煮熟后饲喂,有的也可制成干草粉。

3.合理利用

青绿饲料干物质和能量含量低,应注意与能量饲料、蛋白质饲料配合使用,青饲补饲量不要超过日粮干物质的20%。又因含有较多草酸,具有轻泻作用,易引起拉稀和影响钙的吸收。为了保证青绿饲料的营养价值,适时收割非常重要,一般禾本科牧草在孕穗期刈割,豆科牧草在初花期刈割。有的牧草或树叶含有单宁,有涩味适口性不佳,必须加工调制后再喂。水生饲料在饲喂时,要洗净并晾干表面的水分后再喂。叶菜类饲料中含有硝酸盐,在堆贮或蒸煮过程中被还原为亚硝酸盐,牛瘤胃中的微生物也可将青绿饲料中的硝酸盐还原成亚硝酸盐,在瘤胃中形成的亚硝酸盐还可被进一步还原成氨,但这一过程缓慢,且需要一定的能量。瘤胃可以大量吸收亚硝酸盐,饲后5～6小时,血液中浓度达到高峰,可迅速将血红蛋白转变成高铁血红蛋白,引起牛中毒,甚至死亡。故饲喂量不宜过多。高粱类、玉米类的牧草,苗期(50厘米以下)不能饲喂,防止氢氰酸中毒。豆科牧草不能喂太多,最好与禾本科牧草搭配饲喂,防止瘤胃臌胀。含水量较高的牧草饲喂肉牛时,要注意与其他粗料的搭配,防止拉稀。

(二)青贮饲料

指将新鲜的青刈饲料作物、牧草或收获籽实后的玉米秸等青绿多汁饲料直接或经适当的处理后,切碎、压实、密封于青贮窖、壕或塔内,在厌氧环境下,通过乳酸发酵而成。青贮是养牛业最主要的饲料来源,在各种粗饲料加工中保存的营养物质最高(保存83%的营养),粗硬的秸秆在青贮过程中还可以得到软化,增加适口性,使消化率提高。在密封状态下可以长年保存,制作简便,成本低廉。

1.营养特性

青贮饲料的营养价值因青贮原料不同而异。其共同特点是粗蛋白质主要是由非蛋白氮组成,且酰胺和氨基酸的比例较高,大部分淀粉和糖类分解为乳酸,粗纤维质地变软,胡萝卜素含量丰富,酸香可口,具有轻泻作用。

2.常见青贮饲料

青贮原料很多,凡是无毒的青绿植物均可调制成青贮料。

(1)禾本科作物

①玉米青贮。玉米秸秆青贮:收获果穗后的玉米秸上能保留1/2的绿色叶片,应立即青贮。若部分秸秆发黄,3/4的叶片干枯视为青黄秸,青贮时每100千克需加水5～15千克。目前已培育出收获果穗后玉米秸全株保持绿色的玉米新品种,很适合作青贮。玉米秸秆青贮目前是我国农区肉牛的主要饲料。

青刈带穗玉米青贮:玉米带穗青贮,即在玉米乳熟后期收割,将茎叶与玉米锤整株切碎进行青贮,这样可以最大限度地保存蛋白、碳水化合物和维生素,具有较高的营养价值和良好的适口性,是牛的优质饲料。玉米带穗青贮含有43%左右的籽实,饲喂牛,只需添加蛋白和矿物质等营养成分,就可满足牛的营养需要。其干物质的营养含量为粗蛋白8.4%、碳水化合物12.7%、可消化总营养成分达到77%。用这样的玉米青贮从单位面积土地上获得的营养物质量或换回的鲜奶数量要比玉米籽实加玉米秸饲喂的效果好。

②高粱青贮。高粱植株高3米左右,产量高。茎秆内含糖量高,特别是甜高粱,可调制成优良的青贮饲料,适口性好。一般在蜡熟期收割。

此外,冬黑麦、大麦、无芒雀麦、苏丹草等均是优质青贮原料。收割期约在抽穗期。禾本科作物由于含有2%以上的可溶性糖和淀粉,青贮制作容易成功。

(2)豆科作物 苜蓿、草木樨、三叶草、紫云英、豌豆、蚕豆等通常在开花初期收割。因其含蛋白质高,糖分少,在制作高水分青贮时应与含可溶性糖、淀粉多的饲料混合青贮。例如,与玉米高粱茎秸混贮;与糠麸混贮;与甜菜、甘薯、马铃薯混贮;或者经晾晒水分低于 55% 时进行半干青贮。

(3)蔬菜、水生饲料 胡萝卜缨、白菜、甘蓝、马铃薯秧、红薯藤、南瓜秧以及野草、野菜、水生饲料等,因含水量高、糖分低不易青贮。通常经晾晒水分降至 55% 以下进行半干青贮或者与含糖高水分低的其他饲料混贮。

(4)块根、块茎青贮 含有多量的淀粉,如与干草粉混贮,效果较好。

3. 合理利用

在饲喂时,青贮饲料可以全部代替青饲料,但应与碳水化合物含量丰富的饲料搭配使用,以提高瘤胃微生物对氮素的利用率。牛对青贮饲料有一个适应过程,用量应由少逐渐增加,日喂量 15～25 千克。禁用霉烂变质的青贮料喂牛。

(三)粗饲料

干物质中粗纤维含量在 18% 以上的饲料均属粗饲料。包括青干草、秸秆、秕壳和部分树叶等。

1. 营养特性

粗纤维含量高,可达 25%～50%,并含有较多的木质素,难以消化,消化率一般为 6%～45%;秸秆类及秕壳类饲料中的无氮浸出物主要是半纤维素和多缩戊糖的可溶部分,消化率很低,如花生壳无氮浸出物的消化率仅为 12%。粗蛋白质含量低且差异大,为 3%～19%。粗饲料中维生素 D 含量丰富,其他维生素含量低。优质青干草含有较多的胡萝卜素,秸秆和秕壳类饲料几乎不含胡萝卜素。矿物质中含磷很少,钙较丰富。

2. 常见的粗饲料

(1)干草 干草是青绿饲料在尚未结籽以前刈割,经过日晒或人工干燥而制成的,较好地保留了青绿饲料的养分和绿色,干草作为一种贮备形式,调节青饲料供应的季节性,是牛的最基本、最重要的饲料。可以制成干草的有禾本科牧草、豆科牧草、天然牧草等。要注意发霉腐烂、含有有毒植物的干草不可饲喂。

优质干草叶多,适口性好,蛋白质含量较高,胡萝卜素,维生素 D、维生素 E 及矿物质丰富。粗蛋白质含量禾本科干草为 7%～13%,豆科干草为 10%～21%。粗纤维含量高,为 20%～30%,所含能为玉米的 30%～50%。

(2)秸秆 农作物收获籽实后的茎秆、叶片等统称为秸秆。秸秆中粗纤维含量高,可达 30%～45%,其中木质素多,一般为 6%～12%。可发酵氮源和过瘤胃蛋白质含量过低,有的几乎等于零。单独饲喂秸秆时,牛瘤胃中微生物生长繁殖受阻,影响饲料的发酵,不能给宿主提供必需的微生物蛋白质和挥发性脂肪酸,难以满足牛对能量和蛋白质的需要。秸秆中无氮浸出物含量低,此外还缺乏一些必需的微量元素,并且利用率很低。除维生素 D 外,其他维生素也很缺乏。

该类粗饲料虽然营养价值很低,但在我国资源丰富,如果采取适当的补饲措施,如补饲尿素、淀粉类精料、过瘤胃蛋白质、矿物质及青饲料等,并结合适当的加工处理,如氨化、碱化及生物处理等,能提高牛对秸秆的消化利用率。

①玉米秸。刚收获的玉米秸,营养价值较高,但随着贮存期加长(风吹、日晒、雨淋),营养物质损失较大。一般玉米秸粗蛋白质含量为 5%左右;粗纤维为 25%左右,牛对其粗纤维的消化率为 65%左右;同一株玉米秸的营养价值,上部比下部高,叶片较茎秆高。不同品种玉米秸,营养价值不同。玉米穗苞叶和玉米芯营养价值很低。

②麦秸。包括小麦秸、大麦秸、燕麦秸等。小麦秸在麦秸中数量最多,春小麦比冬小麦好,小麦秸营养低于大麦秸,燕麦秸的饲用价值最高。麦秸的营养价值较低,其中木质素含量很高,含能量低,消化率低,适口性差,是质量较差的粗饲料。该类饲料饲喂肉牛时必须经过适当的氨化和碱化处理。

③稻草。营养价值低于玉米秸、谷草,优于小麦秸,是我国南方地

区的主要粗饲料来源。粗蛋白质含量为 2.6%～3.2%,粗纤维 21%～
33%。灰分含量高,但主要是不可利用的硅酸盐。钙多磷含量低。牛
对稻草的消化率 50% 左右,其中对蛋白质和粗纤维的消化率分别为
10%和 50% 左右,经氨化和碱化处理后可显著提高其消化率。稻草的
各种营养物多含在叶里,其次是叶柄、茎。所以,喂牛要尽量选用带叶
较多、黄绿色、质地柔软的稻草。稻草不可含泥沙、塑料、羽毛、金属等
异物,严禁使用被农药污染及霉烂的稻草,以免引起牛中毒。

④谷草。在禾本科秸秆中,谷草品质最好。质地柔软、叶片多,适
口性好。

⑤豆秸。指豆科秸秆。由于大豆秸木质素含量高达 20%～23%,
质地坚硬,但与禾本科秸秆相比,粗蛋白质含量和消化率较高。在豆秸
中蚕豆秸和豌豆秸质地较软,品质较好。由于豆秸质地坚硬,应粉碎后
饲喂,以保证充分利用。

(3)秕壳　籽实脱离时分离出的夹皮、外皮等。营养价值略高于同
一作物的秸秆,但稻壳和花生壳质量较差。

①豆荚。含粗蛋白质 5%～10%,无氮浸出物 42%～50%,适于喂
牛。大豆皮(大豆加工中分离出的种皮),营养成分约为粗纤维 38%、
粗蛋白 12%、净能 7.49 兆焦/千克,几乎不含木质素,故消化率高,对
于反刍家畜其营养价值相当于玉米等谷物。

②谷类皮壳。包括小麦壳、大麦壳、高粱壳、稻壳、谷壳等。营养价
值低于豆荚。稻壳的营养价值最差。

③棉籽壳。含粗蛋白质为 4.0%～4.3%,粗纤维 41%～50%,消
化能 8.66 兆焦/千克,无氮浸出物 34%～43%。棉籽壳虽然含棉酚
0.01%,但对牛影响不大。喂小牛时最好喂 1 周更换其他粗料 1 周,以
防棉酚中毒。

(四)能量饲料

能量饲料是指干物质中粗纤维含量在 18% 以下,粗蛋白质含量在
20%以下,消化能在 10.46 兆焦/千克以上的饲料,是牛能量的主要来

源。主要包括谷实类及其加工副产品(糠麸类)、薯粉类和糖蜜等。

1.谷实类饲料

谷实类饲料大多是禾本科植物成熟的种子,包括玉米、小麦、大麦、高粱、燕麦和稻谷等。其主要特点是:可利用能值高,适口性好,消化率高;粗蛋白质含量低,一般平均在10%左右,难以满足肉牛蛋白质需要;矿物质含量不平衡。钙低磷高,钙、磷比例不当;维生素含量不平衡。一般含维生素 B_1、烟酸和维生素 E 丰富,维生素 A、维生素 D 含量低,不能满足牛的需要。

(1)玉米　玉米被称为"饲料之王",其特点是可利用能量高,亚油酸含量较高。蛋白质含量低(9%左右)。黄玉米中叶黄素含量丰富,平均为 22 毫克/千克。钙、磷均少,且比例不合适,是一种养分不平衡的高能饲料。玉米用量可占肉牛混合料的 60%左右。蒸汽压片玉米喂牛效果好,粗粉比细粉效果好。高油玉米,油含量比普通玉米高100%～140%,蛋白质和氨基酸、胡萝卜素等也高于普通玉米,饲喂牛效果好。高赖氨酸玉米对牛效果不甚明显。

(2)小麦　在我国某些地区,小麦的价格比玉米便宜很多,可用小麦充作饲料。与玉米相比,小麦能量较低,粗脂肪含量仅 1.8%,但蛋白质含量较高,达到 12.1%以上,必需氨基酸的含量也较高。所含 B族维生素及维生素 E 较多,维生素 A、维生素 D、维生素 C、维生素 K 则较少。小麦的过瘤胃淀粉较玉米、高粱低,肉牛饲料中的用量以不超过50%为宜,并以压片效果最佳,不能整粒饲喂或粉碎的过细。

(3)大麦　带壳为"草大麦",不带壳为"裸大麦"。带壳的大麦,即通常所说的大麦,它的代谢能水平较低,但适口性很好,因含粗纤维5%左右,可促进动物肠道的蠕动,使消化机能正常,是牛的好饲料。蛋白质含量高于玉米,约 10.8%,品质亦好;维生素含量一般偏低,不含胡萝卜素。裸大麦代谢能水平高于草大麦,比玉米籽实低得多,蛋白质含量高。喂前最好压扁或粗粉碎,但不要磨细。

(4)高粱　能量仅次于玉米,蛋白质含量略高于玉米。高粱在瘤胃中的降解率低,但因含有单宁,适口性差,并且喂牛易引起便秘。用量一般不超过日粮的20％。与玉米配合使用效果增强,可提高饲料的利用率。喂前最好压碎。

(5)燕麦　总的营养价值低于玉米,但蛋白质含量较高,约11％;粗纤维含量较高10％～13％,能量较低;富含B族维生素,脂溶性维生素和矿物质较少,钙少磷多。燕麦是牛的极好饲料,喂前应适当粉碎。

2.糠麸类饲料

糠麸类饲料是谷实类饲料的加工副产品,主要包括小麦麸皮和稻糠以及其他糠麸。其共同的特点是除无氮浸出物含量(40％～62％)较少外,其他各种养分含量均较其原料高。粗蛋白质15％左右;有效能值低,为谷实类饲料的一半。含钙少而磷多,含有丰富的B族维生素,胡萝卜素及维生素E含量较少。

(1)麸皮　其营养价值因麦类品种和出粉率的高低而变化。粗纤维含量较高,属于低能饲料。麸皮质地膨松,适口性较好,是牛良好的饲料,具有轻泻作用,母牛产后喂以适量的麦麸粥,可以调养消化道的机能。

(2)米糠　米糠为去壳稻粒(糙米)制成精米时分离出的副产品,由果皮、种皮、糊粉层及胚组成。米糠的有效营养变化较大,随含壳量的增加而降低。粗脂肪含量高,易在微生物及酶的作用下发生酸败。为使米糠便于保存,可经脱脂生产米糠饼。经榨油后的米糠饼脂肪和维生素减少,其他营养成分基本被保留下来。肉牛用量可达20％,脱脂米糠用量可达30％。

(3)大豆皮　含粗纤维38％、粗蛋白12％,几乎不含木质素,故消化率高,对于反刍家畜其营养价值相当于玉米等谷物,对于强度育肥肉牛有助于保持日粮粗纤维理想水平,同时又能保证增重的能量需要。

(4)其他糠麸　主要包括玉米糠、高粱糠和小米糠。其中以小米糠的营养价值最高。高粱糠的消化能和代谢能较高,但因含有单宁,适口性差,易引起便秘,应限制使用。

3.薯粉类饲料

薯粉类主要包括甘薯、马铃薯、木薯等。按干物质中的营养价值来考虑,属于能量饲料。

(1)甘薯 干物质中无氮浸出物占 80%,其中主要是淀粉,粗纤维含量少,热能低于玉米,粗蛋白质含量 3.8% 左右,钙含量低,多汁味甜,适口性好,生熟均可饲喂。在平衡蛋白质和其他养分后,可取代牛日粮中能量来源的 50%。甘薯如有黑斑病,含毒性酮,使牛导致喘气病,严重者甚至死亡。

(2)马铃薯 含干物质 18%~26%,每 3.5~4 千克相当于 1 千克谷物,干物质中 4/5 为淀粉,易消化,缺乏钙磷和胡萝卜素,每日牛最高喂量 20 千克,与蛋白质饲料、谷实饲料混喂效果较好。马铃薯贮存不当发芽时,在其青绿皮上、芽眼及芽中含有龙葵素,采食过量会导致牛中毒。当马铃薯发芽,一定要清除皮和芽,并进行蒸煮,蒸煮用的水不能用于喂牛。

4.糖蜜

按原料不同,可分为甘蔗糖蜜、甜菜糖蜜、柑橘糖蜜及淀粉糖蜜。其主要成分为糖类,蛋白质含量较低,矿物质含量较高,维生素低,水分高,能值低,具有轻泻作用。肉牛用量宜占日粮 5%~10%。

(五)蛋白质饲料

指干物质中粗纤维含量在 18% 以下,粗蛋白质含量为 20% 以上的饲料。由于反刍动物禁用动物蛋白饲料,因此对于肉牛主要包括植物性蛋白质饲料、单细胞蛋白质饲料、非蛋白氮饲料等。

1.植物性蛋白质饲料

(1)饼、粕类饲料 压榨法制油的副产品称为饼,溶剂浸提法制油后的副产品称为粕。

①大豆饼、粕。粗蛋白质含量为 38%~47%,且品质较好,尤其是赖氨酸含量,是饼粕类饲料最高者,但蛋氨酸不足。大豆饼、粕可替代犊牛代乳料中部分脱脂乳,并对各类牛均有良好的生产效果。

②棉籽饼、粕。由于棉籽脱壳程度及制油方法不同,营养价值差异很大。粗蛋白质含量 16%~44%,粗纤维含量 10%~20%,因此有效

能值低于大豆饼、粕。棉籽饼、粕蛋白质的品质不太理想,精氨酸含量高,而赖氨酸只有大豆饼、粕的一半,蛋氨酸也不足。棉籽饼中含有游离棉酚,长期大量饲喂会引起中毒。牛如果摄取过量(日喂 8 千克以上)或食用时间过长,导致中毒。犊牛日粮中一般不超过 20%,种公牛日粮不超过 30%。在短期强度育肥架子牛日粮中棉籽饼可占精料的 60%。

③花生饼、粕。其营养价值较高,但氨基酸组成不好,赖氨酸含量只有大豆饼、粕的一半,蛋氨酸含量也较低,花生饼粕的营养成分随含壳量的多少而有差异,带壳的花生饼粕粗纤维含量为 20%~25%,粗蛋白质及有效能相对较低。由于花生饼、粕极易感染黄曲霉,产生黄曲霉毒素,因此犊牛期间禁止饲喂。

④菜籽饼、粕。有效能较低,适口性较差。粗蛋白质含量在34%~38%,矿物质中钙和磷的含量均高,特别是硒含量为 1.0 毫克/千克,是常用植物性饲料中最高者。菜籽饼、粕中含有硫葡萄糖苷、芥酸等毒素。在肉牛日粮中要限量并与其他饼、粕搭配使用。

另外还有胡麻饼、粕,芝麻饼、粕,葵花籽饼、粕都可以作为肉牛蛋白质补充料。

(2)玉米加工的副产品

①玉米蛋白粉。由于加工方法及条件不同,蛋白质的含量在25%~60%之间。蛋白质的利用率较高,氨基酸的组成特点是蛋氨酸含量高而赖氨酸不足,含有很高的类胡萝卜素。由于其比重大,应与其他体积大的饲料搭配使用。由于玉米蛋白粉蛋白质瘤胃降解率较低,是常用的非降解蛋白补充料,但不如保护豆粕的效果较好,可能是其蛋白质品质较差。

②玉米胚芽饼。粗蛋白含量 20% 左右,由于价格较低,蛋白质品质较好,近年来在肉牛日粮应用较多。

③玉米酒精糟。分 3 种,一种是酒精糟经分离脱水后干燥的部分,简称 DDG;另一种是酒精糟滤液经浓缩干燥后所得部分,简称 DDS;第三种是"DDG"与"DDS"的混合物,简称 DDGS。一般以 DDS 的营养

价值较高,DDG 的营养价值较差,DDGS 的营养价值居前两者之间,以玉米为原料的 DDG、DDS、DDGS 的粗蛋白质含量基本相近,但三者的粗纤维含量则分别为 11%、7% 和 4% 左右。但三者的氨基酸含量及利用率都不理想,不适宜作为唯一的蛋白源。

(3)其他加工副产品　主要指糟渣类,是酿造、淀粉及豆腐加工行业的副产品。其主要特点是水分含量高达 70%～90%,干物质中蛋白质含量为 25%～33%,B 族维生素丰富,还含有维生素 B_{12} 及一些有利于动物生长的未知生长因子。

①豆腐渣、酱油渣及粉渣。多为豆科籽实类加工副产品,干物质中粗蛋白质的含量在 20% 以上,粗纤维较高。维生素缺乏,消化率也较低。这类饲料水分含量高,一般不宜存放过久,否则极易被霉菌及腐败菌污染变质。

②酒糟、醋糟。多为禾本科籽实及块根、块茎的加工副产品,酒糟的营养价值高低因原料的种类不同而异。好的粮食酒糟和大麦啤酒糟要比薯类酒糟营养价值高 2 倍左右。酒糟含有丰富蛋白质(19%～30%)、粗脂肪和丰富的 B 族维生素,是肉牛的一种廉价饲料。酒糟中含有一些残留的酒精,对妊娠母牛不宜多喂,干酒糟用量 5%～7%,鲜酒糟用量每天每头不要超过 7 千克。醋糟营养价值不如酒糟。

③甜菜渣。甜菜渣是制糖工业的副产品,适口性好,是牛的调节性的好饲料。新鲜甜菜渣含水量高,营养价值低,含有大量游离的有机酸,喂量不能过大,否则引起腹泻。

2.单细胞蛋白质饲料

主要包括酵母、真菌及藻类。以饲料酵母最具有代表性,饲料酵母含蛋白质高(40%～60%),生物学价值较高,脂肪低,粗纤维和灰分含量取决于酵母来源。B 族维生素含量丰富,矿物质中钙低而磷、钾含量高。酵母在日粮中可添加 2%～5%,用量一般不超过 10%。

市场上销售的"饲料酵母"大多数是固态发酵生产的,确切一点讲,应称为"含酵母饲料",这是以玉米蛋白粉等植物蛋白饲料作培养基,经接种酵母菌发酵而成,这种产品中真正的酵母菌体蛋白含量很低,大多数蛋白仍然以植物蛋白形式存在,其蛋白品质较差,使用时应与饲料酵母加以区别。

3.非蛋白氮饲料

一般指通过化学合成的尿素、铵盐等。牛瘤胃中的微生物可利用这些非蛋白氮合成微生物蛋白,和天然蛋白质一样被供宿主消化利用。

尿素含氮46%左右,其蛋白质当量为288%,按含氮量计,1千克含氮为46%的尿素相当于6.8千克含粗蛋白质42%的豆饼。尿素的溶解度很高,在瘤胃中很快转化为氨,尿素饲喂不当会引起致命性的中毒。因此使用尿素时应注意:

①尿素的用量应逐渐增加,应有2周以上的适应期。

②只能在6月龄以上的牛日粮中使用尿素,因为6月龄以下时瘤胃尚未发育完全。

③和淀粉多的精料混匀一起饲喂,尿素不宜单喂,应于其他精料搭配使用,也可调制成尿素溶液喷洒或浸泡粗饲料,或调制成尿素青贮料,或制成尿素颗粒料、尿素精料砖等。

④不可与生大豆或含尿酶高的大豆粕同时使用。

⑤尿素应与谷物或青贮料混喂。禁止将尿素溶于水中饮用,喂尿素1小时后再给牛饮水。

⑥尿素的用量一般不超过日粮干物质的1%,或每100千克体重15~20克。

近年来,为降低尿素在瘤胃的分解速度,改善尿素氮转化为微生物氮的效率,防止牛尿素中毒,研制出了许多新型非蛋白氮饲料,如糊化淀粉尿素、异丁基二脲、磷酸脲、羟甲基尿素等。

(六)矿物质饲料

矿物质饲料是牛生长、发育、繁殖必不可少的饲料,包括钙源饲料、磷源饲料和食盐。肉牛禁用骨粉和肉骨粉等动物饲料。

(1)钙源饲料　目前使用的钙源饲料主要有石粉,主要成分是碳酸钙,是补充钙最经济的钙源。石粉的含钙量为38%左右,要求粉碎粒度通过 80 目筛以上。

（2）磷源饲料　磷源饲料主要有磷酸氢钙、磷酸二氢钙、磷酸氢钠、磷酸钠、脱氟磷酸钙等,这类饲料消化利用比单纯的钙矿物质好,故在生产中应用较多。

（3）食盐　食盐是配合饲料必不可少的矿物质饲料,肉牛以植物性饲料为主,摄入的钠和氯不能满足其营养需要,必须补充食盐。一般食盐的用量为日粮干物质的 0.3%～0.4%,占精料的 1% 左右。

（4）其他　沸石可在肉牛精料混合料中添加 4%～6%,能吸附胃肠道有害气体,并将吸附的铵离子缓慢释放,供牛体合成菌体蛋白,提高牛对饲料养分的利用率,为牛提供多种微量元素。

（七）维生素饲料

维生素饲料指为牛提供各种维生素类的饲料,包括工业合成或提纯的单一维生素和复合维生素。

肉牛有发达的瘤胃,其中的微生物可以合成维生素 K 和 B 族维生素,肝、肾中可合成维生素 C,一般除犊牛外,不需额外添加,只考虑维生素 A、维生素 D、维生素 E。维生素 A 乙酸酯(20 万国际单位/克)添加量为每千克日粮干物质 14 毫克。维生素 D_3 微粒(1 万国际单位)添加量为每千克日粮干物质 27.5 毫克。维生素 E 粉(20 万国际单位)添加量为每千克日粮干物质 0.38～3 毫克。

（八）饲料添加剂

饲料添加剂是指在配合饲料中加入的各种微量成分,包括营养性添加剂和非营养性添加剂。其作用是完善饲料的营养性,提高饲料的利用率,促进肉牛的生长和预防疾病,减少饲料在贮存期间的营养损失,改善产品品质。

为了生产健康、无公害牛肉,所使用的饲料添加剂按中华人民共和国农业部公告——第 105 号和《饲料药物添加剂使用规范》农牧发[2001]20 号文件和《中华人民共和国农业部公告——农业部已批准使用的饲料添加剂》执行。

1. 肉牛营养性添加剂

（1）微量元素添加剂　　主要是补充饲粮中微量元素的不足。肉牛常需要补充的微量元素有 7 种，即铁、铜、锰、锌、碘、硒、钴。微量元素的应用开发经历了三个阶段，即无机盐阶段、简单的有机化合物阶段和氨基酸螯合物阶段。目前我国常用的微量元素添加剂主要还是无机盐类。微量元素添加剂及其元素含量、可利用性见表 4-8。

表 4-8　微量元素添加剂及其元素含量　　　　　　　　　%

添加剂	含量	可利用率
铁：一水硫酸亚铁	30.0	100
七水硫酸亚铁	20.0	100
碳酸亚铁	38.0	15~80
铜：五水硫酸铜	25.2	100
无水硫酸铜	39.9	100
氯化铜	58	100
锰：一水硫酸锰	29.5	100
氧化锰	60.0	70
碳酸锰	46.4	30~100
锌：七水硫酸锌	22.3	100
一水硫酸锌	35.5	100
碳酸锌	56.0	100
氧化锌	48.0	100
碘：碘化钾	68.8	100
碘酸钙	59.3	—
硒：亚硒酸钠	45.0	100
钴：七水硫酸钴	21.0	100
六水氯化钴	24.3	100

数据来源：2002《中国饲料》。

微量元素氨基酸螯合物是指以微量元素离子为中心原子，通过配位键、共价键或离子键同配体氨基酸或低分子肽键合而成的复杂螯合物。微量元素氨基酸螯合物稳定性好,具有较高的生物学效价及特殊的生理功能。研究表明,微量元素氨基酸螯合物能使被毛光亮,并且能治疗肺炎、腹泻。用氨基酸螯合锌、氨基酸螯合铜加抗坏血酸饲喂小牛,可以治疗小牛沙门氏菌感染。试验表明,黄牛的日粮中每天添加500毫克蛋氨酸锌,增重比对照组提高20.7%。

日粮中添加微量元素除了要考虑微量元素的化合物形式,还要考虑各种微量元素之间存在的拮抗和协同的关系。如日粮中锰的含量较低时会造成动物体内硒水平的下降;日粮中钴、硫的含量与动物体内硒的含量呈负相关。在使用微量元素添加剂时,一定要充分拌匀,防止与大水分原料混合,以免凝集、吸潮,影响混合均匀度。

(2)维生素添加剂 成年牛的瘤胃微生物可以合成维生素 K 和 B 族维生素,肝、肾中可合成维生素 C,一般除犊牛外,不需额外添加,只考虑维生素 A、维生素 D、维生素 E。

①维生素 A 添加剂。高精料日粮或饲料贮存时间过长容易缺乏维生素 A,维生素 A 是肉牛日粮中最容易缺乏的维生素。维生素 A 的化合物名称是视黄醇,极易被破坏。制成维生素添加剂是先用醋酸或丙酸或棕榈酸进行酯化,提高它的稳定性,然后再用微囊技术把酯化了的维生素 A 包被起来,一方面保护它的活性,另一方面增加颗粒体积,便于在配合饲料中搅拌。

在以干秸秆为主要粗料,无青绿饲料时,每千克肉牛日粮干物质中需添加维生素 A 添加剂(含 20 万国际单位/克)14 毫克。

②维生素 D 添加剂。维生素 D 可以调节钙磷的吸收。用高精料日粮和高青贮日粮肥育肉牛时,肉牛也容易缺乏维生素 D。

维生素 D 分为 2 种,一种是维生素 D_2(麦角固化醇),另种是维生素 D_3(胆固化醇)。维生素 D_3 添加剂也是先经过醋酸的酯化,再用微囊或吸附剂加大颗粒。

维生素 D 添加剂的活性成分含量为 1 克中含有 500 000 国际单位,或 200 000 国际单位。1 个国际单位=0.025 微克结晶维生素 D_2

或维生素 D_3。

在以干秸秆为主要粗料，无青绿饲料时，育肥也应注意维生素 D_3 的供给，每千克肉牛日粮干物质中需添加维生素 D_3 添加剂（含 1 万国际单位/克）27.5 毫克。

③维生素 E 添加剂。维生素 E 也叫生育酚。维生素 E 能促进维生素 A 的利用，其代谢又与硒有协同作用，维生素 E 缺乏时容易造成白肌病。肉牛日粮中应该添加维生素 E，每千克肉牛日粮干物质中需添加维生素 E（含 20 万国际单位/克）0.38～3 克。

（3）氨基酸添加剂　蛋白质由 22 种氨基酸组成，对肉牛来说，最关键的 5 种限制性氨基酸是赖氨酸、蛋氨酸、色氨酸、精氨酸、胱氨酸。而赖氨酸和蛋氨酸是我国应用最多的氨基酸添加剂。

①赖氨酸添加剂。常用的赖氨酸添加剂为 L-赖氨酸盐酸盐，化学名称为 L-2,6-二氨基己酸盐酸盐。本品为白色或淡褐色粉末，易溶于水，无味或稍有异味。

②蛋氨酸添加剂。蛋氨酸的产品有 3 种，即 DL-蛋氨酸、羟基类蛋氨酸钙和 N-羟甲基蛋氨酸钙。羟基类蛋氨酸钙是 DL-蛋氨酸合成中其氨基由羟基所代替的一种产品，作用和功能与蛋氨酸相同，使用方便，同时适用于反刍动物。一般蛋氨酸在瘤胃微生物作用下会脱氨基而失效，而羟基类蛋氨酸钙只提供碳架，本身并不发生脱氨基作用；瘤胃中的氨能作为氨基的来源，使其转化为蛋氨酸。N-羟甲基蛋氨酸钙又称保护性蛋氨酸，具有过瘤胃的性能，适用于反刍动物。

（4）小肽　小肽是指 10 个以下的氨基酸残基构成的短链的肽。大量的研究发现，某些肽和游离氨基酸一样也能够被吸收，而且与游离氨基酸相比，肽的吸收具有速度快、耗能低、吸收率大等优势，从而提高了动物对蛋白质的利用率。有些肽还可以作为生理活性物质直接被动物吸收，参与动物生理功能和代谢调节。

（5）共轭亚油酸（CLA）　CLA 是食物中的天然成分，普遍存在于反刍动物性食品，如牛奶、牛羊肉及脂肪中。CLA 已成为营养研究的热点，大量的研究证明，CLA 对改善动物机体代谢，重新分配营养素，减少脂肪沉积,增加瘦肉率,改善肉品质,提高免疫系统功能有显著效果。CLA 在肉牛日粮中添加,可生产出具有保健功能的优质牛肉。

2.肉牛非营养性添加剂

(1)瘤胃发酵调控制剂　合理调控瘤胃发酵,对提高肉牛的生产性能,改善饲料利用率十分重要。瘤胃发酵调控剂包括脲酶抑制剂、瘤胃代谢控制剂、缓冲剂等。

①脲酶抑制剂。脲酶抑制剂是一类能够调控瘤胃微生物脲酶活性,从而控制瘤胃中氨的释放速度,达到提高尿素等利用率的一类添加剂。

磷酸钠:李建国等研究证实适宜的磷酸钠水平,具有抑制脲酶活性的作用,用永久性瘤胃瘘管绵羊进行测定,适宜的磷酸钠水平,可使瘤胃内氨氮浓度降低 20.7%,微生物蛋白产量提高 48.9%,磷酸钠是一种来源广泛、价格低廉的脲酶抑制剂,使用时只要和尿素一起均匀拌入精料中即可。

氧肟酸盐:是国内外认为最有效的一类脲酶抑制剂,需经化学方法合成,工艺较复杂,虽然效果好,但成本高。

②瘤胃代谢控制剂。瘤胃代谢控制剂可以增加瘤胃内能量转化率较高的丙酸的产量,减少甲烷气体的生成引起的能量损失,减少蛋白质在瘤胃中降解脱氨损失,增加瘤胃蛋白数量。提高干物质和能量表观消化率。减少瘤胃中乳酸的生成和积累,维持瘤胃正常 pH,防止乳酸中毒;作为离子载体,促进细胞内外离子交换,增加对磷、镁及某些微量元素在体内沉积。通过以上途径提高肉牛的增重和饲料利用效率。主要包括聚醚类抗生素——莫能菌素、卤代化合物、二芳基碘化学品等。

瘤胃素(莫能菌素):瘤胃素的作用主要是通过减少甲烷气体能量损失和饲料蛋白质降解、脱氨损失、控制和提高瘤胃发酵效率,从而提高增重速度及饲料转化率。放牧肉牛和以粗饲料为主的舍饲肉牛,每日每头添加 150~200 毫克瘤胃素,日增重比对照牛提高 13.5%~15%,放牧肉牛日增重提高 23%~45%。高精料强度育肥舍饲肉牛,每日每头添加 150～200 毫克瘤胃素,日增重比对照组提高 1.6%,每千克增重减少饲料消耗 7.5%;若每千克日粮干物质添加 30 毫克,饲料转化率提高 10% 左右。熊易强等在舍饲肉牛日粮中添加瘤胃素,日增重提高 17.1%,每千克增重减少饲料消耗约 15%。瘤胃素的用量,肉牛每千克日粮 30 毫克或每千克精料混合料 40～60 毫克。实际应用时应根据日粮组成确定最适宜剂量。要均匀混合在饲料中,最初喂量可低些,以后逐渐增加。

卤代化合物:卤代化合物主要是用于抑制瘤胃中甲烷的产生,据报道,体外发酵试验可使甲烷产量减少 70%。常用的有:多卤化醇、多卤化醛、多卤化酸和氯醛淀粉等,如二氯乙烯基二甲基磷酸盐、三氯甲烷等。其饲用效果与分子中卤素数量和种类有关,碘＞溴＞氯。

二芳基碘化学品:是另一类瘤胃代谢调控剂,主要用来抑制瘤胃中氨基酸的分解,特别是对缬氨酸、蛋氨酸、异亮氨酸、亮氨酸以及苯丙氨酸的保护最为有效。还可降低甲烷产量,增加丙酸产量,在低蛋白日粮中添加效果良好。

③缓冲剂。对于肉牛,要获取较高的生产性能,必须供给其较多的精料。但精料量增多,粗饲料减少,会形成过多的酸性产物。另外,大量饲喂青贮饲料,也会造成瘤胃酸度过高,影响牛的食欲,瘤胃 pH 下降,并使瘤胃微生物区系被抑制,对饲料消化能力减弱。在高精料日粮和大量饲喂青贮时适当添加缓冲剂,可以增加瘤胃内碱性蓄积,改变瘤胃发酵,增强食欲,提高养分消化率,防止酸中毒。比较理想的缓冲剂首推碳酸氢钠(小苏打),其次是氧化镁。实践证明,以上缓冲剂以合适的比例混合共用,效果更好。

碳酸氢钠:主要作用是调节瘤胃酸碱度,增进食欲,提高牛体对饲料消化率以满足生产需要。用量一般占精料混合料 1%～1.5%,添加时可采用每周逐渐增加(0.5%、1%、1.5%)喂量的方法,以免造成初期突然添加使采食量下降。碳酸氢钠与氧化镁合用比例以(2～3)∶1较好。

氧化镁:主要作用是维持瘤胃适宜的酸度,增强食欲,增加日粮干物质采食量,有利于粗纤维和糖类消化。用量一般占精料混合料的0.75%～1%或占整个日粮干物质的0.3%～0.5%。氧化镁与碳酸氢钠混合比例及用法参照碳酸氢钠的用量用法。

添加碳酸氢钠,应相应减少食盐的喂量,以免钠食入过多,但应同时注意补氯。

(2)抗生素添加剂　由于抗生素饲料添加剂会干扰成年牛瘤胃微生物并在牛肉中残留,因此一般成年牛和育肥牛中不使用,只应用于犊牛。犊牛常用的抗生素添加剂有以下几种。

①杆菌肽。以杆菌肽锌应用最为广泛,其功能为:能抑制病原菌的细胞壁形成,影响其蛋白质合成和某些有害的功能,从而杀灭病原菌;能使肠壁变薄,从而有利于营养吸收;能够预防疾病(如下痢、肠炎等),并能将因病原菌引起碱性磷酸酶降低的浓度恢复到正常水平,使牛正常生长发育,对虚弱犊牛作用更为明显。使用量:3月龄以内犊牛每吨饲料添加10～100克(42万～420万效价单位),3～6月龄犊牛每吨饲料添加4～40克。

②硫酸黏杆菌素。又称抗敌素、多黏菌素E,作为饲料添加剂使用时,可促进生长和提高饲料利用率,对沙门氏菌、大肠杆菌、绿脓杆菌等引起的菌痢具有良好的防治作用。但大量食用可导致肾中毒。硫酸黏杆菌素如果与抗革兰氏阳性菌的抗生素配伍,具有协同作用。不能与氯霉素、土霉素、喹乙醇同时使用。我国批准进口的"万能肥素"即为硫酸黏杆菌素与杆菌肽锌复合制剂(5∶1)。集杆菌肽锌和黏杆菌素优点为一体,具有抗菌谱广、饲喂效果好的特点。硫酸黏杆菌作为饲料添加剂用量为:每吨饲料不超过20克。

③黄霉素。又名黄磷脂霉素。它干扰细胞壁结构物质肽聚糖的生物合成而抑制细菌繁殖,为畜禽专用抗菌促长药物。作为饲料添加剂不仅可防治疾病,还可降低肠壁厚度、减轻肠壁重量的作用,从而促进营养物质在肠道的吸收,促进动物生长,提高饲料利用率。肉牛30～50毫克/(头·天)。

(3)益生素添加剂　常用的益生菌制剂主要有乳酸菌类、芽孢杆菌和活酵母菌。其中乳酸菌类主要应用的有嗜酸乳杆菌、双歧乳杆菌和粪链球菌;活酵母作为饲料添加剂主要应用酿酒酵母和石油酵母。反刍动物幼犊开食料中使用的微生物主要是乳酸杆菌、肠球菌以及啤酒酵母等,也可以使用米曲霉提取物。成年牛的微生物添加剂目前普遍使用米曲霉和啤酒酵母,使用量为 4～100 克/天。

（4）酶制剂　饲用酶制剂主要应用于犊牛的人工乳、代乳料或开食料中,常使用的酶制剂有淀粉酶、蛋白酶和脂肪酶,激活内源酶的分泌,提高和改善犊牛的消化功能,增强犊牛的抵抗力。应用于成年牛的主要是纤维素降解酶类和复合粗酶制剂。复合酶制剂含有各种纤维素酶、淀粉酶、蛋白酶等,可提高肉牛生产性能。

（5）寡糖　寡糖亦称低聚糖,是指由 2～10 个单糖以糖苷键连接形成的具有直链或支链的低度聚合糖类的总称。寡糖能促进有益菌(如双歧杆菌)的增殖,吸附肠道病原菌,提高动物免疫力。目前,研究、应用最多的是果寡糖（FOS）、反式半乳糖（TOS）和大豆寡糖。和酶制剂、微生物制剂相比,低聚糖结构稳定,不存在贮藏、加工过程中的失活问题。

三、生态日粮的配制技术

肉牛日粮是指 1 头牛一昼夜所采食的各种饲料的总量,其中包括精饲料、粗饲料和青绿多汁饲料等。根据肉牛饲养标准和饲料营养价值表,选取几种饲料,按一定比例相互搭配而成的日粮。要求日粮中含有的能量,蛋白质等各种营养物质的数量及相互比例能够满足一定体重阶段预定增重结果的需要量,这就叫全价日粮或平衡日粮。生态日粮就是利用生态营养学理论和方法,围绕畜禽产品健康和减轻畜禽对环境污染等问题,从原料的选购、配方设计、加工饲喂等过程进行严格质量控制,并实施动物营养调控,从而控制可能发生的畜禽产品公害和环境污染,使饲料达到低成本、高效益、低污染的效果。

（一）肉牛饲料的分类

1.按物理形状

分为散碎料、颗粒饲料、块（砖）饲料、饼饲料、液体饲料等。

2.按其营养构成

分为全价配合饲料、精料混合料、浓缩饲料和添加剂预混料。这4种产品的彼此关系见图4-1。

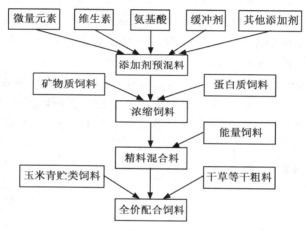

图 4-1　牛配合饲料组分模式图

（1）全价配合饲料（全饲粮配合饲料）　肉牛全价配合饲料简称配合饲料，是根据肉牛不同生理阶段（生长、妊娠、哺乳、空怀、配种、育肥）和不同生产水平对各种营养成分的需要量，把多种饲料原料和添加成分按照规定的加工工艺配制成均匀一致、营养价值完全的饲料产品。肉牛的全价配合饲料和单胃动物的全价配合饲料区别在于肉牛的全价配合饲料包括很大一部分粗饲料，肉牛的全价配合饲料由粗饲料（秸秆、干草、青贮等）、精饲料（能量饲料、蛋白质饲料）、矿物质饲料以及各种饲料添加剂组成。使用全饲粮配合饲料喂牛时，必须将粗饲料粉碎，用营养完善、价格便宜的配方加工调制成的配合饲料，可直接喂肉牛。

全价配合饲料的主要优点为：①营养全面，饲养效果好。促进肉牛生长、育肥，节省饲料，降低成本。②由于配合饲料采用了先进的技术与工艺，加上良好的设备、科学化的饲料配方、质量管理标准化，使配合饲料便于工业化生产，机械化操作，节省劳力，大大提高劳动生产率。适合于肉牛场机械化饲养。③可以经济合理地利用饲料资源，也可较多地利用粗饲料。全价配合饲料采用自由采食的饲喂方法，可增加牛对干物质的采食量。

（2）精料补充料　精料补充料是反刍动物特有的饲料，肉牛全价配合饲料去除粗饲料部分，剩余的部分主要由能量饲料、蛋白质饲料、矿物质饲料和添加剂预混料组成，使用时，应另喂粗饲料。在养牛生产中应用较为普遍。但由于各地肉牛粗饲料品种、质量等相差很大，不同季节使用的粗饲料也不同，因此精饲料补充料应根据粗饲料的变化，来调整配方。

（3）浓缩饲料（亦称平衡用配合饲料）　是指蛋白质饲料、矿物质饲料（钙、磷和食盐）和添加剂预混料按一定比例配制而成的均匀混合物。饲喂前按标定含量配一定比例的能量饲料（主要是玉米、麸皮等），就是精料补充料。

（4）添加剂预混料　由一种或多种营养性添加剂和非营养性添加剂，并以某种载体或稀释剂按一定比例配制而成的均匀混合物。它是一种不完全饲料，不能单独直接喂肉牛。

（二）肉牛生态日粮配合的原则

对肉牛生态日粮进行合理配方的目的是要在生产实际中获得最佳生产性能和最高利润，并且低污染，因此肉牛的生态日粮配合应遵循以下原则：

（1）适宜的饲养标准　根据肉牛不同的生理阶段，选择适宜的饲养标准，另外我国肉牛的饲养标准是根据我国的生产条件，在中立温度、舍饲和无应激的环境下制定的，所以在实际生产中应根据实际饲养情况做必要的调整。

（2）本着经济性的原则,选择饲料原料　充分利用当地饲料资源,因地制宜,就地取材,充分利用当地农副产品,可以降低饲养成本。

（3）饲料种类应多样化　根据牛的消化生理特点,合理选择多种原料进行合理搭配,并注意适口性和易消化性,善待动物。多种原料进行合理搭配,可以使饲料营养得到互补,提高日粮营养价值和饲料利用率。所选的饲料应新鲜、无污染对畜产品质量无影响。

（4）适当的精粗比例　根据牛的消化生理特点,精饲料与粗饲料之间的比例,关系到肉牛的肥育方式和肥育速度,并且对肉牛健康十分必要。以干物质基础,日粮中粗饲料比例一般在 40%～60%,强度育肥期精料可高达 70%～80%。

（5）日粮应有一定的体积和干物质含量　所用的日粮数量要使牛吃得下、吃得饱并且能满足营养需要。

（6）正确使用饲料添加剂　根据牛的消化生理特点,添加氨基酸、脂肪等添加剂,应注意保护,以免遭受瘤胃微生物的破坏。不使用违禁饲料添加剂和不符合卫生标准的饲料原料,不滥用会对环境（土地、水资源等）造成污染的饲料添加剂,抗生素添加剂会对成年牛的瘤胃微生物造成损害和产品的残留,应避免使用。提倡使用有助于动物排泄物分解和去除不良气味的安全性饲料添加剂。

（三）肉牛日粮配合的方法

日粮配合的方法有电脑配方设计和手工计算法。

电脑配方设计需要相应的计算机和配方软件,通过线性规划原理,在极短的时间内,求出营养全价并且成本最低的最优日粮配方,适合规模化肉牛场应用。目前使用较广泛的是 Excel 配方软件,它是在 Excel2000 的"规划求解"工具宏的基础上开发的一套实用配方计算工具,使用者倘若具有 Excel2000 应用基础,则可以很快地学会并熟练使用它进行配方的计算。

手工计算法即运用掌握的肉牛营养和饲养知识,结合前面的配制原则,运用试差法、联立方程法、对角线法等进行运算,最终设计出肉牛日粮。此法也是饲料配方的常规计算方法,简单易学、可充分体现设计者的意图,设计过程清楚。但需要有一定的实践经验,计算过程复杂,盲目性较大,且不易筛选出最佳配方。手算法配制日粮的基本步骤:①查肉牛饲养标准,确定肉牛总的养分需要量,包括干物质、肉牛能量单位、粗蛋白质、钙、磷等的营养需要,还要考虑环境等对能量的额外需要。②查肉牛常用饲料营养成分和营养价值表,有条件的地方,最好使用实测的原料养分含量值,这样可减少误差。③计算或设定肉牛每日应给与的青、粗饲料的数量,以干物质基础,日粮中粗饲料比例一般在40%～60%。一般根据青贮料水分,每3～5千克的可代替1千克的干草。并计算出青粗饲料所提供的营养成分的数量。④与饲养标准相比较,确定应由精料补充料提供的养分数量。⑤精料补充料的配制。在确定差值后,可形成新的精料营养标准,选择好精料原料,草拟精料配方,用手算法或借助计算工具检查、调整精料配方,直到与标准相符合。⑥钙、磷可用矿物质饲料来补充,食盐可另外添加,根据实际需要,再确定添加剂的添加量。最后将所有饲料原料提供的各种养分进行综合,与饲养标准相比较,并调整到与其基本一致(范围在±5%)。⑦列出肉牛日粮配方和所提供的营养水平,并附以精料补充料配方。

1. 试差法

设计肉牛日粮配方实例:生长育肥牛体重 400 千克、预期日增重 1.0 千克的舍饲肉牛配合日粮。

(1)营养需要量　查肉牛饲养标准,得知肉牛营养需要(表 4-9)。

表 4-9　体重 400 千克、日增重 1.0 千克肉牛营养需要量

干物质(千克)	肉牛能量单位(个)	粗蛋白质(克)	钙(克)	磷(克)
8.56	6.27	866	33	20

(2)营养成分含量　在肉牛常用饲料营养价值表中查出所选饲料的营养成分含量(表 4-10)。

表 4-10　饲料营养成分含量（干物质基础）

饲料名称	干物质 /%	肉牛能量单位 /（个/千克）	粗蛋白质 /%	钙 /%	磷 /%
玉米青贮	22.7	0.54	7.0	0.44	0.26
玉米	88.4	1.13	9.7	0.09	0.24
麸皮	88.6	0.82	16.3	0.20	0.88
棉饼	89.6	0.92	36.3	0.30	0.90
磷酸氢钙				23	16
石粉				38.00	

（3）自定精、粗饲料用量及比例　自定日粮中精料占 50%，粗料 50%。由肉牛的营养需要可知每日每头牛需 8.56 千克干物质，所以每日每头由粗料（青贮玉米）应供给的干物质质量为 8.56×50%＝4.28 千克，首先求出青贮玉米所提供的养分量和尚缺的养分量（表 4-11）。

表 4-11　粗饲料提供的养分量

养分量	干物质 /千克	肉牛能量单位 /个	粗蛋白质 /克	钙 /克	磷 /克
需要量	8.56	6.27	866	33	20
4.28 千克青贮玉米干物质提供	4.28	2.31	300	18.83	11.13
尚差	4.28	3.96	566	14.17	8.87

所以，由精料所提供的养分应为干物质 4.28 千克，肉牛能量单位 3.96 个，粗蛋白质 566 克，钙 14.17 克，磷 8.87 克。

（4）精料养分含量　试定各种精料用量并计算出养分含量（表 4-12）。

表 4-12　试定精料养分含量

饲料种类	用量 /千克	干物质 /千克	肉牛能量单位 /个	粗蛋白 /克
玉米	2.7	2.386	2.696	231
麸皮	0.6	0.532	0.436	86.7
棉饼	0.98	0.878	0.808	318.7
合计	4.28	3.8	3.94	636.4

由表 4-12 可见拟定的日粮中的肉牛能量单位略低,应增加能量饲料;而粗蛋白高,应相应减蛋白质饲料,调整后精料养分含量如表 4-13 所示。

表 4-13　调整后精料养分含量

饲料种类	用量 /千克	干物质 /千克	肉牛能量单位 /个	粗蛋白质 /克	钙 /克	磷 /克
玉米	2.9	2.564	2.897	248.7	2.3	6.15
麸皮	0.6	0.532	0.436	86.7	1.06	4.68
棉饼	0.78	0.699	0.643	253.7	2.10	6.29
合计	4.28	3.8	3.98	589.1	5.46	17.12
与标准比		0.48	+0.02	+23.1	8.71	+8.78

由表 4-13 可见干物质尚差 0.48 千克,在饲养实践中可适当增加青贮玉米喂量。日粮中的消化能和粗蛋白已基本符合要求,能量和蛋白质符合要求后再看钙和磷的水平,钙、磷的余缺用矿物质饲料调整,本例中磷已满足需要,不必考虑补钙又补磷的饲料,用石粉补足钙即可。

石粉用量＝8.71÷0.38＝22.9 克。

混合料中另加 1% 食盐,约合 0.04 千克。

(5)百分比　列出日粮配方与精料混合料的百分比组成(表4-14)。

表 4-14　育肥牛日粮组成

日粮	青贮玉米	玉米	麸皮	棉饼	石粉	食盐
供量(干物质态,千克)	4.28	2.564	0.532	0.699	0.023	0.04
供量(饲喂态,千克)	18.85	2.9	0.6	0.78	0.023	0.04
精料组成(%)	—	66.77	13.82	17.96	0.53	0.92

在实际生产中青贮玉米的喂量应增加 10% 的安全系数,即每头牛每天的投喂量应为 20.74 千克。混合精料可按表 4-14 的比例混合,每天每头的投喂量为 4.4 千克。

2. 对角线法

设计肉牛日粮配方实例:生长育肥牛体重 350 千克,预期日增重

1.2千克的舍饲牛配合日粮。

(1)营养需要量　查肉牛饲养标准,得知肉牛营养需要(表4-15)。

表4-15　体重350千克、日增重1.2千克肉牛营养需要量

干物质/千克	肉牛能量单位/个	粗蛋白质/克	钙/克	磷/克
8.41	6.47	889	38	20

(2)营养成分含量　在肉牛常用饲料营养价值表中查出所选饲料的营养成分含量(表4-16)。

表4-16　饲料养分含量(干物质基础)

饲料名称	干物质/%	肉牛能量单位/(个/千克)	粗蛋白质/%	钙/%	磷/%
玉米青贮	22.7	0.54	7.0	0.44	0.26
玉米	88.4	1.13	9.7	0.09	0.24
麸皮	88.6	0.82	16.3	0.20	0.88
棉饼	89.6	0.92	36.3	0.30	0.90
磷酸氢钙				23	16
石粉				38.00	

(3)自定精、粗饲料用量及比例　自定日粮中精料占50%,粗料50%。由肉牛的营养需要可知每日每头牛需8.41千克干物质,所以每日每头由粗料(青贮玉米)应供给的干物质质量为8.41×50%=4.2千克,首先求出青贮玉米所提供的养分量和尚缺的养分量(表4-17)。

表4-17　粗饲料提供的养分量

养分量	干物质/千克	肉牛能量单位/个	粗蛋白质/克	钙/克	磷/克
需要量	8.41	6.47	889	38	20
4.2千克青贮玉米干物质提供	4.2	2.27	294	18.48	10.92
尚差	4.21	4.20	595	19.52	9.08

所以,由精料所提供的养分应为干物质4.21千克,肉牛能量单位

4.20,粗蛋白质 595 克,钙 19.52 克,磷 9.08 克。

（4）能量单位比　求出各种精料和拟配混合料粗蛋白/肉牛能量单位比。

玉米＝97/1.13＝85.84

麸皮＝163/0.82＝198.78

棉饼＝363/0.92＝394.57

拟配精料混合料＝595/4.20＝141.67

（5）精料用量　用对角线法算出各种精料用量。

①先将各精料按蛋白能量比分为二类,一类高于拟配混合料,一类低于拟配混合料,然后一高一低两两搭配成组。本例高于 141.67 的有麸皮和棉饼,低的有玉米。因此玉米既要和麸皮搭配,又要和棉饼搭配,每组画一个正方形。将 3 种精料的蛋白能量比置于正方形的左侧,拟配混合料的蛋白能量比放在中间,在两条对角线上做减法,大数减小数,得数是该饲料在混合料中应占有的能量比例数。

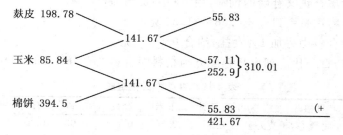

②本例要求混合精料中肉牛能量单位是 4.20,所以应将上述比例算成总能量 4.20 时的比例,即将各饲料原来的比例数分别除各饲料比例数之和,再乘 4.20。然后将所得数据分别被各原料每千克所含的肉牛能量单位除,就得到这 3 种饲料的用量了。

玉米:$310.01 \times \dfrac{4.20}{421.67} \div 1.13 = 2.73$（千克）

麸皮:$55.83 \times \dfrac{4.20}{421.67} \div 0.82 = 0.68$（千克）

棉饼:$55.83 \times \dfrac{4.20}{421.67} \div 0.92 = 0.60$(千克)

(6)精混养分含量　验算精料混合料养分含量(表4-18)。

表4-18　精料混合料养分含量

饲料	用量/千克	干物质/千克	肉牛能量单位/个	粗蛋白质/克	钙/克	磷/克
玉米	2.73	2.41	3.08	264.81	2.46	6.55
麸皮	0.68	0.60	0.56	110.84	1.36	5.98
棉饼	0.60	0.54	0.55	217.8	1.80	5.40
合计	4.01	3.55	4.19	593.5	7.62	17.93
与标准比		−0.66	−0.01	−1.5	−11.9	+8.85

由表4-18可以看出,精料混合料中肉牛能量单位和粗蛋白质含量与要求基本一致,干物质尚差0.66千克,在饲养实践中可适当增加青贮玉米喂量。钙、磷的余缺用矿物质饲料调整,本例中磷已满足需要,不必考虑补钙又补磷的饲料,用石粉补足钙即可。

石粉用量＝11.9÷0.38＝31.32克。

混合料中另加1%食盐,约合0.04千克。

(7)百分比　列出日粮配方与精料混合料的百分比组成(表4-19)。

表4-19　育肥牛日粮组成

日粮	青贮玉米	玉米	麸皮	棉饼	石粉	食盐
供量(干物质态,千克)	4.2	2.73	0.68	0.60	0.031	0.04
供量(饲喂态,千克)	18.5	3.09	0.77	0.67	0.031	0.04
精料组成(%)	—	67.16	16.74	14.56	0.67	0.87

在实际生产中青贮玉米的喂量应增加10%的安全系数,即每头牛每天的投喂量应为20.35千克。混合精料可按表4-18的比例混合,每天每头的投喂量为4.6千克。

(四)尿素的有效添加问题

非蛋白态的含氮物——非蛋白氮(NPN)已广泛应用于肉牛育肥

中,可部分代替饲料中的天然蛋白质,缓解蛋白饲料资源不足的问题。非蛋白氮的种类繁多,但考虑到价格、来源、副作用和饲喂等诸多因素,实际上应用于肉牛饲养中的非蛋白化合物只有少数几种,下面主要讨论一下尿素氮与能量的平衡关系及尿素的有效添加剂量。

日粮提供的能量与进入瘤胃的氮素之间的关系即瘤胃能氮平衡,当日粮能量与瘤胃氮素的比例适当时可使它们的利用效率达到最高水平。如果日粮的瘤胃能氮平衡为零,则表明平衡良好;如为正值,则说明瘤胃能量有富裕,应添加尿素;如为负值,则表明应增加瘤胃中的能量。

表 4-20 肉牛日粮的瘤胃能氮平衡举例

饲料	喂量/千克	RND	粗蛋白质/克	蛋白质降解率/%	降解蛋白质/克	FOM/千克	瘤胃能氮平衡/克		
							FOM·MCP	RDP·MCP	平衡
玉米青贮(干物质25%)	25	2.0	350	50	175	2.5	340	158	182
玉米	1	1.0	86	45	39	0.39	53	35	18
棉籽饼	1	0.82	325	50	163	0.38	52	147	−95
总计		3.82	761		377	3.27	445	340	105

注:1. FOM·MCP 为根据可发酵有机物质(FOM)测算的瘤胃微生物蛋白质(MCP)。
　2. RDP·MCP 为根据降解蛋白质(RDP)测算的瘤胃微生物蛋白质(MCP)。单个饲料和日粮的 RDP 转化为 MCP 的效率均按90%计算,即 MCP=RDP×0.9。
　3. 能氮平衡= FOM·MCP−RDP·MCP。

表 4-20 中的举例表明,该日粮的瘤胃能氮平衡为正 105 克,说明对合成瘤胃微生物蛋白质而言,瘤胃的可发酵有机物质有富裕,但降解蛋白质不足,为了使该日粮达到瘤胃微生物蛋白质合成的最佳效率,就应增加瘤胃降解蛋白质,或按尿素有效用量的方法计算出尿素的添加量,以补充瘤胃所需的降解氮。

由于非蛋白氮在瘤胃能氮为正平衡的条件下才能被瘤胃微生物有效利用,根据以上瘤胃平衡原理,提出了尿素有效用量的计算模式:

尿素用量=瘤胃能氮平衡/(2.8×0.65)

式中:2.8 为尿素的粗蛋白质当量;0.65 为尿素被瘤胃微生物利用的平均效率。

如添加糊化淀粉缓解尿素等氨释放缓慢的尿素,则尿素氮转化为瘤胃微生物氮的效率可采用 0.8。表 4-20 的例中该日粮的瘤胃能氮平衡为 105 克 MCP,如果采用添加尿素达到平衡,按尿素有效用量计算为 58 克。

尿素用量＝105/(2.8×0.65)＝58(克)。

如果能氮平衡为零或负值,则表明无需再添加尿素。

思考题

1.肉牛需要哪些营养物质?

2.何为生态饲料?

3.肉牛生态日粮配合的原则是什么?

4.怎样给肉牛配制饲料?

第五章

饲草种植与粗饲料加工技术

导　　读　本章主要介绍种草养牛技术中主要饲草和饲料作物的种植技术,包括禾本科、豆科主要牧草以及饲料作物的种植及利用;重点介绍了饲草及农副产品加工技术,包括干草的调制、青贮饲料的制作和秸秆饲料的加工调制。

第一节　主要饲草的种植技术

我国现正处于农业结构调整的关键时期,种植业将由二元结构向粮食、饲料、经济作物三元结构转变。大力种草养牛,加大牧业在大农业中的比重。

一、饲草无公害种植技术总则

1.产地环境要求

牧草产地环境要求 3 千米内无污染源包括工业"三废"污染源、医院及城镇垃圾和废弃物堆放地等。土壤耕层深度 20～30 厘米,有机质含量 1% 以上,土壤 pH 7.0 左右,具有较好的保肥、保水能力。土壤、水质条件均要符合无公害农产品基地标准。牧草一般抗逆性强,对土壤条件适应范围广,以壤土或沙壤土最好。水源条件要求排灌方便、无工业污水、生活污水污染。

2. 品种选择的原则

选用通过省级以上审定登记和引进的优质牧草品种。品种质量按国家良种颁布标准执行,种子纯度不低于 98%,净度不低于 97%,发芽率不低于 85%,种子含水量 12% 以下。种子要通过必须的精选、加工、包装等处理。品种选用基本原则:①根据牧草品种在当地的表现选择生长良好的品种;②根据肉牛的生理需要,选择适宜的牧草品种,如紫花苜蓿、高丹草类(皖草二号)、墨西哥饲料玉米、菊苣等高产牧草品种;③根据土壤状况选择相适应的牧草品种,如岗地、坡地、砂壤土、较干旱地区宜选择高丹草、紫花苜蓿、菊苣、冬牧 70 黑麦等耐旱品种;湖地、洼地宜选择高丹草、多花黑麦草等耐湿品种等;盐碱地只适合种植耐盐碱的牧草,如沙打旺、黑麦草及籽粒苋等;在果树园中套种牧草,则必须选择耐阴牧草。

3. 种子处理

破除休眠:对豆科牧草的硬实种子,通过机械处理、温水处理或化学处理,以提高种子发芽率。对禾本科牧草种子,通过晒种、浸种和冷冻处理促进萌发。

拌种:种子小、播量少的种子,应采用草木灰、复合肥、细沙等进行拌种,以提高播种的均匀度。

4. 播种

(1)播种期 春播:一年生牧草适宜春播。4 月上、中旬,地温达到 12～15℃时,即可播种。夏播:在没有预留春地的情况下一年生牧草也可夏播,播期迟于夏至则效益低。秋播:多年生和越年生牧草宜秋播。10～11 月份播种,可在冬前形成壮苗。

(2)播种方法 牧草常用播种方法有直播和移栽 2 种,种子较大或发棵较大的牧草适合直播,种子细小,株型扩展大的牧草如菊苣等可育苗移栽。播种量通常参考种子包装袋上的说明。可参考土壤肥力、整地质量、种子质量、播种方法、播种时期及当时气候条件等因素适当调整,播期较早、土壤墒情好、土地肥沃的可适当少播,相反情况下则要多播。多数牧草种子细小,播种宜浅不宜深,一般为1~3厘米,大粒种子宜深,小粒种子宜浅;沙性土壤宜深、黏性土壤宜浅;干旱宜深、水分充足宜浅。

(3)种植模式　根据当地耕作制度,选择合适的牧草种植模式。

一年生耐寒和喜温性牧草复种:秋季种植耐寒牧草黑麦草类,黑麦草结束后春夏种植高丹草类(皖草二号)、墨西哥玉米,可保证全年青草的均衡供应。

多年生和越年生牧草套种:多年生牧草(菊苣)多数在4月进入繁茂期,9月底开始枯萎,且行距较大,秋季可在其间套种越年生牧草,如多花黑麦草、冬牧70黑麦,一般10月初播种,翌年5月利用完毕。

林(果)草套种:种植技术原理相同于多年生和越年生牧草套种。

粮草复种:夏作物收获后种一年生牧草。为了促使牧草早发,可对适宜移栽的牧草品种进行提前育苗,小麦收获后即可移栽。也可在秋季作物收获后种植越年生牧草。

(4)种植面积的确定　牧草单位面积(公顷)载畜量一般为养牛12~30头。

(5)精细整地　多数牧草种子较小,对整地质量要求高。整地包括耕地、耙地、开沟、做畦等环节,达到旱能灌溉能排的基本要求。牧草根系发达,深耕整地一般耕深20~30厘米。耙地务求精细,上松下实,土地平整,择墒播种。在多雨地区应开沟做畦种植。

(6)施足基肥　结合整地施用基肥。整地前先将基肥撒施地表,耕作时翻入耕作层。基肥用量每公顷施20 000~30 000千克,提倡施足有机基肥,减少化肥追肥的施用。种肥和追肥酌情施用。

5.田间管理

实现苗全苗壮:牧草播种后应通过查苗、补苗、间苗、定苗等措施,实现苗全苗壮。密植牧草缺苗 10％以上时要补种。高大牧草缺苗应及时移稠补稀。

中耕除草：春播时苗期要注意防除杂草，尤其是对于苗期生长缓慢的多年生豆科牧草，苗期防除杂草尤为重要。牧草生长旺盛期有较强的抑制杂草能力，不必除草。

适时排灌：禾本科牧草田间持水量为 70％～80％、豆科牧草为 50％～60％时，牧草生长最为适宜。土壤水分明显不足时要及时灌溉。雨水充沛的南方应注意排渍。牧草每次刈割后灌水可促进再发。刈割牧草要和灌水、追肥有机结合。

刈割追肥：禾本科牧草追肥可在刈割后配合灌水行间撒施；豆科牧草在返青前或刈割后追肥。与牧场相邻的牧草田，用经沉淀发酵后的粪便水浇灌，增产效果更显著。

施肥原则：基肥以充分腐熟（经 50℃以上高温发酵 7 天以上）有机肥为主，配合使用绿肥、土杂肥、施用酵素菌沤制的堆肥和生物肥料。合理追肥，控制无机氮肥施用量，提倡使用有机微生物肥料，禁止使用硝态氮肥。改进施肥技术，推广测土配方施肥。禁止施用含有重金属和有害毒物的城镇垃圾和污泥，垃圾肥料必须经无害化处理达到国家标准后方可使用。未经国家有关部门批准登记和生产的商品肥料和新型肥料不能使用。

6.病虫防治

为了保障畜产品的安全生产，牧草病虫防治贯彻预防为主、综合防治的方针。以农业防治为主。药剂防治为辅。

农业防治：一是选用抗病虫品种（如菊苣、串叶松香草等）；二是使用经过包衣处理的种子；三是采用合理轮作换茬制度，结合中耕培土等农艺措施，减少有害生物的发生；四是在病虫危害初发生时对牧草提前刈割（如高丹草、皖草二号、墨西哥玉米等）。

药剂防治：要加强病虫害监测，发现病虫危害，立即进行防治。防治时施用的农药应选用国家允许使用的化学药剂进行防治，并严格掌握用药品种和药量。在施用后 30 天内不得放牧或刈割后饲喂肉牛。应选择效果好,对人、畜、自然天敌都没有毒性或毒性极微的生物农药或生化制剂。禁止使用高毒、高残留农药,限制使用中等毒性农药。

7.利用

(1)刈割

刈割时间:禾本科牧草在分蘖至拔节期刈割;豆科牧草在现蕾或初花期刈割。

留茬高度:一般牧草刈割留茬 5 厘米,高大牧草刈割留茬 7～10 厘米。

(2)放牧　禾本科牧草进入拔节期、豆科牧草进入分枝期即可进行放牧利用,放牧利用要制定好科学的放牧时间及放牧周期,确定合理的放牧强度及放牧频率,控制好牛群规模,做到不早牧,结实期间休牧,寒冷地区严霜前 3～4 周停止放牧。

二、主要饲草种植技术

(一)豆科优质牧草

1.紫花苜蓿

紫花苜蓿又名紫苜蓿、苜蓿。在我国主要分布在西北、东北、华北地区,江苏、湖南、湖北、云南等地也有栽培。苜蓿是家畜的主要饲草,还是重要的水土保持植物、绿肥植物和蜜源植物,在轮作倒茬及三元种植结构调整中也发挥着重要作用。

(1)特性　多年生草本植物。喜温暖半干燥气候。生长的最适温度是 25℃,-20～30℃能够越冬,有雪覆盖时,-44℃ 也能安全越冬。抗旱力强,适于在年降水量 500～800 毫米的地区生长。对土壤要求不严,除重黏土、极瘠薄的沙土、过酸过碱的土壤及低洼内涝地外,其他土壤均能种植。适宜的 pH 范围为 7～8。生长期间最忌积水。

(2)栽培技术　整地要精细,做到深耕细耙,上松下实,地平土碎,无杂草。春、夏、秋均可播种,也可临冬寄籽播种。春季风沙大,气候干旱又无灌溉条件的地区以及盐碱地宜雨季播种。秋播不要过迟,一般以在播种后能有 30~60 天的生育期较为适宜。长江流域 3~10 月均可播种,而以 9 月播种最好。播种量一般为每公顷 15.0~22.5 千克,播种深度 2 厘米左右。条播、撒播均可,但通常多用条播。条播行距为 20~30 厘米。干旱地区和盐碱地种植可采用开沟播种的方法,播后要及时进行镇压。

应采取综合措施防除苜蓿田间杂草。首先播前要精细整地,清除地面杂草;其次要控制播种期,如早秋播种可有效抑制苗期杂草;第三可采取窄行条播,使苜蓿尽快封垄;第四进行中耕,在苗期、早春返青及每次刈割后,均应进行中耕松土,以便清除杂草;也可使用化学除莠剂进行化学除草。在返青及刈割后要注意追施磷、钾肥,并进行灌溉。苜蓿忌积水,雨后积水应及时排除,以防造成烂根死亡。

(3)收获与利用 苜蓿的适宜刈割时间为始花期。刈割后的留茬高度一般为 5~7 厘米。北方地区春播当年,若有灌溉条件,可刈割 1~2 次,此后每年可刈割 3~5 次,长江流域每年可刈割 5~7 次。鲜草产量一般为 15.0~60.0 吨/公顷,水肥条件好时可达 75.0 吨以上。

苜蓿是肉牛的优质牧草。粗蛋白含量为 21.01%,且消化率可达 70%~80%。粗脂肪、粗纤维、无氮浸出物、粗灰分含量分别为 2.47%、23.77%、36.83% 和 8.74%,另外,苜蓿富含多种维生素和微量元素,还含有一些未知促生长因子,对肉牛的生长发育均具良好作用,不论青饲、放牧或是调制干草和青贮,适口性均好,被誉为"牧草之王"。

在单播地上放牧易得臌胀病,为防此病发生,放牧前先喂一些干草或粗饲料,同时不要在有露水和未成熟的苜蓿地上放牧。

2. 三叶草

我国三叶草有 8 种,最常见的是红三叶和白三叶。

(1)红三叶 又名红车轴草、红菽草等。我国在 20 世纪 20 年代引入,已在西南、华中、华北南部、东北南部和新疆等地栽培。花期长,蜜腺发达,是优良的蜜源植物,花色艳丽,还可用作草坪绿化植物。

①特性。多年生草本植物。喜温牧草,生长的最适温度为 20～25℃,耐热性差,抗寒性较强,－25℃并有雪覆盖能安全越冬。喜水不耐旱,适宜的年降水量为 800～1 000 毫米。对土壤要求不严,但沙砾地、低洼地和地下水位较高的地不宜种植。耐酸性较强,适宜的土壤 pH 为 5.5～7.5,土壤含盐量 0.3% 则不能生长。

②栽培技术。不耐连作,同一地块需隔 5～7 年才能再次种植。种子硬实率较高,播前需用碾米机碾压。在华北、东北、西北地区宜春、夏播种,春播在 3 月中、下旬至 4 月上旬,夏播在 6 月中旬至 7 月中旬。南方地区宜秋播,时间在 9 月中、下旬或 10 月上旬。条播行距 30～40 厘米,播种量 15.0～22.5 千克,播深 1～2 厘米,播后镇压 1～2 次。

红三叶苗期生长缓慢,易受杂草危害,需及时中耕除草,每年返青前后也要中耕除草 1～2 次。红三叶不耐旱,不抗热,干旱和炎热天气,要及时灌水,以促进其生长。

③收获与利用。红三叶的适宜刈割期青饲用时在开花初期,调制干草和青贮饲料时则在开花盛期。在长江流域,一年可刈 5～6 茬,鲜草产量 52.5～90.0 吨/公顷;在华北中、南部,一年可刈 3～4 茬,鲜草产量为 37.5～45.0 吨。刈割留茬 10～12 厘米。

红三叶营养丰富,其营养成分含量分别为蛋白质 17.1%、粗脂肪 3.6%、粗纤维 21.5%、无氮浸出物 47.6%、粗灰分 10.2%,总消化养分和净能略高于苜蓿,饲用价值高。适口性好,可青饲、放牧利用,也可调制成青贮饲料或干草。放牧在现蕾至开花初期进行,放牧时注意预防臌胀病。

(2)白三叶　白三叶又名白车轴草、荷兰翘摇等。20 世纪 20 年代引入我国,分布在东北、西北、华北、西南等 20 个省市。白三叶茎叶繁茂,固土力强,是良好的水土保持植物。草姿优美,绿色期长,可作为草坪植物。

①特性。多年生草本植物。主根短而侧根发达。茎细长,匍匐生长。掌状三出复叶,小叶倒卵形或倒心脏形,叶面有“V”字斑纹。头形

总状花序,花冠白色或微带紫色。荚果长卵形,每荚含种子3～4粒。种子心脏形,黄色或棕褐色,千粒重0.5～0.7克。

喜温暖湿润气候,生长的最适温度为19～24℃,抗寒能力较强,晚秋遇－7～8℃的低温仍能恢复生长,耐热能力较强。喜水不耐旱,年降水量不宜低于600～800毫米。耐阴耐湿,可在林下种植。对土壤要求不严,除盐渍化土壤外均能种植。耐酸性较强,适宜的土壤pH为5.6～7.0,pH>8的碱性土壤生长不良或不能生长。

②栽培技术。白三叶要求精细整地,耕深20厘米,耕翻前施有机肥45.0～60.0吨作底肥,酸性土壤宜施用石灰。种子硬实率高,播前需要碾磨处理,以破除硬实。北方地区宜春播,时间为3月下旬至4月上、中旬;南方地区从3月上旬至9月上旬均可播种,但以秋播为宜。条播、穴播或撒播均可,条播行距30厘米,在坡地上宜穴播,按株行距40～50厘米播种。播种量为每公顷3.75～7.5千克,播种深度为1.0～1.5厘米。

苗期不耐杂草,在出苗后至封垄前要连续中耕除草2～3次。当封垄后,白三叶可有效抑制杂草,注意拔除大草即可。

③收获与利用。白三叶的适宜刈割期为开花期。在东北地区每年可刈2～3次,华北3～4次,南方4～5次,留茬5～15厘米。每公顷产鲜草45.0～60.0吨,高的可达75.0吨。

白三叶草质柔嫩,营养丰富,干物质中含粗蛋白24.7%,粗脂肪2.7%,粗纤维12.5%,无氮浸出物47.1%,粗灰分13.0%,且适口性好,牛喜食。白三叶是放牧型牧草,耐践踏,再生性好。注意放牧时间不能过长,因为白三叶含有雌性激素香豆雌醇,能造成肉牛生殖困难。冬季要禁牧。此外,青饲或放牧时还要注意预防臌胀病。

3. 草木樨

草木樨又名甜车轴草、香草木樨,有白花草木樨和黄花草木樨2种。我国1922年引进种植,东北、华北、西北均有栽培。除做饲草利用外,还是重要的水土保持植物、绿肥和蜜源植物。

(1)特性 二年生草本植物。耐寒性较强,成株可在－30℃的低温下越冬。生长期间的适宜温度为 17～30℃。抗旱力强,在年降水量 300～500 毫米的地方生长良好。对土壤要求不严,除低洼积水地不宜种植外,其他土壤均可种植;耐瘠薄,适宜的 pH 为 7～9。其耐碱性是豆科牧草中最强的一种。在含盐量 0.20%～0.30% 的土壤上生长良好。

(2)栽培技术　播前应精细整地,宜深耕细耙,地平土碎。结合耕地施足磷、钾肥。播前需对硬实种子进行处理,可用碾米机碾压,使种皮擦伤即可。春、夏、秋均可播种,也可冬季寄籽播种。白花草木樨生长年限短,在北方早春土壤解冻时趁墒播种较为适宜,但春旱多风地区,以 6 月上、中旬雨水较多时播种为宜,秋播不要过迟,以免影响越冬。播种量每公顷 11.25～22.5 千克。条播、撒播均可,以条播为主。条播行距 15～30 厘米。播种深度 2～3 厘米,播种后要进行镇压,防止跑墒。

幼苗期要注意防除杂草。在分枝期、刈割后要追施磷、钾肥,并及时灌溉、松土等。追施磷肥可显著增加白花草木樨的产草量,在河北坝上地区施用 P$_2$O$_5$270 千克/公顷时,可使白花草木樨的产草量达到最大值。抗逆性黄花比白花草木樨要强,在白花草木樨不能很好生长的地区,可以种植黄花草木樨。

(3)收获与利用　适宜刈割期为现蕾期。留茬高度 10～15 厘米为宜。早春播种当年可产鲜草 15.0～30.0 吨/公顷,第二年可达30.0～45.0 吨,高者可达 60.0～75.0 吨。黄花产草量比白花草木樨要低。

草木樨质地细嫩,营养价值较高,含有丰富的粗蛋白和氨基酸,是家畜的优良饲草,可青饲、放牧利用,也可以调制成干草或青贮饲料后饲喂。株体内含有香豆素,具苦味,影响适口性。因此,饲喂时应由少到多,数天之后,开始喜食。调制成干草后,香豆素会大量散失,因而适口性较好。

4.沙打旺

沙打旺又叫直立黄芪、斜茎黄芪、沙大王、麻豆秧、地丁、青扫条、薄地犟等。近年来我国北方各省区广泛栽培。沙打旺既是优质饲草,又是良好的水土保持植物、绿肥作物和蜜源植物。在我国北方,沙打旺已成为退耕还草、改造荒山荒坡及盐碱沙地、防风固沙、治理水土流失的主要草种。

(1)特性　多年生草本植物。喜温耐寒,生长期间需≥0℃的积温3 600～5 000℃,无霜期150天以上,否则不能开花结实,但营养体生长良好,－38℃的低温下能安全越冬。喜水耐旱,年降水量300毫米的地区即生长良好。对土壤要求不严,除低洼地、黏土、酸性土壤外均可种植。耐瘠薄,耐盐碱,不耐潮湿和水淹。抗风沙能力强,在风沙吹打下,甚至被流沙淹埋3～5厘米,仍能正常生长。

(2)栽培技术　播前整地一定要精细,结合土地耕翻施入有机肥和磷肥做底肥。鲜种子硬实率较高,播前需进行碾压处理。春夏秋冬均可播种。在春旱比较严重的地区,以早春顶凌播种较好。春末和夏秋可乘雨抢种,但秋播时间不要迟于8月下旬。丘陵、山坡地乘雨抢种时,宜在雨季后期为宜。条播、撒播均可,可根据地形适当采用,平地条播,行距30～40厘米,不便于条播的地块可撒播,播后要及时镇压。每公顷播量2.25～3.0千克。播种深度为1～2厘米,过深出苗困难,易造成缺苗。播后最好镇压。

苗期生长慢,易受杂草危害,应注意及时中耕除草,并在每次刈割后中耕除草一次。当出现菟丝子时,要及时拔除病株,或用鲁保一号制剂防除。不耐涝,当土壤水分过多时应注意排水。有条件的地区,在早春和每次刈割后应进行灌溉和施肥。

(3)收获与利用　沙打旺播种当年可刈割1～2次,其后可刈割2～3次。适宜刈割期为现蕾期,花后刈割木质化严重,影响饲用价值。刈割留茬高度为5～10厘米。春播当年可产鲜草15.0～45.0吨/公顷,此后可达75.0吨以上。

沙打旺营养价值高(粗蛋白质17.27%、粗脂肪3.06%、粗纤维22.06%、无氮浸出物49.94%、粗灰分7.66%),适口性较好。在利用方式上,可青饲、放牧、调制青贮、干草和干草粉等,其干草的适口性优于青草。

5.紫云英

紫云英又名红花草、莲花草、翘摇、米布袋等。我国长江流域和长江以南地区均有栽培,而以长江下游各省栽培最多,是我国水田地区主要的冬季绿肥牧草,也是良好的蜜源植物。

(1)特性　一年生或越年生草本植物。喜温暖气候,生长的最适温度为 15～20℃,低于 -15℃ 不能越冬。喜水,不耐旱,但又忌积水。喜肥沃的沙壤土、黏壤土以及无石灰性的冲积土,适宜的土壤 pH 为 5.5～7.5。耐酸能力较强,耐盐性较差,土壤含盐量超过 0.2% 时就会死亡。

(2)栽培技术　紫云英常与水稻、棉花、麦类及油菜等轮作。种子硬实较多,可用温水浸种 24 小时,或用碾米机碾磨进行处理。播种时间一般为秋播,最早在 8 月下旬,最迟在 11 月中旬,最好在 9 月上旬到 10 月中旬。在我国南方,往往收获水稻后在稻田直接撒播,或耕翻后撒播,也可整地后条播或点播,播种量 30.0～60.0 千克。作青贮用时可与黑麦草混播,播种量各 15.0 千克左右。

紫云英一般不施底肥。在苗期至开春前追施灰肥、厩肥可促使幼苗健壮,提高抗寒能力。开春后及时追施人粪尿、硫铵等速效肥,并配合追施磷、钾肥。紫云英最忌积水,低洼地或排水不良的地方,应注意排除过多的水分,以防烂根死亡。

(3)收获与利用　适宜刈割时间为盛花期。每年可收 2～3 茬。一般产鲜草 22.5～37.5 吨/公顷,高的可达 52.5～60.0 吨。

紫云英茎叶柔嫩,叶量丰富,适口性好,营养丰富。干物质中,含粗蛋白质 22.27%,粗脂肪 4.79%,粗纤维 19.53%,无氮浸出物 33.54%,粗灰分 7.84%,此外还含有丰富的维生素和矿物质,是上等优质饲草。可青饲,也可调制成青贮饲料或干草、干草粉。青饲时一次喂量不可过多,以防得臌胀病。

6.红豆草

红豆草又名驴喜豆、驴食豆、普通红豆草,被誉为"牧草皇后"。华北、西北、东北南部都能种植,特别是适于西北干旱和半干旱地区。除做牧草利用外,红豆草还是良好的蜜源植物、园林绿化植物和水土保持植物。

(1)特性 多年生草本植物。喜温暖气候,耐寒性较差,−20℃以下,没有积雪的地区不能越冬。喜干燥,在干旱地区,降水量300~400毫米收成较好,在年平均气温12~13℃,降水量500毫米的地区生长最好。不耐涝。对土壤要求不严,但以富含石灰质、疏松的壤土为适宜,适宜的pH为6.0~7.5。

(2)栽培技术 忌连作,同一块地须隔5~6年才能再次种植。播前要精细整地,并施37.5~52.5吨/公顷的厩肥做底肥。在我国北方冬季寒冷地区,播种宜在春季,西北地区多在4月中、下旬或5月上旬播种,北方春旱严重的地区宜夏播,时间在6月中、下旬,冬季温暖地区可秋播,但应不迟于8月中旬。红豆草宜条播,行距30~60厘米,播种量45.0~60.0千克/公顷,播深3~5厘米,播后及时镇压。

苗期生长缓慢,注意中耕除草以防杂草危害,一般每隔15~20天进行一次,每年返青及每次刈割后也要及时进行中耕除草。红豆草虽抗旱,但灌水可提高产量和品质,冬灌还可提高越冬率,所以有灌溉条件的地区,要适时灌水。

(3)收获与利用 红豆草适宜的刈割期为现蕾期。一般每年可刈2~3次,留茬5~6厘米,也可头茬收草,以后放牧利用。鲜草产量一般为30.0~52.5吨/公顷。

红豆草营养丰富,粗蛋白、粗脂肪、粗纤维、无氮浸出物和粗灰分的含量分别达到了15.12%、1.98%、31.50%、42.97%和8.43%,适口性好,特别是食后不得臌胀病,是肉牛的优质饲草。青饲、放牧、调制青贮或干草均可。

7.小冠花

小冠花又叫多变小冠花。辽宁、河北、河南、山西、山东、陕西、江苏、湖北、湖南等省均有种植,且表现良好。小冠花是良好的水土保持植物以及公路和铁路的护坡、护堤植物及土壤改良植物,还是良好的蜜源植物和园林绿化植物。

（1）特性　多年生草本植物。喜温耐寒，最适生长温度为20～23℃，－30℃能安全越冬，耐炎热，34～36℃持续高温，生长旺盛。喜水，适宜在年降水量600～1 000毫米的地区种植，但不耐水淹和潮湿环境。对土壤要求不严，除酸性过大、含盐量过高或低洼内涝地外，其他土壤均能种植，具一定的耐酸碱能力，最适pH为6.8～7.5。

（2）栽培技术　整地质量要好，耕深要达到20厘米，并在耕翻前每公顷施入农家肥45.0～60.0吨。种子硬实率极高，达70%～80%，可用浓硫酸浸种20～30分钟，用清水冲洗至无酸性反应，阴干播种。也可用80℃的水浸种3～5分钟，再用凉水降温后捞出，晾干播种。春、夏、秋播均可，秋播宜早不宜迟，以免越冬困难。条播或穴播，条播行距100～150厘米，穴播株行距各100厘米，播种量6.0～7.5千克，播深1～2厘米。

小冠花苗期生长缓慢，易受杂草危害，要注意中耕除草，返青期和每次刈割后，易孳生杂草，需中耕除草一次。冬前灌一次冬水，以利越冬。每年追肥、灌溉1～2次，追肥以磷肥为主。

（3）收获与利用　适宜刈割时期是从孕蕾到初花期，一年可刈3～4茬，留茬5～6厘米，产鲜草45.0～90.0吨/公顷。放牧利用在株高40～60厘米时开始。

小冠花枝叶繁茂柔软，叶量丰富，无怪味，营养价值高，富含粗蛋白（18.83%）、粗脂肪（2.61%）和无氮浸出物（24.45%），且消化率较高，最适合作反刍家畜的饲料。可青饲、放牧利用，也可调制成青贮饲料和干草饲喂。

（二）禾本科优质牧草

1.多年生黑麦草

多年生黑麦草又名英国黑麦草、宿根黑麦草、牧场黑麦草等，我国南方、西南和华北地区均有种植。多年生黑麦草分蘖多，耐践踏，绿期长，也是优良的草坪植物。

（1）特性　多年生草本植物。喜温凉气候，适宜在夏季凉爽、冬季不太寒冷的地区种植。生长的适宜温度为20℃,超过35℃生长不良。耐寒耐热性差,在东北、内蒙古等地不能越冬或越冬不良,在南方越冬良好,但夏季高温地区多不能越夏。喜湿润条件,在年降水量为500～1 500毫米的地区均可生长。不耐旱,高温干旱,对其生长更为不利。对土壤要求较严,最适宜在排灌良好,肥沃湿润的黏土或黏壤土上生长,适宜的土壤pH为6～7。

(2)栽培技术 播前要细致整地,施足底肥。每公顷施厩肥15.0～22.5吨,过磷酸钙150～225千克作底肥,施肥后耕翻耙压,做到地平土碎,以利播种。春播或秋播,以秋播最为适宜,时间在9～11月,春播时宜在3月中旬进行。条播行距15～30厘米,播种量15.0～22.5千克,播深1.5～2.0厘米。

多年生黑麦草喜肥,特别对氮肥反应敏感,追施氮肥不仅可以增加产草量,而且还可以提高粗蛋白的含量。在每次刈割或放牧后,均宜追施氮肥,在分蘖、拔节、抽穗等需水较多的阶段,要及时灌水。

(3)收获与利用 青饲利用时,适宜刈割期为抽穗至始花期,调制干草时宜在盛花期,鲜草产量45.0～60.0吨/公顷,刈割留茬高度5～10厘米。

多年生黑麦草质地柔嫩,营养丰富,粗蛋白、粗脂肪、粗纤维、无氮浸出物、粗灰分含量分别为17.0%、3.2%、24.8%、42.6%和12.4%,适口性好,牛尤喜食。主要利用方式为放牧或刈牧结合,放牧在草层高20～30厘米时为宜。

2.无芒雀麦

无芒雀麦又名无芒草、禾萱草、光雀麦等,原产于欧洲。1923年我国在东北开始引种栽培,表现良好。在我国东北、华北、西北表现尤为良好,是我国北方地区建立人工草地的当家草种。无芒雀麦固土能力强,是优良的水土保持植物。

(1)特性 多年生草本植物。无芒雀麦特别适合寒冷干燥气候。在年降水量为400～500毫米的地区生长较为合适,有较强的耐旱能力。成株−33℃能安全越冬，−48℃，有雪覆盖的条件下越冬率可达83％，适宜的生长温度为20～26℃。对土壤要求不严，喜排水良好而肥沃的壤土或黏壤土，轻沙质土壤和盐碱土上也可以生长。耐水淹，水淹50天也能成活。

（2）栽培技术　春播者要秋翻地，夏播者要在播前1个月翻地。耕地宜深，要在20厘米以上，整地宜平整细碎。结合耕翻每公顷施用15.0～22.5吨厩肥和225千克过磷酸钙作底肥。无芒雀麦种子寿命短，贮藏4～5年以上的种子不要用于播种。春、夏、秋播均可，春、秋播种宜早不宜迟。墒情好，宜春播，春旱严重的地区，宜在6～7月雨季播种。条播，行距15～30厘米。播种量每公顷22.5～30.0千克；若撒播，播种量以45.0千克为宜。播种深度黏性土壤2～3厘米，沙性土壤3～4厘米，播后及时镇压1～2次。

苗期生长缓慢，因此应加强中耕除草。需要氮肥多，在拔节、孕穗及每次刈割后要结合灌水追施氮肥150～225千克。每年冬季或早春可追施厩肥，同时追450～600千克的磷肥。生长到第3～5年时，根茎絮结成草皮，使土壤表面紧实，导致产草量下降。此时必须及时耙地松土复壮，以提高产草量和利用年限。

（3）收获与利用　无芒雀麦春播当年，只能刈割1次，此后每年可刈2～3次，刈割时间宜在孕穗至初花期。在灌溉条件下，鲜草产量45.0吨/公顷。

无芒雀麦枝叶柔嫩，营养价值高，粗蛋白、粗脂肪、粗纤维、无氮浸出物、粗灰分含量分别为15.6％、2.6％、36.4％、42.8％、2.6％，适口性好，牛尤喜食。在利用上，主要是放牧或刈制干草，也可青饲或调制青贮饲料。播种当年不能放牧，第2、3年采收第一茬草调制干草，用再生草放牧或青饲，此后主要用于放牧。

3.羊草

羊草又名碱草，我国分布的中心在东北平原、内蒙古高原的东部，华北、西北亦有分布。羊草草地是东北及内蒙古地区重要的饲草基地，除满足当地需要外，还远销海内外。

（1）特性　多年生根茎型草本植物。羊草具极强的抗寒性，在－40.5℃条件下能安全越冬，由返青至种子成熟所需积温为1 200～1 400℃。耐旱能力强，在年降水量300毫米的地区生长良好，但不耐水淹。对土壤要求不严，除低洼内涝地外，各种土壤均能种植，对瘠薄、盐碱土壤有较好的适应性，适应的土壤pH为5.5～9.0。

（2）栽培技术　播前要精细整地，耕深不少于20厘米，并及时耙糖，使土壤细碎，墒情适宜，无杂草。结合翻地要施入37.5～45.0吨的厩肥作底肥。播前须对种子清选，除去杂质，提高净度，以利出苗。播种时间以夏天雨季为宜，也可春播，夏播最晚不迟于7月中旬，延晚会影响越冬。条播行距30厘米，播种量每公顷37.5～45.0千克，播种深度2～4厘米，播后镇压1～2次。

羊草幼苗生长极慢，最宜受杂草危害，从而造成幼苗死亡，所以中耕除草，抑制杂草危害，是保证羊草幼苗成活的重要措施。羊草根茎发达，生长年限过长，根茎形成絮结草皮，致使土壤通透性下降，产草量降低。所以在利用5～6年以后，要进行耙地松土复壮，切断根茎，疏松土壤，延长羊草草地的利用年限。

（3）收获与利用　调制干草时，羊草的适宜刈割期为抽穗期，若青饲则在拔节至孕穗期刈割为宜。在良好的管理水平下，每年可刈割2次，若生产条件较差，每年只能刈割1次。在大面积栽培条件下，每公顷产干草1.5～4.5吨，若有灌溉、施肥条件，可达6.0～9.0吨。

羊草营养丰富，粗蛋白、粗脂肪、粗纤维、无氮浸出物及粗灰分含量分别为13.35%、2.58%、31.45%、37.49%和5.19%。叶量多，适口性好，属于优质饲草。其主要利用方式为调制干草，其干草是肉牛重要的冬春贮备饲料。放牧利用宜在拔节至孕穗期进行，注意不要过牧。

4. 苏丹草

苏丹草又名野高粱，原产于非洲北部的苏丹高原。1905—1915年开始栽培，是当前各国栽培最普遍的一年生禾草。我国20世纪30年代自美国引入，现在全国各地均有栽培。

（1）特性　一年生草本植物。苏丹草为喜温牧草，耐寒性差，幼苗期遇 2～3℃的低温即受冻害,在 12～13℃时,苏丹草即停止生长,生育期要求的积温为 2 200～3 000℃。抗旱力强,在干旱年份也能获得较高产量。对水分反应敏感,在水大、肥足时,可大幅度增产,但又不能忍受过分湿润的土壤条件。对土壤要求不严,沙壤土、重黏土、盐碱土、微酸性土壤均可栽培,但最喜欢排水良好、肥沃的沙壤土和黏壤土。

(2)栽培技术 苏丹草忌连作。春播时应在头一年秋季进行翻耕,耕深应在 20 厘米以上,第 2 年春季耙糖之后播种。夏播时要在前作收获后及时耕翻耙糖,以便适时播种。播前需对种子进行清选,并晒种 4～5 天,可提高发芽率。北方一般在 4 月下旬到 5 月上旬,南方在 2～3 月播种。宜条播,干旱地区行距 45～60 厘米,播种量 22.5 千克为宜;水肥条件较好的地区行距 20～30 厘米,播种量 30.0～37.5 千克。

苏丹草苗期生长慢,竞争能力不如杂草,应及时中耕除草,每隔 10～15 天进行一次。需肥量大,特别对氮肥反应敏感。在播种时除每公顷施 15.0～22.5 吨厩肥作底肥外,还要在分蘖期、拔节期及每次刈割后结合灌溉进行追肥,每次每公顷追施尿素或硫铵 112.5～150.0 千克,过磷酸钙 150～225 千克,以促进分蘖和加速生长。

(3)收获与利用 调制干草时,宜在抽穗至开花期刈割,青饲时在孕蕾期刈割较为适宜,而调制青贮饲料时则宜在乳熟期刈割。在水肥条件较好的条件下,苏丹草每年可刈割 3～4 次,旱作时可刈 1～2 次,鲜草产量 15.0～75.0 吨/公顷,刈割留茬 7～8 厘米。

苏丹草营养物质含量丰富,其粗蛋白质、粗脂肪、粗纤维、无氮浸出物、灰分含量分别为 8.1%、1.7%、35.9%、44.0% 和 10.3%。质地柔软,适口性好,各种家畜均喜食。饲喂肉牛的效果可与苜蓿相媲美。苏丹草适于调制干草或青贮,青饲也是主要的利用方式。

5.冰草

冰草又名扁穗冰草、麦穗草、羽状小麦草、野麦子等,东北、西北、内蒙古、河北、青海等省区均有栽培。在农牧交错带及干旱草原地带,冰草是退化草地改良、人工草地建设、退耕还草及防风固沙等项目的重要草种之一。

（1）特性　多年生疏丛型草本植物。冰草耐寒性较强，当年植株在－40℃的低温下能安全越冬。抗旱性强，能在半沙漠地带生长，在年降水量仅250～350毫米的地区生长良好，它是我国目前栽培的最耐干旱的牧草之一，但不耐水淹。对土壤要求不严，除沼泽、酸性土壤外，一般土壤均能种植。耐瘠薄，即使干燥的沙土地也能良好生长，对盐碱土有一定的适应性。

（2）栽培技术　播前必须精细整地，反复耙耱，做到平整细碎。播种时间为春、夏、秋三季，春旱严重的地区宜夏季乘雨抢种，除严寒地区外，也可秋播。条播行距20～30厘米，播种量每公顷15.0～22.5千克，撒播30.0～37.5千克，播种深度3～4厘米，播后及时镇压1～2次。也可与紫花苜蓿等豆科牧草混播。

冰草播种当年生长缓慢，必须及时中耕除草。对水、肥反应敏感，有条件的地区，要适时灌水和追肥，旱作时也可在雨季乘雨追肥，以提高产量和品质。生长3年以上的冰草地，要在早春或秋季进行松耙，改善土壤通透性状，促进冰草更新和生长。

（3）收获与利用　冰草以放牧为主，调制干草为辅。若刈制干草，要在抽穗至开花期刈割，每年只能刈割1次，一般每公顷产干草1.5～3.0吨，水肥条件好时可达6.0吨。

冰草富含各种营养物质，孕穗期粗蛋白含量达19.14%，无氮浸出物31.23%，还含有丰富的钙、磷和胡萝卜素，饲用价值高，草质柔软，适口性好，无论鲜草和干草牛均喜食。

6. 老芒麦

老芒麦又名西伯利亚披碱草、垂穗大麦草等。我国于20世纪60年代开始在东北、华北、西北地区推广种植，表现良好，已成为我国北方地区一种重要的、经济价值较高的牧草。

（1）特性　多年生疏丛型草本植物。老芒麦耐寒性强，在秋季－8℃仍保持青绿，能忍受－40℃的低温。从返青到种子成熟需活动积温1 500～1 800℃。具一定的抗旱能力，在年降水量400～500毫米的地区可旱作栽培。对土壤要求不严，能适应较为复杂的地理、地形、气候条件,瘠薄、弱酸、弱碱和轻盐渍化土壤均可种植。

(2)栽培技术　播前要精细整地,做到地平土碎。春播者要在前一年秋季耕翻。随翻耕施足底肥,每公顷施厩肥22.5吨,氮肥225千克。种子具芒,影响种子的流动,播前要进行去芒处理,以提高播种质量。春、夏、秋播均可,春旱严重的地区宜夏秋播,在雨后抢墒播种。条播行距20~30厘米,播深2~3厘米,播种量每公顷22.5~30.0千克。

苗期要注意中耕除草,有条件的地区,在拔节期、孕穗期及每次刈割后进行灌溉,同时进行追肥。

(3)收获与利用　老芒麦适于刈割利用。刈割期以抽穗至始花期为宜,每年可刈割1~2次。一般每公顷产干草3.0~6.0吨,高者可达7.5吨以上。

老芒麦叶量丰富,质地柔软,营养价值高,粗蛋白、粗脂肪、粗纤维、无氮浸出物、粗灰分含量分别为13.90%、2.12%、26.95%、34.56%、9.12%,适口性好,是披碱草属中饲用价值最高的一种。无论青饲,还是调制干草牛均喜食。老芒麦再生性较差,再生草产量仅占总产量的20%,所以在利用上一般一年只刈一次,再生草则放牧利用。

7.披碱草

披碱草又名直穗大麦草、碱草、青穗大麦草等,在我国主要分布于东北、华北、西南,呈东北至西南走向。我国于20世纪60年代开始驯化栽培,70年代逐渐推广,现已成为华北、东北地区的主要牧草。

(1)特性　多年生疏丛型草本植物。披碱草从返青至种子成熟需≥10℃的积温1 700~1 900℃。抗寒能力较强,在-40℃条件下能够越冬。耐旱能力强,在年降水量250~300毫米的条件下生长尚好。对土壤要求不严,耐盐碱,可在微碱性或碱性土壤上生长,在pH 7.6~8.7的范围内生长良好。

(2)栽培技术　播前要精细整地,耕深20厘米,并施足底肥。种子具长芒,易黏结成团,影响播种质量,因而播前需作去芒处理,以利播种。披碱草春、夏、秋均可播种。水分条件好的地区宜春播,春旱严重的地区宜夏、秋乘雨抢种。条播行距30厘米,播种深度2~4厘米,播种量 30.0～45.0 千克,播后要镇压。

披碱草苗期生长缓慢,易受杂草侵害,要及时中耕除草,以消灭杂草,促进生长。第二年雨季每公顷追施尿素 150～300 千克。

（3）收获与利用 披碱草主要刈割调制干草,也可青饲或调制青贮饲料。调制干草在抽穗至始花期刈割,在旱作条件下,每年只能刈割一茬,留茬 8～10 厘米。在灌溉条件下,干草产量 5.25～9.75 吨/公顷,旱作则为 2.25～3.0 吨。

披碱草叶量少而茎秆多,品质不如老芒麦,营养成分为粗蛋白质 14.94％、粗脂肪 2.67％、粗纤维 29.61％、无氮浸出物 41.36％、粗灰分 11.42％,属中等品质的牧草。抽穗期至始花期刈割调制的干草家畜均喜食,迟于盛花期刈割则茎秆粗老,适口性下降。

8. 苇状羊茅

苇状羊茅又名苇状狐茅、高牛尾草。我国南北各地栽培效果良好,许多省、区把其列为人工草地建设的当家草种或骨干草种。根系发达,固土力强,又是良好的水土保持植物。

（1）特性 多年生疏丛型草本植物。苇状羊茅喜温耐寒又抗热。幼苗能忍受 -3～4℃ 的低温和 36℃ 以上的高温,在东北、华北、西北地区能安全越冬。苇状羊茅喜水又耐旱,适宜的年降水量为 450 毫米以上,地下水位高或排水不良的生境条件均能生长。在年降水量小于 450 毫米的干旱地区也能种植。对土壤要求不严,从贫瘠到肥沃的土壤,从酸性到碱性的土壤均可种植,适应的土壤 pH 为 4.7～9.5,既可在南方的红壤上种植,又可在北方的盐碱土壤上栽培。

（2）栽培技术 宜选择肥沃土壤并精细整地,耕深要在 20 厘米以上,耕后及时耙耱。耕翻前每公顷施用半腐熟的厩肥 30.0～37.5 吨和过磷酸钙 375～450 千克作底肥,生长期间要及时追施氮肥,并配合追施适量的磷、钾肥。春、夏、秋三季播种。北方寒冷地区宜春播,春旱严重的地区亦可夏播;南方温暖地区宜秋播,但不宜过迟,时间掌握在幼苗越冬前达到分蘖期为宜。条播行距 30 厘米,播种量每公顷 22.5～30.0 千克,覆土 2～3 厘米,播后镇压 1～2 次。

苗期生长缓慢，易受杂草危害，出苗后要及时中耕除草，以抑制杂草的滋生，单播地也可用 2,4-D 化学灭草。

(3)收获与利用　青饲利用时，宜在拔节至抽穗期刈割，调制干草和青贮饲料时则在孕穗至初花期刈割为宜。每年可刈割 3～4 次，鲜草产量 30.0～45.0 吨/公顷。

苇状羊茅属中等品质的牧草，营养物质含量较丰富，粗蛋白质、粗脂肪、粗纤维、无氮浸出物、粗灰分含量分别为 15.4%、2.0%、26.6%、44.0%、12.0%。苇状羊茅适宜刈割利用，可青饲，也可调制成青贮饲料或干草。亦可放牧，时间宜在拔节中期至孕穗初期进行，也可在春季、晚秋或收种后的再生草地上放牧。青饲时食量不可过多，以防产生牛羊茅中毒症。

(三)其他科优质牧草

1. 串叶松香草

串叶松香草又名松香草，菊花草、串叶菊花草等。我国 1979 年引入，目前大部分省市均有栽培。花期长，花金黄色，有清香气味，是良好的观赏植物和蜜源植物，其根还有药用价值。

(1)特性　多年生草本植物。喜温耐寒抗热。生长适温为 25～28℃，夏季能忍受长时间 35～37℃ 的高温，-39.5℃ 不受冻害，在东北、华北及西北地区能够越冬。喜水耐旱，适宜的年降水量为 600～800 毫米，凡年降水量 450～1 000 毫米的地方都能种植。耐涝性较强，地表积水长达 4 个月，仍能缓慢生长。喜欢中性至微酸性的肥沃土壤，壤土及沙壤土都适宜种植，适宜的土壤 pH 6.5～7.5。黏土妨碍根的发育，不宜种植，抗盐性及耐瘠薄能力差，故而盐碱地和贫瘠的土壤也不适宜种植。

(2)栽培技术　要选择肥水充足、便于管理的地块种植，最好秋翻地，耕深 20 厘米以上，来不及秋翻的要早春翻耕。需肥较多，播前要施足底肥，每公顷施用厩肥 45.0～60.0 吨，磷肥 240 千克，氮肥 225 千克。生长期间对氮肥极为敏感，因而要及时追施氮肥，每次追施硫酸铵

150～225 千克或尿素 75～105 千克,施后及时浇水。

播种时要尽可能选用头一年采收的种子,并用 30℃ 温水浸泡种子 12 小时,有利出苗。在北方春、夏、冬三季均可播种。春播在 3 月下旬至 4 月上旬,夏播在 6 月中下旬,不晚于 7 月中旬,也可冬前寄籽播种。南方春播、秋播均可,春播在 2 月中旬至 3 月中旬为宜,秋播宜早不宜晚,宜在幼苗停止生长时能长出 5～7 片真叶为宜。播种量为每公顷 3.0～4.5 千克。条播、穴播均可,以穴播为主,行距 40～50 厘米,株距 20～30 厘米。每穴播种子 3～4 粒,覆土深度 2～3 厘米。

在封垄之前要除草 2～3 次,如果头两年管理得好,可以减少除草次数,甚至不必除草。播种当年在 3～6 片真叶时结合中耕除草进行定苗,根据土壤肥力情况,每公顷可留苗 45 000～90 000 株。返青期及每次刈割后要及时追肥和灌水。寒冷地区为安全越冬要进行培土或人工盖土防寒,也可灌冬水,促进早返青、早利用。

(3)收获与利用 串叶松香草播种当年产量不高,每公顷 30.0～45.0 吨,第 2 年以后开始抽茎,株高可达 2 米以上,产量成倍增加,鲜草产量可达 150.0～300.0 吨/公顷。播种当年只在越冬枯死前刈割 1 次,以后各年可刈割 2～3 次,适宜刈割期为现蕾至开花初期,以后每隔 40～50 天刈割 1 次。北方年刈 3～4 次,南方 4～5 次为宜。刈割时留茬 10～15 厘米。

串叶松香草不仅产量高,而且品质好,粗蛋白质、粗脂肪、粗纤维、无氮浸出物、粗灰分含量分别为 14.44%、3.48%、12.33%、39.15%、16.31%。属于优质饲料。利用以青饲或调制青贮饲料为主,也可晒制干草。初喂时有异味,多不爱吃,但经过驯化,即可变得喜食。

2.籽粒苋

籽粒苋又名西粘谷、西番谷、蛋白草等。我国栽培历史悠久,全国各地均能种植。籽粒苋也可作为观赏花卉,还可作为面包、饼干、糕点、饴糖等食品工业的原料。

(1)特性 一年生草本植物。喜温暖湿润气候,生长的最适温度为 20～30℃,40.5℃ 仍能正常生长。不耐寒,成株遇霜冻很快死亡。耐干旱,不耐涝,积水地易烂根死亡。对土壤要求不严,耐瘠薄,抗盐碱。旱薄沙荒地、黏土地、次生盐渍土壤均可种植。在含盐量 0.23% 的盐碱地上能正常生长,pH 8.5～9.3 的草甸碱化土地也能正常生长,可作垦荒地的先锋植物。但排水良好,疏松肥沃的壤土或沙壤土生长最好。

(2)栽培技术　籽粒苋忌连作。要精细整地,深耕多耙,结合耕翻每公顷施有机肥 22.5～30.0 吨作基肥。一般在春季地温 16℃ 以上时即可播种,低于 15℃ 出苗不良。北方于 4 月中旬至 5 月中旬播种,南方于 3 月下旬至 6 月播种,播种期越迟,产量也就越低。条播、撒播或穴播均可。行距 25～35 厘米,株距 15～20 厘米。播种量 375～750克/公顷,覆土 1～2 厘米,播后及时镇压。

苗期生长缓慢,易受杂草危害,要及时进行中耕除草。在二叶期时,要进行间苗,4 叶期定苗。8～10 叶期生长加快,宜追肥灌水 1～2次,每公顷施尿素 300 千克,现蕾至盛花期生长速度最快,对养分需求也最大,要及时追肥。苗高 20～30 厘米时再中耕除草一次。每次刈割后,结合中耕除草,追肥灌水。

(3)收获与利用　青饲用籽粒苋于现蕾期收割,调制干草时在盛花期刈割,制作青贮饲料时在结实期刈割。刈割留茬 20～30 厘米,最后一次刈割不留茬。北方一年可收 2～3 次,南方 5～7 次,每公顷产鲜草75.0～150.0 吨。

籽粒苋茎叶柔嫩,清香可口,营养丰富。其籽实可作为优质精饲料利用。茎叶适口性好,其营养价值与苜蓿和玉米籽实相近,属于优质的蛋白质补充饲料,无论青饲或调制青贮、干草和草粉均为肉牛喜食。

三、饲料作物栽培技术

1. 玉米

玉米又名玉蜀黍、苞谷、苞米、玉茭、玉麦、棒子、珍珠米。玉米既是重要的粮食作物,又是重要的饲料作物。其植株高大,生长迅速,产量高;茎含糖量高,维生素和胡萝卜素丰富,适口性好,饲用价值高,适于作青贮饲料和青饲料,被称为"饲料之王"。

(1)特性　一年生草本植物。玉米为喜温作物,种子一般在6～7℃时开始发芽,苗期不耐霜冻,出现－3～－2℃低温即受霜害。拔节期要求日温度为18℃以上,抽雄、开花期要求26～27℃,灌浆成熟期保持在20～24℃。需水多,适宜在年降水量500～800毫米的地区种植。需肥多,特别是对氮的需要量较高。对土壤要求不严,各类土壤均可种植。适宜的pH为5～8,以中性土壤为好,不适于在过酸、过碱的土壤中生长。

(2)栽培技术　玉米田要深耕细耙,耕翻深度一般不能少于18厘米,黑钙土地区应在22厘米以上。春玉米在秋翻时,可施入有机肥作基肥,一般每公顷施堆、厩肥30～45吨。夏玉米一般不施基肥。

玉米品种繁多,可根据使用目的和当地环境条件选择适宜当地生长的高产优质品种进行栽培。目前生产中广泛使用的专用青贮或青饲品种有农大108、中原单32、中玉15、饲宝1、饲宝2、科多4、科多8等,可根据当地条件选用。

播种期因地区不同差异很大。我国北方春玉米的播期大致为:黑龙江、吉林5月上、中旬;辽宁、内蒙古、华北北部及新疆北部多在4月下旬至5月上旬;华北平原及西北各地4月中、下旬;长江流域以南则可适当提早。小麦等作物收获后播种夏玉米时,应抓紧时间抢时抢墒播种,愈早愈好。玉米可采用单播、间作、套种等方式播种。单播时行距60～70厘米,株距40～50厘米;作青贮或青饲用时,行距可缩小到30～45厘米,株距15～25厘米。播种量一般收籽田每公顷22.5～37.5千克,青贮玉米田37.5～60.0千克,青刈玉米田75.0～100.0千克。播种深度一般以5～6厘米为宜;土壤黏重、墒情好时,应适当浅些,多4～5厘米;质地疏松、易干燥的沙质土壤或天气干旱时,应播深6～8厘米,但最深不宜超过10厘米。

玉米生长到3～4片真叶时进行间苗,每穴留2株大苗、壮苗。到5～6片真叶时进行定苗,每穴留1株。玉米苗期不耐杂草,应及时中耕除草。另外,可应用西玛津或莠去津进行化学除草,一般在玉米播种前或播后出苗前 3～5 天进行。玉米苗期常见的害虫为地老虎、蝼蛄和蛴螬。在玉米心叶期和穗期,常发生玉米螟危害。在玉米穗期可发生金龟子(蛴螬成虫)危害。出现虫害后应及时采用高效低毒农药进行防治。对于青贮玉米,要少施苗肥,重施拔节肥,轻施穗肥。

(3)收获和利用　籽粒玉米以籽粒变硬发亮、达到完熟时收获为宜,粮饲兼用玉米应在蜡熟末期至完熟初期进行收获。专用青贮玉米则在蜡熟期收获为宜。籽粒玉米一般每公顷产籽粒 6.0～8.0 吨,青贮玉米一般每公顷产青体 60～75 吨。

玉米籽粒淀粉含量高,还含有胡萝卜素、核黄素、维生素 B 等多种维生素,是牛的优质高能精饲料。专用青贮玉米品种调制的青贮饲料品质优良,具有干草与青料两者的特点,且补充了部分精料。100 千克带穗青贮料喂牛,可相当于 50 千克豆科牧草干草的饲用价值。

2.大麦

大麦又名稃大麦、草大麦。因栽培地区不同有冬大麦和春大麦之分,冬大麦的主要产区为长江流域各省和河南等地;春大麦则分布在东北、内蒙古、青藏高原、山西、陕西、河北及甘肃等省(区)。大麦适应性强,耐瘠薄,生育期较短,成熟早,营养丰富,饲用价值高,是重要的粮饲兼用作物之一。

(1)特性　一年生草本植物。大麦喜冷凉气候,耐寒,对温度要求不严,高纬度和高山地区都能种植。耐旱,在年降水量 400～500 毫米的地方均能种植,但抽穗开花期需水量较大,此时干旱会造成减产。对土壤要求不严,不耐酸但耐盐碱,适宜的 pH 为 6.0～8.0。土壤含盐 0.1%～0.2%时,仍能正常生长。

(2)栽培技术　播前要精细整地,每公顷施用厩肥 30～45 吨、硫酸铵 150 千克,过磷酸钙 300～375 千克作底肥。为预防大麦黑穗病和条锈病,可用 1%石灰水浸种,或用 25%多菌灵按适宜浓度拌种。用 50%辛硫磷乳剂拌种可防治地下害虫。条播行距 15～30 厘米,每公顷播种量为 150～225 千克,播深 3～4 厘米,播后镇压。青刈大麦在适期范围内播种越早,产量越高。冬大麦的播种期,华北地区以在寒露到霜降为宜;长江流域一带可延迟到立冬前播完。春大麦可在3月中下旬土壤解冻层达6~10厘米时开始播种,于清明前后播完。

大麦为速生密植作物,无需间苗和中耕除草,但生育后期应注意防除杂草,并及时追肥和灌水。一般在分蘖期、拔节孕穗期进行,每公顷每次追氮肥100~150千克。

(3)收获与利用　籽粒用大麦在全株变黄,籽粒干硬的蜡熟中后期收获,每公顷产籽粒2.25~3.0吨;青刈大麦于抽穗开花期刈割,也可提前至拔节后;青贮大麦乳熟初期收割最好。春播大麦每公顷产鲜草22.5~30.0吨,夏播的产15.0~19.5吨。在苗高40~50厘米时可青刈利用。此时柔软多汁,适口性好,营养丰富,是肉牛优良的青绿多汁饲料。也可调制青贮料或干草。国外盛行大麦全株青贮,其青贮饲料中带有30%左右大麦籽粒,茎叶柔嫩多汁,营养丰富,是肉牛的优质粗饲料。

3. 燕麦

燕麦又名铃铛麦、草燕麦。在我国,主要分布于东北、华北和西北地区,是内蒙古、青海、甘肃、新疆等各大牧区的主要饲料作物,黑龙江、吉林、宁夏、云贵高原等地也有栽培。

燕麦分带稃和裸粒两大类,带稃燕麦为饲用,裸燕麦也称莜麦,以食用为主。栽培燕麦又分春燕麦和冬燕麦两种生态类型,饲用以春燕麦为主。

(1)特性　一年生草本植物。燕麦喜冷凉湿润气候,种子发芽最低温度3~4℃,不耐高温。生育期需≥5℃积温1 300~2 100℃。需水较多,适宜在年降水量400~600毫米的地区种植。对土壤要求不严,在黏重潮湿的低洼地上表现良好,但以富含腐殖质的黏壤土最为适宜,不宜种在干燥的沙土上。适应的土壤pH为5.5~8.0。

(2)栽培技术　燕麦要求土层深厚、肥沃的土壤,播前要精细整地。深耕前施足基肥,一般深耕20厘米左右,每公顷施厩肥30.0~37.5吨。冬燕麦要求在前作收获后耕翻,翻后及时耙糖镇压。播种期因地区和栽培目的不同而异,我国燕麦主产区多春播,一般在4月上旬至5

月上旬,冬燕麦通常在 10 月上、中旬秋播。收籽燕麦条播行距 15～30 厘米,青刈燕麦 15 厘米。播种量每公顷 150～225 千克,播种深度 3～5 厘米,播后镇压。燕麦宜与豌豆、苕子等豆科牧草混播,一般燕麦占 2/3～3/4。

燕麦出苗后,应在分蘖前后中耕除草 1 次。由于生长发育快,应在分蘖、拔节、孕穗期及时追肥和灌水。追肥前期以氮肥为主,后期主要是磷、钾肥。

(3)收获与利用 籽粒燕麦应在穗上部籽粒达到完熟、穗下部籽粒蜡熟时收获,一般每公顷收籽粒 2.25～3.0 吨。青刈燕麦第一茬于株高 40～50 厘米时刈割,留茬 5～6 厘米;隔 30 天左右齐地刈割第二茬,一般每公顷产鲜草 22.5～30.0 吨。调制干草和青贮用的燕麦一般在抽穗至完熟期收获,宜与豆科牧草混播。

燕麦籽粒富含蛋白质和脂肪,但粗纤维含量较高、能量少,营养价值低于玉米,宜喂牛。燕麦秸秆质地柔软,饲用价值高于稻、麦、谷等秸秆。

青刈燕麦茎秆柔软,适口性好,蛋白质消化率高,营养丰富,可鲜喂,亦可调制青贮料或干草。燕麦青贮料质地柔软,气味芳香,是肉牛冬春缺青期的优质青饲料。用成熟期燕麦调制的全株青贮料饲喂肉牛,可节省 50％的精料,生产成本低,经济效益高。

第二节　粗饲料加工技术

一、饲草质量管理总则

肉牛饲草直接影响牛肉的质量,和人类健康息息相关。因此肉牛的饲料应符合中华人民共和国国家标准——《饲料卫生标准》(GB

13078),并执行中华人民共和国农业行业标准——《无公害食品肉牛饲养饲料使用准则》(NY 5127—2002)。

各种原料青贮和干草等,分不同的刈割期调制后或购进时分别采样进行常规营养成分测定,以便根本不同的粗饲料质量,调整精料配方和喂量。

(1)青贮饲料 青贮饲料的加工调制严格按本章中青贮的调制技术进行,青贮饲料的质量按农业部颁布的青贮饲料质量评定标准进行。青贮的等级应良好以上,严禁劣质青贮饲喂肉牛。

青贮开窖时应剔除边角漏气处的腐烂块,垂直或稍倾斜面向前清底拉运,为了防止二次发酵,每天的挖进不少于 15 厘米,分上下午 2 次拉运牛舍。冬季冰冻的青贮应先解冻后,再喂肉牛。

(2)青干草 青干草饲料的加工调制严格按本章中青干草的调制技术进行,调制或购买的青干草应按质量检验标准在二级以上,并严格管理,杜绝雨淋,防止发霉变质。杜绝劣质青干草饲喂肉牛。

干草饲喂时铡短 10 厘米长,剔除霉烂草,铡草机装入磁铁吸取铁钉、铁丝等,拾净掉叶,防止浪费。

(3)秸秆类 秸秆类饲料首先应去掉根部泥土部分,妥善保存,防止发霉变质,尽量减少风、雨、阳光等带来的损失,饲喂前应适当加工处理如氨化、微贮等,按本章秸秆加工处理技术进行,提高消化率。

二、干草的调制

青干草是将牧草、饲料作物、野草和其他可饲用植物,在质、量兼优的适宜刈割期时刈割,经自然干燥或采用人工干燥法,使其脱水,达到能贮藏,不变质的干燥饲草。调制合理的青干草,能较完善地保持青绿饲料的营养成分。

(一)牧草干燥过程的营养物质变化和损失

1.干燥过程的生理损失

牧草在干燥过程中植物细胞的呼吸作用和氧化分解作用,营养物质的损失,一般占青干草总养分的 5%～10%。青草生长期间含水70%～90%,在良好的气候条件下,刚刈割的青草散发体内的游离水速度相当快,在此期间,植物细胞并未死亡,短时间内其生理活动(如呼吸作用、蒸腾作用等)仍在进行,从而使牧草体内营养物质遭到分解破坏。经 5～8 小时,可使含水量降至 40%～50%,细胞失去恢复膨压的能力以后才逐渐趋于死亡,呼吸作用停止。细胞死亡以后,植物体内继续进行着氧化破坏过程。这一阶段需 1～2 昼夜。水分降到 18% 左右时,细胞内各种酶的作用逐渐停止。这一时期内,水分是通过死亡的植物体表面蒸发作用而减少的。

为了避免或减轻植物体内养分,因呼吸和氧化的破坏作用而受到的严重损失,应该采取有效措施,如使用牧草刈割压扁设备,把牧草的茎压扁,叶和茎干燥速度一致,使水分迅速降低到 17% 以下,并尽可能减少阳光的直接曝晒。

2.机械作用引起的损失

在干草的晒制和保藏过程中,由于搂草、翻晒、搬运、堆垛等一系列机械操作,不可避免地使部分细枝嫩叶的破碎脱落而损失。一般叶片可能损失 20%～30%,嫩枝损失 6%～10%。禾本科牧草损失 2%～5%,豆科草的茎秆较粗大,茎叶干燥不均匀,损失最为严重,15%～35%,从而造成牧草质量的下降。牧草刈割后立即进行小堆干燥的,干物质损失最少,仅占 1%。先后集成各种草垄干燥的干物质损失次之,4%～6%。而以平铺法晒草的干物质损失最为严重,可达 10%～14%。

3.阳光作用引起的损失

在自然条件下晒制干草,阳光的直接照射可使植物体所含的胡萝卜素、维生素 C、叶绿素等均因光化学作用而遭破坏。相反,干草中的维生素 D 含量,却因阳光的照射而显著地增加,这是由于植物体内所含麦角固醇,在紫外光作用下,合成了维生素 D 的缘故。

4.雨淋引起的损失

晒制干草,最忌雨淋。晒制过程中如遇雨淋,可造成干草营养物质的重大损失,而所损失的又是可溶解、易被肉牛消化的养分,可消化蛋白质的损失平均为 40％,热能损失平均为 50％。由于雨淋作用引起营养物质的损失较机械损失大,所以晒制干草应避免雨淋。

5.干草发霉变质引起的损失

当青干草含水量、气温和大气湿度符合微生物活动要求时,微生物就会在干草上繁殖,从而导致干草发霉变质,水溶性糖和淀粉含量显著下降,严重时脂肪含量下降,蛋白质被分解成一些非蛋白化合物,如氨、硫化氢、吲哚等气体和一些有机酸,因此发霉的干草不能喂肉牛。

(二)牧草刈割时间

牧草过早刈割,水分多,不易晒干;过晚刈割,营养价值降低。禾本科草类在抽穗期,豆科草类在孕蕾及初花期刈割为好。部分牧草适宜的收割期见表 5-1。

表 5-1　牧草适宜收割期

牧草种类	收割适期
紫花苜蓿	现蕾至开花初期
红三叶	早期开花或 1/2 开花期
杂三叶	早期开花或 1/2 开花期
草木樨	现蕾至开花初期
红豆草	1/2 豆荚充分成熟
沙打旺	不迟于现蕾期
绢毛铁扫帚	株高 30~40 厘米
葛藤	初夏和初秋
无芒雀麦	抽穗期或开花期
披碱草	孕穗期
羊草	抽穗期
苏丹草	孕穗期

(三)青干草的制作方法

青干草的制作方法很多,分自然干燥法和人工干燥法。

1. 自然干燥法

自然干燥法不需要设备，操作简单，但劳动强度大，效率低，晒制的干草质量差，且受天气影响大。为了便于晾晒，在实际生产中还要根据晾晒条件和天气情况适当调整收获期，适当提前或延后刈割，以避开雨季。

（1）田间晒制法　牧草刈割后，在原地或附近干燥地段摊开曝晒，每隔数小时加以翻晒，待水分降至 40％～50％时，用搂草机或手工搂成松散的草垄可集成 0.5～1 米高的草堆，保持草堆的松散通风，天气晴好可倒堆翻晒，天气恶劣时小草堆外面最好盖上塑料布，以防雨水冲淋。直到水分降到 17％以下即可贮藏，如果采用摊晒和捆晒相结合的方法，可以更好的防止叶片、花序和嫩枝的脱落。

（2）草架干燥法　草架可用树干或木棍搭成，也可以做成组合式三角形草架，架的大小可根据草的产量和场地而定。虽然花费一定的物力，但架上明显加快干燥速度，干草品质好。牧草刈割后在田间干燥半天或一天，使其水分降到 40％～50％时，把牧草自下而上逐渐堆放或打成 15 厘米左右的小捆，草的顶端朝里，并避免与地面接触吸潮，草层厚度不宜超过 70～80 厘米。上架后的牧草应堆成圆锥形或屋顶型，力求平顺。由于草架中部空虚，空气可以流通加快牧草水分散失，提高牧草的干燥速度，其营养损失比地面干燥减少 5％～10％。

（3）发酵干燥法　由于此法干燥牧草营养物质损失较多，故只在连续阴雨天气的季节采用。将刈割的牧草在地面铺晒，使新鲜牧草凋萎，当水分减少至 50％时，再分层堆积高 3～6 米，逐层压实，表层用塑料膜或土覆盖，使牧草迅速发热。待堆内温度上升到 60～70℃，打开草堆，随着发酵产生热量的蒸散，可在短时间内风干或晒干，制得棕色干草，具酸香味，如遇阴雨天无法晾晒，可以堆放 1～2 个月，类似青贮原理。为防止发酵过度，每层牧草可撒为青草重 0.5％～1.0％的食盐。

2. 人工干燥法

（1）塑料大棚干燥法　近年来，有些地区把刈割后的牧草，经初步晾晒后移动到改造的塑料大棚里干燥，效果很好。具体做法是把大棚下部的塑料薄膜卷起 30～50 厘米,把晾晒后含水量在 40％～50％ 的牧草放到棚内的架子或地面上,利用大棚的采光增温效果使空气变热,从而达到干燥牧草的目的。这种方式受天气影响小,能够避免雨淋,养分损失少。

(2)常温鼓风干燥法　为了保存营养价值高的叶片、花序、嫩枝,减少干燥后期阳光暴晒对维生素等的破坏,把刈割后的牧草在田间就地晒干至水分到 40％～50％ 时,再放置于设有通风道的干草棚内,用鼓风机、电风扇等吹风装置,进行常温吹风干燥。采用此方法调制干草时只要不受雨淋、渗水等危害,就能获得品质优良的青干草。

(3)低温干燥法　此法采用加热的空气,将青草水分烘干,干燥温度如为 50～70℃,需 5～6 小时,如为 120～150℃,经 5～30 分钟完成干燥。未经切短的青草置于浅箱或传送带上,送入干燥室(炉)干燥。所用热源多为固体燃料,浅箱式干燥机每日生产干草 2 000～3 000 千克,传送带式干燥机每小时生产量 200～1 000 千克。

(4)高温快速干燥法　利用液体或煤气加热的高温气流,可将切碎成 2～3 厘米长的青草在数分钟甚至数秒钟内可使牧草含水量从 80％～90％ 降到 10％～12％。此法多用于工厂化生产草粉、草块。虽然有的烘干机内热空气温度可达到 1 100℃,但牧草的温度一般不超过 30～35℃,青草中的养分可以保存 90％～95％,消化率,特别是蛋白质消化率并不降低。鲜草在含有可蒸发水分的条件下,草温不会上升到危及消化率的程度,只有当已干的草继续处在高温下,才可能发生消化率降低和产品碳化的现象。

3.调制干草过程减少损失的方法

干草调制过程的翻草、搂草、打捆、搬运等生产环节的损失不可低估,而其中最主要的恰恰是富含营养物质的叶损失最多,减少生产过程中的物理损失是调制优质干草的重要措施。

(1)减少晾晒损失　要尽量控制翻草次数,含水量高时适当多翻,含水量低时可以少翻。晾晒初期一般每天翻 2 次,半干草可少翻或不翻。翻草宜在早晚湿度相对较大时进行,避免在一天中的高温时段翻动。

（2）减少搂草打捆损失 搂草打捆最好同步进行,以减少损失。目前,多采取人工第一次打捆方式,把干草从草地运到贮存地、加工厂,再行打捆、粉碎或包装。为了作业方便,第一次打捆以 15 千克左右为宜,搂成的草堆应以此为标准,避免草堆过大,重新分捆造成落叶损失。搂草和打捆也要避开高温、干燥时段,应在早晚进行。

（3）减少运输损失 为了减少在运输过程中落叶损失,特别是豆科青干牧草,一定要打捆后搬运;打捆后可套纸袋或透气的编织袋,减少叶片遗失。

（四）青干草的品质鉴定

1.质量鉴定

（1）含水量及感官断定 青干草的最适含水量应为 15%～17%,适于堆垛永久保藏,用手成束紧握时,发出沙沙响声和破裂声,草束反复折曲时易断,搓揉的草束能迅速、完全地散开,叶片干而卷曲。青干草含水量为 17%～19%也可以较好的保存,用手成束紧握时无干裂声,只有沙沙声,草束反复折曲不易断,搓揉的草束散开缓慢,叶子有时卷曲。青干草含水量为 19%～20%堆垛保藏时,会发热,甚至起火,用手成束紧握时无清脆的响声,容易拧成紧实而柔韧的草辫,搓拧时不折断。青干草含水量在 23%以上时,不能堆垛保藏,揉搓时没有沙沙响声,多次折曲草束时,折曲处有水珠,手插入草中有凉感。

（2）颜色、气味 绿色越深,营养物质损失越少,质量越好,并具有浓郁的芳香味,如果发黄,且有褐色斑点,无香味,列为劣等。如果发霉变质有臭味,则不能饲喂。

（3）植物组成 在干草组成中,如豆科草的比例超过 5%～10%时为上等,禾本科草和杂草占 80%以上为中等,不可食杂草占 10%～15%时为劣等,有毒有害草超过 1%的不可饲用。

（4）叶量 叶量越多,说明青干草养分损失越少,植株叶片保留95%以上的为优等,叶片损失 10%～15%的为中等,叶片损失 15%以上时为劣等。

（5）含杂质量 干草中夹杂土、枯枝、树叶等杂质量越少，品质越好。

2.综合感官评定分级（内蒙古自治区干草等级标准，我国无统一标准）

一级：枝叶鲜绿或深绿色，叶及花序损失不到 5％，含水量 15％～17％，有浓郁的干草香味，但再生草调剂的优良干草，香味较淡。

二级：绿色，叶及花序损失不到 10％，有香味，含水量 15％～17％。

三级：叶色发黑，叶及花序损失不到 15％，有干草香味，含水量 15％～17％。

四级：茎叶发黄或发白，部分有褐色斑点，叶及花序损失大于15％，含水量 15％～17％，香味较淡。

五级：发霉，有臭味，不能饲喂。

（五）青干草的贮藏与管理

合理贮藏干草，是调制干草过程中的一个重要环节，贮藏管理不当，不仅干草的营养物质要遭到重大损失，甚至发生草垛漏水霉烂、发热，引起火灾等严重事故，给肉牛生产带来极大困难。

1.青干草的贮藏方法

（1）露天堆垛贮藏 垛址应选择地势平坦干燥、排水良好的地方，同时要求离牛舍不宜太远。垛底应用石块、木头、秸秆等垫起铺平，高出地面 40～50 厘米，四周有排水沟。垛的形式一般采用圆形和长方形两种，无论哪种形式，其外形均应由下向上逐渐扩大，顶部又逐渐收缩成圆形，形成中大、上圆的形状。垛的大小可根据需要。

①长方形草垛。干草数量多，又较粗大宜采用长方形草垛，这种垛形暴露面积少，养分损失相应地较轻。草垛方向，应与当地冬季主风方向平行，一般垛底宽 3.5～4.5 米，垛肩宽 4.0～5.0 米，顶高 6～6.5米，长度视贮草量而定，但不宜少于 8.0 米。堆垛的方法，应从两边开始往里一层一层地堆积，分层踩实，务使中间部分稍稍隆起，堆至肩高

时,使全堆取平,然后往里收缩,最后堆积成 45°倾斜的屋脊形草顶,使雨水顺利下流,不致渗入草垛内。长方形草垛需草量大,如一次不能完成,也可从一端开始堆草,保持一定倾斜度,当堆到肩部高时,再从另一端开始,同样堆到肩高两边取齐后收顶。封顶时可用麦秸或杂草覆盖顶部,最后用草绳或泥土封压,以防大风吹刮。

②圆形垛。干草数量不多,细小的草类宜采用圆垛。和长方形草垛相比,圆垛暴露面积大,遭受雨雪阳光侵袭面也大,养分损失较多。但在干草含水量较高的情况下,圆垛由于蒸发面积大,发生霉烂的危险性也较少。圆垛的大小一般底部直径 3.0～4.5 米,肩部直径 3.5～5.5 米,顶高 5.0～6.5 米,堆垛时从四周开始,把边缘先堆齐,然后往中间填充,务使中间高出四周,并注意逐层压实踩紧,垛成后,再把四周乱草耙平梳齐便于雨水下流。

(2)草棚堆垛　气候潮湿或有条件的地方可建造简易干草棚,以防雨雪、潮湿和阳光直射。这种棚舍只需建一个防雨雪的顶棚,以及防潮的底垫即可。存放干草时,应使棚顶与干草保持一定距离,以便通风散热。

2.防腐剂的使用

要使调制成的青干草达到合乎贮藏安全的指标(含水量 17% 以下),生产上是很困难的。为了防止干草在贮藏过程中因水分过高而发霉变质,可以使用防腐剂,应用较为普遍的有丙酸和丙酸盐、液态氨和氢氧化物(氨或钠)等。目前丙酸应用较为普遍。液态氨不仅是一种有效的防腐剂,而且还能增加干草中氮的含量。氢氧化物处理干草不仅能防腐,而且能提高青干草消化率。

3.干草贮藏应注意事项

(1)防止垛顶漏雨　干草堆垛后 2～3 周内,一般会发生坍陷现象,必须及时铺好结顶,并用秸秆等覆盖顶部,防止渗进雨水造成全垛霉烂。盖草的厚度应达 7～8 厘米,应使秸秆的方向顺着流水的方向,如能加盖两层草苫则防雨能力更强。草垛贮存期长,也可用草泥封顶,既可防雨又能压顶,缺点是取用不便。

(2)防止垛基受潮　干草堆垛时,最好选一地势较高地点作垛基。如牛舍附近无高台地,应该在平地上筑一堆积台。台高于地面0.3米,四周再挖0.3米左右深宽的排水沟,以免雨水浸渍草垛。不能把干草直接堆在土台上,垛基还必须用树枝、石块、乱木等垫0.2米以上,避免土壤水分渗入草垛,发生霉烂。

(3)防止干草过度发酵　干草堆垛后,营养物质继续发生变化,影响养分变化的主要因素是含水量,凡是含水量在17%以上干草,植物体内的酶及外部的微生物仍在进行活动,适度的发酵可以使草垛紧实,并使干草产生特有的香味。但过度的发酵会产生高温,不仅无氮浸出物水解损失,蛋白质消化率也显著降低。干草水分下降到20%以下时堆垛,才不致有发酵过度的危险,如果堆垛时干草水分超过20%,则垛内应留出通风道,或纵贯草垛,或横贯草垛,20米长的垛留2个横道即可。通风道用棚架支撑,高约3.5米,宽约1.25米,木架应扎牢固,防止草垛变形。

(4)防止草垛自燃　过湿的干草,贮存的前期主要是发酵而产生高温,后期则由于化学作用过程,产生挥发性易燃物质,一旦进入新鲜空气即引起燃烧。如无大量空气进入,则变为焦炭。

要防止草垛自燃,首先应避免含水量超过25%的湿草堆垛。要特别注意防止成捆的湿草混入垛内。过于幼嫩的青草经过日晒后表面上已干燥,实际上茎秆仍然很湿,混入这类草时,往往在垛内成为爆发燃烧的中心。其次要求堆垛时,在垛内不应留下大的空隙,使空气过多。如果在检查时已发现堆温上升至65℃,应立即穿洞降温,如穿洞后温度继续上升,则宜倒垛,否则反而促进自燃。

(5)干草的压捆　散开的干草贮存愈久,品质愈差,且体积很大,不便运输,在有条件的地方可用捆草机压成30～50千克的草捆。用来压捆干草的含水量不得超过17%,压过的干草每1立方米平均重350～400千克。压捆后可长久保持绿色和良好的气味,不易吸水,且便于运输喂用,比较安全。

三、青贮饲料的制作

(一)青贮制作原理

青贮是在厌氧环境中,让乳酸菌大量繁殖,从而将饲料中的淀粉和可溶性糖变成乳酸,当乳酸积累到一定浓度后,便抑制霉菌和腐败菌的生长,pH 降到 4~4.2 以下时可以把青饲料中的养分长时间地保存下来。保证青贮饲料制作成功,必须满足如下条件:

(1)无氧程度 在青贮发酵的第一阶段,窖内的氧气越多,植物原料呼吸时间就越长,不仅消耗大量糖,还会导致窖中温度升高。青贮窖适宜温度为 20℃,最高不超过 37℃,温度越高,营养物质损失越大,若温度上升到 38~49℃ 就会导致饲料变质,营养物质损失近 20%~40%。若窖内氧气多,还会使好气性细菌很快繁殖,使青贮料腐败、降低品质。有氧环境不利于乳酸菌增殖及乳酸生成,影响青贮质量。所以青贮原料一定要铡短(利于压实,减小原料间隙),入窖时层层踩实、压紧,造成无氧环境。

(2)含糖量 青贮原料要有一定的含糖量,一般不应低于 1%~1.5%,这样才能保证乳酸菌活动。含糖多的玉米秸和禾本科青草易于青贮,若用含糖量不足的原料青贮时(如苜蓿等豆科草)应与含糖高的青贮原料混合青贮或加含糖高的青贮添加剂。

(3)原料含水量 为造成无氧环境要把原料压实,而水分含量过低(低于 60%),不容易压实,所以青贮料一般要求适宜的含水量为 65%~70%,最低不少于 55%。含水量也不可过高,否则使青贮料腐烂,因为压挤结成黏块易引起酪酸发酵。

(二)青贮窖的准备

青贮窖有地下式、半地下式和地上式 3 种(图 5-1 至图 5-3)。前者适用地下水位低,土质坚硬地区。后二者适用地下水位高或土质较差的地区。每种方式的窖底应距地下水位 0.8 米以上,应建在离牛舍较近的地方,地势要干燥,易排水,切忌在低洼处或树阴下建窖,以防漏水,漏气和倒塌。

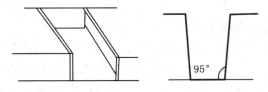

图 5-1　地下式青贮窖

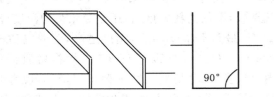

图 5-2　半地下式青贮窖

图 5-3　地上式青贮窖

地下窖一般深度为 1.5～2 米;半地下窖的地下深度为 0.5 米,地上部分为 1.5 米。窖壁成倒梯形,倾斜度为每深 1.0 米,上口外倾 10 厘米左右。窖行以长方形为好。窖的大小可根据地形、贮量而定,一般上口宽 6.0 米,下底宽 5.0 米,深 2.5 米,长 20～30 米,大型窖宽

10.0 米,深 5.0 米,长 30.0～50.0 米。

土窖壁要光滑,如果利用时间长,最好用水泥抹面做成永久性窖。长方形的窖四角作成圆形,便于青贮料下沉,排出残留空气。半地下窖内壁上下要垂直,窖底像锅底,先把地下部分挖好,再用湿黏土、土坯、砖、石等向上垒起 1.5 米,地上部分窖壁厚不应小于 0.7 米,以防透气。

青贮窖容积计算及青贮料重。青贮窖的宽深取决于每日饲喂的青贮量,通常以每日取料的挖进量不少于 15 厘米为宜。在宽度和深度确定后,根据青贮需要量,计算出青贮窖的长度,也可根据窖容积和青贮原料容重计算出青贮饲料重量。几种青贮原料容重见表 5-2。

$$窖长(米)=青贮需要量(千克)\div\left[\frac{上口宽(米)+下底宽(米)}{2}\times深度(米)\times每立方米原料重量(千克)\right]$$

$$圆形青贮窖容积(米^3)=3.14\times\frac{[青贮窖直径(米)]^2}{4}\times青贮窖高度(米)$$

$$长方形青贮窖容积(米^3)=\frac{上口宽(米)+下口宽(米)}{2}\times窖深(米)\times窖长(米)$$

表 5-2　几种青贮原料容重　　　　　　　　　千克/米³

原料	铡的细碎		铡的较粗	
	制作时	利用时	制作时	利用时
玉米秸	450～500	500～600	400～450	450～550
藤蔓类	500～600	700～800	450～550	650～750
叶、根茎类	600～700	800～900	550～650	750～850

计算青贮窖的容积公式为:青贮窖容积=(肉牛饲养数量×日饲喂量×365)÷青贮窖容重

(三)青贮原料的准备

北方农区有大量的玉米收获后的鲜秸秆,适合做青贮;我国南方甘蔗的分布区域广、种植面积大、产量高,加工副产品鲜甘蔗叶稍含糖量高,易青贮,是肉牛良好的优质饲料。香蕉茎叶其含有抗营养因子单宁,直接饲喂降低采食量和蛋白质的消化率并抑制瘤胃微生物酶的活性,可以通过青贮降低单宁含量。几种常用青贮原料种类和适宜收割期见表 5-3。含水量超过 70% 时应将原料适当晾晒到含水 60%~70%。

表 5-3　常用青贮原料适宜收割期

青贮原料种类	收割适期	含水量/%
全株玉米(带果穗)	乳熟期	65
收玉米后秸秆	果粒成熟立即收割	50~60
豆科牧草及野草	现蕾期至开花初期	70~80
禾本科牧草	孕穗至抽穗期	70~80
甘薯藤	霜前或收薯期 1~2 天	86
马铃薯茎叶	收薯前 1~2 天	80
甘蔗梢	甘蔗收获后	50~60
香蕉茎叶	香蕉收获后	90 以上

青贮原料要切碎,以便于压实和取用。切短的长度,细茎牧草以 7~8 厘米为宜,而玉米等较粗的作物秸秆最好不要超过 1 厘米。

(四)青贮原料的装填、压实与封埋

如是土窖,四壁和底衬上塑料薄膜(永久性窖可不铺衬),然后先在窖底铺一层 10 厘米厚的干草,以便吸收青贮液汁,再把铡短的原料逐层装入压实,特别是容器的四壁要压紧。选择晴好的天气进行,尽量一窖当天装完,防止变质和雨淋。由于封窖数天后,青贮料会下沉,因此最后一层应高出窖口 0.5~0.7 米。

原料装填完毕后要及时封严,防止漏水漏气是保障质量的关键。青贮窖可先用塑料薄膜覆盖,然后用土封严,四周挖排水沟。也可以先在青贮料上盖 15 厘米厚的干草,再盖上 20~50 厘米厚的湿土,窖顶作成隆凸圆顶。封顶后 2~3 天,在下陷处填土,使其紧实隆凸。

（五）特殊青贮饲料的制作

1.低水分青贮

低水分青贮亦称半干青贮,其干物质含量比一般青贮饲料高一倍多,具有干草和青贮料两者的优点,无酸味或微酸,适口性好,色深绿,养分损失少。近些年来,很多地方都广泛采用半干青贮,将难青贮的一些蛋白质含量高、糖量低的豆科牧草和饲料作物进行半干青贮。其基本原理是形成对微生物的生理干燥和厌氧环境,即把收割下来的青贮原料晾晒至含水量为50%左右时进行青贮。由于原料处于低水状态,形成细胞的高渗透压,接近生理干燥状态,微生物的生命活动被抑制,使发酵过程缓慢,蛋白质不被分解,有机酸形成数量少,因而能保持较多的营养成分。

半干青贮的调制方法与一般青贮的主要区别是青贮原料刈割后不立即铡碎,而要在田间晾晒至半干状态。晴朗的天气一般晾晒24~55小时,即可达到45%~55%的含水量,有经验者可凭感官估测,如苜蓿青草当晾晒至叶片卷缩至筒状、小枝变软不易折断时其水分含量约50%。当青贮原料已达到所要求的含水量时即可青贮。其青贮方法、步骤与一般青贮相同。但由于半干青贮原料含水量低,所以原料要铡的更细碎,压的应更紧实,封埋的应更严、更及时。一定要做到连续作业,必须保证青贮高度密封的厌氧条件,才能获得成功。

半干青贮主要优缺点表现在以下几个方面:①扩大了制作青贮原料的范围,一些原来被认为难以青贮的豆科植物,均可调制成优良的半干青贮料。②与制作干草相比,制半干青贮的优点是叶片损失少(指豆科),不易受雨淋影响。一般在收割期多雨的地区推广半干青贮,在华北地区,二茬苜蓿收割时正值雨季,晒制干草常遇雨霉烂,利用二茬苜蓿制作半干青贮是解决这一问题的好办法。收刈期气候干燥的地区,仍以调制干草为经济。③与一般青贮相比,半干青贮由于水分含量低,发酵过程缓慢微弱,可抑制蛋白质的分解。味道芳香,酸味不浓,丁酸含量少,适口性好,采食量大。缺点为制半干青贮需用密封窖,因此成本较高。如果密封较差,则比一般青贮更易损坏。

2.拉伸膜青贮

这是草地就地青贮的最新技术,全部用机械化作业。操作程序为:割草→打捆→出草捆→缠绕拉伸膜。其优点主要是不受天气变化影响,保存时间长(一般可存放 3～5 年),使用方便。

3.加添加剂青贮

在青贮过程中,合理使用青贮饲料添加剂,可以改变因原料的含糖量及含水量的不同对青贮品质的影响,增加青贮料中有益微生物的含量,提高原料的利用率及青贮料的品质。

(1)添加乳酸菌 可以直接添加乳酸菌菌种(目前主要使用的是德氏乳酸杆菌),促进乳酸菌繁殖,在短时间内达到足够数量,产生大量乳酸。一般添加量为每吨青贮料加乳酸培养物 0.5 升或乳酸剂 450 克。

(2)添加酶制剂 添加酶制剂(淀粉酶、纤维素酶、半纤维素酶等),酶制剂可使青贮料中的部分多糖水解成单糖,有利于乳酸发酵,不仅能增加发酵糖的含量,而且能改善饲料的消化率。豆科牧草青贮,按青贮原料的 0.25% 添加酶制剂,如果酶制剂添加量增加到 0.5%,青贮料中含糖量可高达 2.48%,有效地保证乳酸生产。

(3)添加糖和碳水化合物 可以添加糖糟(添加量 2%～5%)、葡萄糖(添加量 1%～2%)、谷物(添加量 5% 左右)、甜菜渣(添加量 5%～10%)等来补充青贮原料中的碳水化合物和发酵糖的不足。

(4)加酸青贮 加入适量酸类,可补充自然发酵产生的酸度,使 pH 迅速由 6 降至 5 以下,能抑制腐败菌和霉菌的生长,促使青贮料迅速下沉。这样,在良好的条件下产生大量乳酸,进一步使 pH 降至 4 左右,保障青贮效果。加酸制成的青贮料,颜色鲜绿,具香味,品质高,蛋白质损失仅 0.3%～0.5%(一般青贮蛋白质损失为 1%～2%)。一般加酸青贮对加工机械和皮肤有腐蚀作用,要小心操作。

①甲酸。禾本科牧草添加 0.3%,豆科牧草添加 0.5%,一般不用于玉米青贮。

②苯甲酸。按青贮料的 0.3% 添加,一般先用乙醇溶解后再添加。

③丙酸。按青贮料的 0.5％～1％添加,对二次发酵有较好的预防作用。

④甲醛。添加甲醛能有效地抑制杂菌,发酵过程没有腐败菌的活动,特别是能抑制蛋白质分解和瘤胃中的降解,增加过瘤胃蛋白。甲醛的添加量为 0.3％～0.7％,如果和甲酸合用比单独添加效果更好。

(5)添加营养物质青贮 直接在青贮过程中添加各类营养物质能提高青贮的饲用价值。

尿素和磷酸脲属于非蛋白氮添加剂,一般在青贮料中添加0.3％～0.5％,使普通玉米青贮的粗蛋白含量由 6.5％提高到11.7％。在青贮中添加 0.35％～0.4％的磷酸脲,不仅增加青贮料的氮、磷含量,并能使青贮的 pH 较快达到4.2～4.5,有效地保存青贮料中的养分。

在玉米青贮中可以通过添加无机盐类增加矿物质和微量元素。在玉米青贮中添加磷酸钙既可补磷又可补钙,添加量为 0.3％～0.5％。在尿素玉米青贮中添加 0.5％硫酸钠,可以促进反刍动物对非蛋白氮的有效利用。还可以按青贮原料总量,添加 0.2％～0.5％的食盐提高适口性。

为提高饲喂效果,可在每吨青贮原料中添加硫酸铜 2.5 克,硫酸锰5 克,硫酸锌 2 克,氯化钴 1 克,碘化钾 0.1 克,硫酸钠 0.5 千克。

(六)青贮饲料的开窖与取用

一般青贮在制作 45 天后(温度适宜 30 天即可)即可开始取用。长方形窖应从由一端开始取料,从上到下,直到窖底。应坚持每天取料,每次取料层应在 15 厘米以上。切勿全面打开,防止暴晒、雨淋、结冰,严禁掏洞取料。每天取后及时覆盖草帘或席片,防止二次发酵。如果青贮制作符合要求,只要不启封窖,青贮料可保存多年不变质。

(七)青贮质量的鉴定

(1)感官鉴定 主要根据色、香、味和质地判断青贮料的品质。优良的青贮料颜色为黄绿色或青绿色,有光泽。气味芳香,呈酒酸味。表面湿润,结构完好,疏松,容易分离。不良的青贮料颜色为黑或褐色,气味刺鼻,腐烂,黏滑结块,不能饲喂。

(2)实验室鉴定 实验室测定 pH、有机酸和氨态氮等。pH 在 4.2以下,质量优良(半干青贮除外),pH 在 4.3~5,质量中等,pH 在 5.0以上,质量劣等。优质青贮的乳酸含量为 1.2%~1.5%,而且乙酸含量少,不含丁酸。氨态氮含量低于 11%。

农业部现已颁布青贮饲料质量评定标准,见表 5-4。

表 5-4 青贮饲料质量评定标准

①青贮紫云英、青贮苜蓿

项目	pH	水分	气味	色泽	质地
总配分	25	20	25	20	10
优等	3.6(25) 3.7(23) 3.8(21) 3.9(20) 4.0(18)	70%(20) 71%(19) 72%(18) 73%(17) 74%(16) 75%(14)	酸香味 舒适感 (18~25)	亮黄色 (14~20)	松散软弱 不粘手 (8~10)
良好	4.1(17) 4.2(14) 4.3(10)	76%(13) 77%(12) 78%(11) 79%(10) 80%(8)	酸臭味 酒酸味 (9~17)	金黄色 (8~13)	(中间) (4~7)
一般	4.4(8) 4.5(7) 4.6(6) 4.7(5) 4.8(3) 4.9(1)	81%(7) 82%(6) 83%(5) 84%(3) 85%(1)	刺鼻酸味 不舒适感 (1~8)	淡黄褐色 (1~7)	略带黏性 (1~3)
劣等	5.0 以上 (0)	86%以上 (0)	腐败味 霉烂味 (0)	暗褐色 (0)	腐烂发 黏结块 (0)

②青贮红薯藤

项目	pH	水分	气味	色泽	质地
总配分	25	20	25	20	10
优等	3.4(25) 3.5(23) 3.6(21) 3.7(20) 3.8(18)	70%(20) 71%(19) 72%(18) 73%(17) 74%(16) 75%(14)	甘酸味 舒适感 (18~25)	棕褐色 (14~20)	松散软弱 不粘手 (8~10)

续表5-4

项目	pH	水分	气味	色泽	质地
总配分	25	20	25	20	10
良好	3.9(17) 4.0(14) 4.1(10)	76%(13) 77%(12) 78%(11) 79%(10) 80%(8)	淡酸味 (9~17)	（中间） (8~13)	（中间） (4~7)
一般	4.2(8) 4.3(7) 4.4(5) 4.5(4) 4.6(3) 4.7(1)	81%(7) 82%(6) 83%(5) 84%(3) 85%(1)	刺鼻 酒酸味 (1~8)	暗褐色 (1~7)	略带黏性 (1~3)
劣等	4.8以上 (0)	86%以上 (0)	腐败味 霉烂味 (0)	黑褐色 (0)	腐烂发 黏结块 (0)

③青贮玉米秸

项目	pH	水分	气味	色泽	质地
总配分	25	20	25	20	10
优等	3.4(25) 3.5(23) 3.6(21) 3.7(20) 3.8(18)	70%(20) 71%(19) 72%(18) 73%(17) 74%(16) 75%(14)	甘酸味 舒适感 (18~25)	亮黄 (14~20)	松散软弱 不粘手 (8~10)
良好	3.9(17) 4.0(14) 4.1(10)	76%(13) 77%(12) 78%(11) 79%(10) 80%(8)	淡酸味 (9~17)	褐黄色 (8~13)	（中间） (4~7)
一般	4.2(8) 4.3(7) 4.4(5) 4.5(4) 4.6(3) 4.7(1)	81%(7) 82%(6) 83%(5) 84%(3) 85%(1)	刺鼻 酒酸味 (1~8)	（中间） (1~7)	略带黏性 (1~3)
劣等	4.8以上 (0)	86%以上 (0)	腐败味 霉烂味 (0)	黑褐色 (0)	发黏结块 (0)

注：a.pH用广泛试纸测定；b.括号内数值表示得分数。

续表 5-4

④各种青贮饲料的评定得分与等级划分

等级	优等	良好	一般	劣质
得分	100～75	75～51	50～26	25 以下

四、秸秆等农副产品饲料的加工调制技术

我国农作物秸秆年产约 5.7 亿吨,占全世界秸秆总量的 20%～30%。秸秆的用途很多,但经过加工调制后饲喂肉牛,通过"过腹还田"是最有效、最经济、最易行的利用方式之一。牛对秸秆类粗饲料消化能力强,适合于农区养殖,这对充分利用农作物秸秆,解决环境污染,增加农民收入有着重要意义。

(一)粉碎、铡短处理

秸秆经粉碎、铡短处理后,体积变小,便于采食和咀嚼,可增加采食量 20%～30%。由于粉碎或切碎增加了秸秆与瘤胃微生物接触面积,利于微生物发酵,但由于在瘤胃中停留时间较短,养分未充分利用便进入真胃和小肠,使消化率有所下降。但采食量增加会弥补消化率略有下降的不足,使牛总可消化养分的摄入量增加,牛生产性能提高 20%,尤其在低精料饲养条件下,饲喂效果明显改进。

(二)热喷处理

热喷是近年来采用的一项新技术,主要设备为压力罐,工作原理包括热效应和机械效应的作用,秸秆被撕成乱麻状,秸秆结构重新分布,从而对粗纤维有降解作用。经热喷处理的鲜玉米秸,可使粗纤维由 30.5%降低到 20.14%,热喷处理干玉米秸,可使粗纤维含量由 33.4%,降低到 27.5%。热喷技术能使麦秸消化率达到 75.12%,玉米秸达 88.02%,稻草达 64.42%等,并能改善牛瘤胃微生态环境,提高牛采食量和生长速度。

热喷处理时,秸秆含水量 25%～40%,经压力 3.9×10^5～1.2×10^6 帕、温度 145～190℃的高压罐内处理 1～15 分钟,使秸秆纤维细胞间木质素溶解,氢键断裂,纤维结晶度降低。当突然喷爆,细胞间的木质素就会熔化,同时发生若干高分子物质的分解反应;再通过喷爆的机械效应,应力集中于熔化木质素的脆弱结构区,乃至壁间疏松,细胞游离。因此,经热喷处理过的秸秆可提高牛的采食量和消化率。

(三)揉搓处理

揉搓处理比铡短处理秸秆又近了一步,经揉搓的玉米秸成柔软的丝条状,增加适口性,对于牛,揉碎的玉米秸更是一种价廉的、适口性好的粗饲料。目前,揉搓机正在逐步取代铡草机。

(四)秸秆颗粒化

根据牛营养需要标准,将粉碎的秸秆与精料、干草混合制成颗粒,便于机械化饲养,减少饲料浪费。同时制粒会影响日粮成分的消化行为。用颗粒化秸秆混合料喂育肥牛比用同种散混料增重提高 20%～25%。秸秆颗粒料在国外很多,随着饲料加工业和秸秆畜牧业的发展,秸秆颗粒饲料在我国也已得到发展,并将会逐渐普及。

(五)氨化处理

1. 氨化处理原理

秸秆中含氮量低,秸秆氨化处理时与氨相遇,其有机物就与氨发生氨解反应,打断木质素与半纤维素的结合,破坏木质素—半纤维素—纤维素的复合结构,使纤维素与半纤维素被解放出来,被微生物及酶分解利用。氨是一种碱,处理后使木质化纤维膨胀,增大空隙度,提高渗透性。在反刍动物的瘤胃,微生物能同时利用饲料中的蛋白质和非蛋白氮合成微生物蛋白,但是直接利用非蛋白氮,因在瘤胃中分解速度过快,特别是在饲料可发酵能量不足的情况下,不能充分被微生物利用,多余的氮则被胃壁吸收,有中毒的危险。通过氨化处理秸秆,可延缓氨的释放速度,促进瘤胃内微生物的活动,进一步提高秸秆的营养价值、消化率和适口性。氨化能使秸秆含氮量增加 1～1.5 倍,粗纤维降低 10%,牛对秸秆采食量和消化率提高 20% 以上。

2.氨化方法

包括堆垛氨化法、窖贮氨化法、袋贮法等。目前国内外最常用是堆垛氨化法,氨化效果以液氨最佳,但操作时应注意安全,尿素仅次于液氨,比碳氨要好,来源广。

3.氨化原材料

(1)秸秆　清洁未霉变的麦秸、玉米秸、稻草等,一般铡短 2～3 厘米长。

(2)液氨(无水氨)、氨水、尿素任选一种　液氨为市售通用液氨,氨瓶或氨罐装运;氨水为市售工业氨水,无毒、无杂质,含氮量 15%～17%,用密闭的容器,如胶皮口袋、塑料桶、陶瓷罐等装运;尿素为市售农用尿素,含氮量 46%,塑料袋密封包装。

4.调制技术

(1)堆贮法　适用于液氨处理。选择向阳、高燥、平坦、不受人畜危害的地方。先将 6 米×6 米塑料薄膜铺在地面上,在上面垛秸秆。草垛底面积为 5 米×5 米为宜,高度接近 2.5 米。把切碎的秸秆加水,使秸秆含水量达到 30% 左右。草码到 0.5 米高处,于垛上面分别平放直径 10 毫米,长 4 米的硬质塑料管 2 根,在塑料管前端 2/3 长的部位钻若干个 2～3 毫米小孔,以便充氨。后端露出草垛外面约 0.5 米长。通过胶管接上氨瓶,用铁丝缠紧。堆完草垛后,用 10 米×10 米塑料薄膜盖严,四周留下 0.5～0.7 米宽的余头。在垛底部用一长杠将四周余下的塑料薄膜上下合在一起卷紧,以石头或土压住,但输氨管外露。最后按秸秆重量 3% 的比例向垛内缓慢输入液氨。输氨结束后,抽出塑料管,立即将余孔堵严。注氨密封处理后,需经常检查塑料薄膜,发现破孔立即用塑料粘胶剂粘补。

(2)窖贮法　适用于尿素处理。窖的建造与青贮窖相似,深不应超过 2 米。氨化时,先在窖内铺一块 0.08～0.2 毫米厚的塑料薄膜。将含水量 10％～13％的铡短秸秆填入窖内,每填 30～50 厘米厚,均匀喷洒尿素水溶液(浓度和用量为 5 千克尿素加水 40～50 千克溶解,喷洒在 100 千克秸秆上)并踩实。窖装满后用塑料布盖好封严。

(3)缸贮法和袋贮法 缸贮法适用于尿素处理,其操作方法与窖贮法基本相同,只需要在顶盖上塑料膜,压紧、封严就行。

袋贮法所用塑料袋根据饲养规模而定,国外大型圆筒状塑料氨化设施适合集约化生产。秸秆与尿素水溶液搅拌均匀后,放入袋中压实扎口封严。为了防止老鼠咬,可在袋四周放老鼠药,或把袋埋入土中。

5.氨化的时间

密封时间应根据气温和感官来确定,环境温度与所需反应时间为环境温度 30℃以上,密封 7 天;30～15℃,7～28 天;15～5℃,28～56 天;5℃以下,56 天以上。

6.品质鉴定

品质良好的氨化秸秆,外观黄色或棕色。刚开垛时氨味浓郁,放氨后气味糊香。质地柔软,不霉烂,不变质。实验室作分析测定,含氮量提高 1％～1.5％。品质低劣的氨化秸秆,外观灰色或灰白色,有刺鼻恶臭,霉烂变质,不能饲喂。

7.饲喂方法

根据气温确定氨化天数,并结合查看秸秆颜色变化,变褐黄即可开封放氨。一般经 2～5 天自然通风将氨味全部放掉,呈糊香味时,才能饲喂,一般需 3～5 天。如暂时不喂可不必开封放氨。饲喂氨化秸秆应由少到多,少给勤添,先与谷草、青干草等搭配喂,一周后即可全部喂氨化秸秆。氨化秸秆适口性好,进食速度快,采食量增加,据测定,牛对氨化秸秆的采食量比普通秸秆增加 20％以上。应合理搭配精料(玉米、麸皮、糟渣、饼类)。

(六)"三化"复合处理新技术

由曹玉凤、李英等(1997)研究的秸秆"三化"复合处理技术,发挥了氨化、碱化、盐化的综合作用,弥补了氨化成本过高、碱化不易久贮、盐化效果欠佳单一处理的缺陷。经实验证明,"三化"处理的麦秸与未处理组相比各类纤维都有不同程度的降低,干物质瘤胃降解率提高22.4%,饲喂肉牛日增重提高48.8%,饲料/增重降低16.3%~30.5%,而"三化"处理成本比普通氨化(3%~5%尿素)降低32%~50%,肉牛育肥经济效益提高1.76倍。

制作方法:处理液的配制见表5-5,将尿素、生石灰粉、食盐按比例放入水中,充分搅拌溶解,使之成为混浊液。

表 5-5　处理液的配制

秸秆种类	秸秆重量/千克	尿素用量/千克	生石灰用量/千克	食盐用量/千克	水用量/千克	贮料含水量/%
干麦秸	100	2	3	1	45~55	35~40
干稻草	100	2	3	1	45~55	35~40
干玉米秸	100	2	3	1	40~50	35~40

此方法适合窖贮(土窖、水泥窖均可),也可用小垛法、塑料袋或水缸,其余操作见氨化处理。

(七)微贮技术

秸秆微贮饲料就是在农作物秸秆中,加入微生物高效活性菌种——秸秆发酵活干菌,放入密封的容器(如水泥池、土窖)中贮藏,经一定的发酵过程,使农作物秸秆变成具有酸、香味、草食家畜喜食的饲料。

(1)窖的建造　微贮的建窖和青贮窖相似也可选用青贮窖。

(2)秸秆的准备　应选择无霉变的新鲜秸秆,麦秸铡短2~5厘米,玉米秸最好铡短1厘米左右或粉碎(孔径2厘米筛片)。

(3)复活菌种并配制菌液　根据当天预计处理秸秆的重量,计算出所需菌剂的数量,按以下方法配制。

菌种的复活:在处理秸秆前将菌剂3克倒入2千克水中,充分溶解,然后在常温下放置 1～2 小时使菌种复活,复活好的菌剂一定要当天用完。

菌液的配制:将复活好的菌剂倒入充分溶解的 0.8%～1% 食盐水中拌匀,食盐水及菌液量的计算方法见表 5-6。菌液对入盐水后,再用潜水泵循环,使其浓度一致。这时就可以喷洒了。配好的菌液不能过夜,当天一定要用完。

(4)装窖　土窖应先在窖底和四周铺上一层塑料薄膜,在窖底先铺放 20 厘米厚的秸秆,均匀喷洒菌液,压实后再铺秸秆 20 厘米,再喷洒菌液压实。大型窖要采用机械化作业,压实用拖拉机,喷洒菌液可用潜水泵,一般扬程 20～30 米流量每分钟 30～50 升为宜。在操作中要随时检查贮料含水量是否均匀合适,层与层之间不要出现夹层。检查方法,取秸秆,用力握攥,指缝间有水但不滴下,水分为 60%～70% 最为理想,否则为过高或过低。

表 5-6　菌液配制

秸秆种类	秸秆重量/千克	秸秆发酵活干菌用量/克	食盐用量/千克	自来水用量/升	贮料含水量/%
稻麦秸秆	1 000	3.0	9～12	1 200～1 400	60～70
黄玉米秸	1 000	3.0	6～8	800～1 000	60～70
青玉米秸	1 000	1.5	—	适量	60～70

(5)加入精料辅料　在微贮麦秸和稻草时应加入 3‰ 左右的玉米粉、麸皮或大麦粉以利于发酵初期菌种生长,提高微贮质量。加精料辅料时应铺一层秸秆,撒一层精料粉,再喷洒菌液。

(6)封窖　秸秆分层压实直到高出窖口 100 厘米,再充分压实后,在最上面一层均匀洒上食盐,再压实后盖上塑料薄膜。食盐的用量为每平方米 250 克,其目的是确保微贮饲料上部不发生霉烂变质。盖上塑料薄膜后,在上面洒上 20～30 厘米厚的稻草、麦秸,覆土 15～20 厘米,密封。密封的目的是为了隔绝空气与秸秆接触,保证微贮窖内呈厌氧状态。在窖边挖排水沟防止雨水积聚。窖内贮料下沉后应随时加土使之高出地面。

（7）秸秆微贮饲料的质量鉴定　优质微贮青玉米秸秆饲料的色泽呈橄榄绿，稻、麦秸秆呈金黄褐色。如果变成褐色或墨绿色则质量较差。优质秸秆微贮饲料具有醇香和果香气味，并具有弱酸味。若有强酸味，表明醋酸较多，这是由于水分过多和高温发酵所造成的。若有腐臭味、发霉味则不能饲喂。优质微贮饲料拿到手里感到很松散，质地柔软湿润。若拿到手里发黏，或者粘到一起，说明质量不佳。有的虽然松散，但干燥粗硬，也属不良的饲料。

（8）秸秆微贮饲料的取用与饲喂技术。根据气温情况秸秆微贮饲料，一般需在窖内贮藏 21～45 天才能取喂。开窖时应从窖的一端开始，先去掉上边覆盖的部分土层、草层，然后揭开塑料薄膜，从上到下垂直逐段取用。每次取出量应以当天喂完为宜，坚持每天取料每层所取的料不应少于 15 厘米，每次取完后要用塑料薄膜将窖口密封，尽量避免与空气接触，以防止二次发酵和变质。一般育肥牛每天可喂 15～20 千克，冻结的微贮应先化开后再用，由于制作微贮中加入了食盐，应在饲喂时由日粮中扣除。

思考题

1. 青干草的制作方法包括哪些？

2. 简述青贮饲料的制作方法

3. 什么是半干青贮？

4. 青贮饲料的开窖与取用原则是什么？

5. 秸秆等农副产品饲料的加工调制技术包括哪些？目前生产中常用的技术包括哪几个？

第六章

母牛的饲养管理与繁殖技术

导　　读　本章主要按照肉牛的不同生理阶段,逐一介绍了犊牛的饲养管理、育成牛的饲养管理、怀孕母牛的饲养管理、分娩期母牛的饲养管理、哺乳母牛的饲养管理技术。并对犊牛的初生期管理、育成牛的初次配种和哺乳母牛产后配种等技术进行了详细论述。

第一节　犊牛的饲养管理

犊牛是指从初生至断奶阶段的小牛。这阶段的主要任务是提高犊牛成活率,给育成期牛的生长发育打下良好基础。

一、犊牛的饲养

犊牛阶段又可分为初生期(出生至 7 日龄)和哺乳期(8 日龄至断奶)两阶段。由于肉用母牛泌乳性能较差,所以肉用犊牛一般采取

"母——犊"饲养法,即随母哺乳法。

(一)初生期

初生期是犊牛由母体内寄生生活方式变为独立生活方式的过渡时期;初生犊牛消化器官尚未发育健全。瘤网胃只有雏形而无功能;真胃及肠壁虽初具消化功能,但缺乏黏液,消化道黏膜易受细菌入侵。犊牛的抗病力、对外界不良环境的抵抗力、适应性和调节体温的能力均较差,因此,新生犊牛容易受各种病菌的侵袭而引起疾病,甚至死亡。

1. 消除黏液

初生犊牛的鼻和身上沾有许多黏液。若是正常分娩,母牛会舔去犊牛身上的黏液,此举有助于刺激犊牛呼吸和加强血液循环。若母牛不能舔掉黏液,则要用清洁毛巾擦干,避免受凉,尤其要注意擦掉口鼻中的黏液,防止呼吸受阻,若已造成呼吸困难,应使其倒挂,并拍打胸部,使黏液流出。

通常情况下,犊牛的脐带自然扯断。未扯断时,用消毒剪刀在距腹部6～8厘米处剪断脐带,将脐带中的血液和黏液挤净,用5%～10%碘酊药液浸泡2～3分钟即可,切记不要将药液灌入脐带内,以免因脐孔周围组织充血、肿胀而继发脐炎。断脐不要结扎,以自然脱落为好。另外,剥去犊牛软蹄。犊牛想站立时,应帮助其站稳。

2. 早喂初乳

初乳即母牛分娩后7天内分泌的母乳。初乳的营养丰富,尤其是蛋白质、矿物质和维生素A的含量比常乳高。在蛋白质中含有大量的免疫球蛋白,对增强犊牛的抗病力具有重要作用。初乳中镁盐较多,有助于犊牛排出胎粪。初乳中还含有溶菌酶,具有杀灭各种病菌功能,同时初乳进入胃肠具有代替胃肠壁黏膜作用,阻止细菌进入血液。初乳也能促进胃肠机能的早期活动,分泌大量的消化酶。从犊牛本身来讲,初生犊牛胃肠道对母体原型抗体的通透性在生后很快开始下降,约在18小时就几乎丧失殆尽。在此期间如不能吃到足够的初乳,对犊牛的健康就会造成严重的威胁。犊牛出生后应在0.5～2小时尽量让其吃上初乳,方法是在犊牛能够自行站立时,让其接近母牛后躯,采食母乳。对个别体弱的可人工辅助,挤几滴母乳于洁净手指上,让犊牛吸吮其手指,而后引导到乳头助其吮奶。为保证犊牛哺乳充分,应给予母牛充分的营养。

(二)哺乳期

这一阶段是犊牛体尺体重增长及胃肠道发育最快的时期,尤以瘤网胃的发育最为迅速,此阶段犊牛的可塑性很大,直接影响成年牛的生产性能。

1.哺乳

自然哺乳即犊牛随母吮乳,肉用牛较普通。一般是在母牛分娩后,犊牛直接哺食母乳,同时进行必要的补饲。一般在生后 3 个月以内,母牛的泌乳量可满足犊牛生长发育的营养需要,3 个月以后母牛的泌乳量逐渐下降,而犊牛的营养需要却逐渐增加,如犊牛在这个年龄的生长受阻很难补偿。自然哺乳时应注意观察犊牛哺乳时的表现,当犊牛哺乳频繁地顶撞母牛乳房,而吞咽次数不多,说明母牛奶量低,犊牛不够吃,应加大补饲量;反之,当犊牛吸吮一段时间后,犊牛口角已出现白色泡沫时,说明犊牛已经吃饱,应将犊牛拉开,否则容易造成犊牛哺乳过量而引起消化不良。一般而言,大型肉牛平均日增重 700～800 克,小型肉牛平均日增重 600～700 克,若增重达不到上述水平的需求,应增加母牛的补饲量,或对犊牛直接增加补料量。传统的哺乳期 5～6 月龄,规模母牛场一般可实行 2～3 月龄断奶,但犊牛必须加强营养,实施早期补饲。

对于饲养产奶量高的兼用牛,如西门塔尔牛,通常可以挤奶增加收入,另外随着肉牛牛源紧张,奶公犊用于育肥越来越多,因此犊牛也采取人工哺乳。人工哺乳包括用桶直接喂和带乳头的哺乳桶或壶(图 6-1、图 6-2)。用桶喂时应将桶固定好,防止撞翻,通常采用一手持桶,另一手中指及食指浸入乳中使犊牛吸吮。当犊牛吸吮指头时,慢慢将桶提高使犊牛口紧贴牛乳而吮饮,习惯后则可将指头从口拔出,并放于犊牛鼻镜上,如此反复几次,犊牛便会自行哺饮初乳。用奶壶喂时要求奶嘴光滑牢固,以防犊牛将其拉下或撕破。在奶嘴顶部用剪子剪一个"十"字,这样会使犊牛用力吮吸,避免强灌。喂奶方案多采用"前高后低",即前期喂足奶量,后期少喂奶,多喂精粗饲料。下面介绍两种哺乳方案。

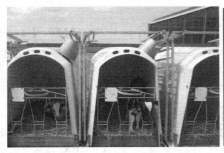

图 6-1　带有奶嘴的特制奶桶　　　　图 6-2　带乳头的哺乳壶

（于春起提供）

　　方案一:510 千克全乳,90 天哺乳期。1～10 日龄,5 千克/天;11～20 日龄,7 千克/天;21～40 日龄,8 千克/天;41～50 日龄,7 千克/天;51～60 日龄,5 千克/天,61～80 日龄,4 千克/天;81～90 日龄,3 千克/天。

　　方案二:200～250 千克全乳,45～60 天哺乳期。1～20 日龄,6 千克/天;21～30 日龄,4～5 千克/天,31～45 日龄,3～4 千克/天;46～60 日龄,0～2 千克/天。

　　对于购买奶公犊育肥,如何提高奶公犊的成活率是每位饲养者关心的问题。可以饲养产奶量高西门塔尔牛产奶饲喂,也可以使用代乳粉,目前使用效果确定的代乳粉包括奥耐尔公司生产的奥氏代乳粉。应当注意:①吃足初乳。初生犊牛应饲喂初乳 5～7 天。初乳可在−20℃下冰柜保存,饲喂前用 60℃下温水解冻。最好购买出生 2 周以后的犊牛,已经具备了一定抗运输应激、疾病等能力,成活率高。②定时定温喂奶。每天定时饲喂牛奶 2～3 次,水浴加热 39～42℃;如果使用代乳粉,按 1∶8 的比例用 50～60℃的温开水冲调成代乳奶,冬季的水温可稍高一些,注意千万不要用滚开的水。待代乳奶温度降至适宜温度时即可转移至犊牛奶瓶或小桶内饲喂。饲喂牛奶的温度非常重要,低于 38℃时犊牛易发生腹泻。③饲喂方法。哺乳期犊牛最好用奶瓶或带有奶嘴的特制奶桶喂乳,保证犊牛前期食管沟闭合完全,预防犊牛肚胀。群养时要按大小分群,以便于对每一头犊牛的采食量进行总量控制,同时便于管理。④卫生与消毒。饲喂器皿每次用完进行清洗和消毒。每天早、晚两次刷拭牛体,保持牛体清洁。牛圈 3 天消一次毒,每天清一次粪。⑤饮水。自由饮水,水质清洁。15 日龄内饮温水,冬季水温保证在 15℃以上。⑥温度和环境控制。圈舍要冬暖夏凉,温度保持在 15℃左右,通风良好,保持舍床干燥。

2.补饲

犊牛的消化与成年牛显著不同,初生时只有皱胃中的凝乳酶参与消化过程,胃蛋白酶作用很弱,也无微生物存在。到 3～4 月龄时,瘤胃内纤毛虫区系完全建立。大约 2 月开始反刍。传统的肉用犊牛的哺乳期一般为 6 个月,纯种肉牛养殖一般不实行早期断奶,我国的黄牛属于役肉兼用种,也不实行早期断奶,因此也不采取早期补饲方式。最近研究证明,早期断奶可以显著缩短母牛的产后发情间隔时间,使母牛早发情、早配种、早产犊,缩短产犊间隔,提高母牛的终生生产力和降低生产成本。由于西门塔尔改良牛产奶量高,所以在挤奶出售的情况下,实行犊牛早期断奶也是非常有利的。实行犊牛早期断奶,犊牛的提早补饲至关重要。早期喂给优质干草和精料,促进瘤胃微生物的繁殖,可促使瘤胃的迅速发育。

从 1 周龄开始,在牛栏的草架内添入优质干草(如豆科青干草等),训练犊牛自由采食,以促进瘤网胃发育。

生后 10～15 天开始训练犊牛采食精料,初喂时可将少许牛奶洒在精料上,或与调味品一起做成粥状,或制成糖化料,涂擦犊牛口鼻,诱其舔食。开始时日喂干粉料 10～20 克,到 1 月龄时,每天可采食 150～

300 克,2 月龄时可采食到 500～700 克,3 月龄时可采食到 750～1 000 克。犊牛料的营养成分对犊牛生长发育非常重要,可结合本地条件,确定配方和喂量。常用的犊牛料配方举例如下:

图 6-3　肉用犊牛补饲栏

配方一:玉米 30%,燕麦 20%,小麦麸 10%,豆饼 20%,亚麻籽饼 10%,酵母粉 10%,维生素矿物质 3%。

配方二:玉米 50%,豆饼 30%,小麦麸 12%,酵母粉 5%,碳酸钙 1%,食盐 1%,磷酸氢钙 1%(对于 0～90 日龄犊牛每吨料内加 50 克多种维生素)。

配方三:玉米 50%,小麦麸 15%,豆饼 15%,棉粕 13%,酵母粉 3%,磷酸氢钙 2%,食盐 1%,微量元素、维生素、氨基酸复合添加剂 1%。

青绿多汁饲料如胡萝卜、甜菜等,犊牛在 20 日龄时开始补喂,以促进消化器官的发育。每天先喂 20 克,到 2 月龄时可增加到 1～1.5 千克,3 月龄为 2～3 千克。

青贮料可在 2 月龄开始饲喂,每天 100～150 克,3 月龄时 1.5～2.0 千克,4～6 月龄时 4～5 千克。应保证青贮料品质优良,防止用酸败、变质及冰冻青贮料喂犊牛,以免下痢。

二、犊牛的管理

1.犊牛的管理要做到"三勤"

即勤打扫,勤换垫草,勤观察。并做到"喂奶时观察食欲、运动时观察精神、扫地时观察粪便"。健康犊牛一般表现为机灵、眼睛明亮、耳朵竖立、被毛闪光,否则就有生病的可能。特别是患肠炎的犊牛常常表现为眼睛下陷、耳朵垂下、皮肤包紧、腹部蜷缩、后躯粪便污染;患肺炎的犊牛常表现为耳朵垂下、伸颈张口、眼中有异样分泌物。其次注意观察粪便的颜色和黏稠度及肛门周围和后躯有无脱毛现象,脱毛可能是营养失调而导致腹泻。另外还应观察脐带,如果脐带发热肿胀,可能患有急性脐带感染,还可能引起败血症。

2.犊牛的管理要做到"三净"

即饲料净、畜体净和工具净。

（1）饲料净 是指牛饲料不能有发霉变质和冻结冰块现象,不能含有铁丝、铁钉、牛毛、粪便等杂质。商品配合料超过保存期禁用,自制混合料要现喂现配。夏天气温高时,饲料拌水后放置时间不宜过长。

（2）畜体净 就是保证犊牛不被污泥浊水和粪便等污染,减少疾病发生。坚持每天1～2次刷拭牛体,促进牛体健康和皮肤发育,减少体内外寄生虫病。刷拭时可用软毛刷,必要时辅以硬质刷子,但用劲宜轻,以免损伤皮肤。冬天牛床和运动场上要铺放麦秸、稻(麦、壳)或锯末等褥草垫物。夏季运动场宜干燥、遮阴,并且通风良好。

（3）工具净 是指喂奶和喂料工具要讲究卫生。如果用具脏,极易引起犊牛下痢、消化不良、臌气等病症。所以每次用完的奶具、补料槽、饮水槽等一定要洗刷干净,保持清洁。

3.防止舐癖

牛舐癖指犊牛互相吸吮,是一种极坏的习惯,危害极大。其吸吮部位包括嘴巴、耳朵、脐带、乳头、牛毛等。吸吮嘴巴易造成传染病;吸吮耳朵在寒冷情况下容易造成冻疮;吸吮脐带容易引发脐带炎;吸吮乳头导致犊牛成年后瞎乳头;吸吮牛毛容易在瘤胃内形成许多大小不一的扁圆形毛球,久之往往堵塞食道沟或幽门而致死。防止舐癖,犊牛与母牛要分栏饲养,定时放出哺乳,犊牛最好单栏饲养,其次犊牛每次喂奶完毕,应将犊牛口鼻部残奶擦净。对于已形成舐癖的犊牛,可在鼻梁前套一小木板来纠正。同时避免用奶瓶喂奶,最好使用水桶。犊牛要有适度的运动,随母牛在牛舍附近牧场放牧,放牧时适当放慢行进速度,保证休息时间。

4.做好定期消毒

冬季每月至少进行一次,夏季 10 天一次,用苛性钠、石灰水或来苏儿对地面、墙壁、栏杆、饲槽、草架全面彻底消毒。如发生传染病或有死畜现象,必须对其所接触的环境及用具作临时突击消毒。

5.称重和编号

留作种用的犊牛,称重应按育种和实际生产的需要进行,一般在初生、6 月龄、周岁、第一次配种前应予以称重。在犊牛称重的同时,还应进行编号,编号应以易于识别和结实牢固为标准。生产上应用比较广泛的是耳标法——耳标有金属的和塑料的,先在金属耳标或塑料耳标上打上号码或用不褪色的色笔写上号码,然后固定在牛的耳朵上。

6.犊牛调教

对犊牛从小调教,使之养成温顺的性格,无论对于育种工作,还是成年后的饲养管理与利用都很有利。未经过良好调教的牛,性格怪僻,人不易接近,不仅会给测量体尺、称重等育种工作带来麻烦,甚至会发生牛顶撞伤人等现象。对牛进行调教,就是管理人员要用温和的态度对待牛,经常抚摸牛,刷拭牛体,测量体温、脉搏,日子久了,就能养成犊牛温驯的性格。

7.去角

一般在生后的 15 天左右进行。去角的方法如下。

(1)固体苛性钠法 先剪去角基部的毛,然后在外周用凡士林涂一圈,以防药液流出,伤及头部或眼睛。然后用苛性钠在剪毛处涂抹,面积 1.6 厘米^2 左右。至表皮有微量血渗出为止。应注意的是正在哺乳的犊牛,施行手术后 4～5 小时才能到母牛处哺乳,以防苛性钠腐蚀母牛乳房及皮肤。应用该法可以破坏成角细胞的生长,应用效果较好。

(2)电烙器去角 将专用电烙器加热到一定温度后,牢牢地按压在角基部直到其角周围下部组织为古铜色为止,15～20 秒。烙烫后涂以青霉素软膏。

8. 去势

如果是专门生产小白牛肉,公犊牛在没有出现性特征之前就可以达到市场收购体重。因此,就不需要对牛加以阉割。生产高档牛肉,一般小公牛 4～5 月龄去势。阉牛生长速度比公牛慢 15%～20%,而脂肪沉积增加,肉质量得到改善,适于生产高档牛肉。阉割的方法有手术法、去势钳、锤砸法和注射法等。

9. 犊牛断奶

应根据当地实际情况和补饲情况而定。一般情况下,对于专门培育后备种用公犊的牛场不提倡犊牛早期断奶;即使非专门培育种用后备牛的牛场,一般也不提倡 3 周龄以下太早期断奶。因为太早期的断奶所需配制的代乳料要求质量高,成本大。肉牛业上实行早期断奶主要是为了缩短母牛产后的发情间隔时间和生产小牛肉时需要;对于饲养乳肉或肉乳兼用牛,产奶量较高,可挤奶出售,因而减少犊牛用奶量、降低成本才是其另一目的。

据李英等报道,犊牛产后 50～60 天强行断奶,母牛的产后发情时间平均为(69.0±7.0)天,比犊牛未早期断奶的哺乳母牛产后发情时间(98.8±24.6)天提前了 29 天。他们进一步的研究发现:母牛产后乏情的原因并不是由于促乳素含量高,而是由于犊牛的哺乳行为对母牛乳头的刺激使乳头的感受器兴奋,经神经传导入下丘脑,造成 GnRH 分泌抑制的结果。可见,对犊牛实行早期断奶是缩短母牛产后发情间隔时间简便而有效的手段。早期断奶时间一般为 2～3 月龄。肉乳兼用挤奶牛可采用 5 周龄断奶。

断奶应采用循序渐进的办法。当犊牛日采食固体料达 1 千克左右,且能有效地反刍时,便可断奶,同时要注意固体饲料的营养品质与营养补充,并加强日常护理。另外在预定断奶前15天,要开始逐渐增加精、粗饲料喂量,减少牛奶喂量。日喂奶次数由3次改为2次,2次再改为1次,然后隔日1次。自然哺乳的母牛在断奶前一周即停喂精料,只给粗料和干草、稻草等。使其泌乳量减少。然后把母、犊分离到各自牛舍,不再哺乳。断奶第一周,母、犊可能互相呼叫,应进行舍饲或拴饲,不让互相接触。

第二节 育成牛的饲养管理与初次配种

育成牛指断奶后到配种前的母牛。计划留作种用的后备母犊牛应在4~6月龄时选出,要求生长发育好、性情温顺、增重快。但留种用的牛不得过胖,应该具备结实的体质。此阶段发病率较低,比较容易饲养管理。但如果饲养管理不善,营养不良造成中躯和体高生长发育受阻,到成年时在体重和体型方面无法完全得到补偿,会影响其生产性能潜力的充分发挥。

一、育成牛的生长发育特点

育成牛随着年龄的增长,瘤胃功能日趋完善,12月龄左右接近成年水平,正确的饲养方法有助于瘤胃功能的完善。此阶段是牛的骨骼、肌肉发育最快时期,体型变化大。7~12月龄期间是增长强度最快阶段,生产实践中必须利用好这一特点。如前期生长受阻,在这一阶段加强饲养,可以得到部分补偿。6~9月龄时,卵巢上出现成熟卵泡,开始发情排卵,一般在18月龄左右,体重达到成年体重的70%时配种。

二、育成牛的饲养

为了增加消化器官的容量,促进其充分发育,育成牛的饲料应以粗饲料和青贮料为主,适当补充精料。

1. 舍饲育成牛的饲养

(1)断奶以后　断奶以后的育成牛采食量逐渐增加,对于种用者来说,应特别注意控制精料饲喂量,每头每日不应超过 2 千克;同时要尽量多喂优质青粗饲料,以更好地促使其向适于繁殖的体型发展。3～6 月龄可参考的日粮配方:精料 2 千克,干草 1.4～2.1 千克或青贮 5～10 千克。

(2)7～12 月龄　7～12 月龄的育成牛利用青粗饲料能力明显增强。该阶段日粮必须以优质青粗饲料为主,每天的采食量可达体重的 7%～9%,占日粮总营养价值的 65%～75%。此阶段结束,体重可达 250 千克。混合精料配方参考如下:玉米 46%,麸皮 31%,高粱 5%,大麦 5%,酵母粉 4%,叶粉 3%,食盐 2%,磷酸氢钙 4%。日喂量:混合料 2～2.5 千克,青干草 0.5～2 千克,玉米青贮 11 千克。

(3)13～18 月龄　为了促进性器官的发育,其日粮要尽量增加青贮、块根、块茎饲料。其比例可占到日粮总量的 85%～90%。但青粗饲料品质较差时,要减少其喂量,适当增加精料喂量。

此阶段正是育成牛进入体成熟的时期,生殖器官和卵巢的内分泌功能更趋健全,若发育正常在 16～18 月龄时体重可达成年牛的 70%～75%。这样的育成母牛即可进行第一次配种,但发育不好或体重达不到这个标准的育成牛,不要过早配种,否则对牛本身和胎儿的发育均有不良影响。此阶段消化器官的发育已接近成熟,要保持营养适中,不能过于丰富也不能营养不良,否则过肥不易受孕或造成难产,过瘦使发育受阻,体躯狭浅,延迟其发情和配种。

混合料可采用如下配方:①玉米 40%,豆饼 26%,麸皮 28%,尿素 2%,食盐 1%,预混料 3%。②玉米 33.7%,葵花饼 25.3%,麸皮 26%,

高粱 7.5%,碳酸钙 3%,磷酸氢钙 2.5%,食盐 2%。日喂量:混合料 2.5 千克,玉米青贮 13～20 千克,羊草 2.5～3.5 千克,甜菜(粉)渣 2～4 千克。

(4)18～24 月龄　一般母牛已配种怀孕。育成牛生长速度减小,体躯显著向深宽方向发展。初孕到分娩前 2～3 个月,胎儿日益长大,胃受压,从而使瘤胃容积变小,采食量减少,这时应多喂一些易于消化和营养含量高的粗饲料。日粮应以优质干草、青草、青贮料和多汁饲料及氨化秸秆作基本饲料,少喂或不喂精料。根据初孕牛的体况,每日可补喂含维生素、钙磷丰富的配合饲料 1～2 千克。这个时期的初孕牛体况不得过肥,以看不到肋骨较为理想。发育受阻及妊娠后期的初孕牛,混合料喂量可增加到 3～4 千克。

2. 舍饲育成牛的放牧

采用放牧饲养时,要严格把公牛分出单放,以避免偷配而影响牛群质量。对周岁内的小牛宜近牧或放牧于较好的草地上。冬、春季应采用舍饲。

对于育成母牛,如有放牧条件,应以放牧为主。放牧青草能吃饱时,非良种黄牛每天平均增重可达 400 克,良种牛及其改良牛可达到 500 克,通常不必回圈补饲。青草返青后开始放牧时,嫩草含水分过多,能量及镁缺乏,必须每天在圈内补饲干草或精料,补饲时机最好在牛回圈休息后,夜间进行。夜间补饲不会降低白天放牧采食量,也免除了回圈立即补饲而使牛群回圈路上奔跑所带来的损失。补饲量应根据牧草生长情况而定。冬末春初每头育成牛每天应补 1 千克左右配合料,每天喂给 1 千克胡萝卜或青干草,或者 0.5 千克苜蓿干草,或每千克料配入 1 万国际单位维生素 A。

3. 舍饲育成牛的管理

(1)分群　犊牛断奶后根据性别和年龄情况进行分群。首先是公母牛分开饲养,因为公母牛的发育和对饲养管理条件的要求不同;分群时同性别内年龄和体格大小应该相近,月龄差异一般不应超过 2 个月,体重差异不高于 30 千克。

（2）加强运动　在舍饲条件下，青年母牛每天应至少有 2 小时以上的运动，一般采取自由运动。在放牧的条件下，运动时间一般足够。加强育成牛的户外运动，可使其体壮胸阔，心肺发达，食欲旺盛。如果精料过多而运动不足，容易发胖，体短肉厚个子小，早熟早衰，利用年限短。

（3）刷拭和调教　为了保持牛体清洁，促进皮肤代谢和养成温驯的气质，育成牛每天应刷拭 1～2 次，每次 5～10 分钟。

（4）放牧管理　采用放牧饲养时，要严格把公牛分出单放，以避免偷配而影响牛群质量。对周岁内的小牛宜近牧或放牧于较好的草地上。冬、春季应采用舍饲。

三、育成牛的初次配种

（1）初情期　犊牛出生以后，随着年龄的增长及各系统的发育，生殖系统的结构与功能也日趋完善和成熟。母牛达到初情期的标志是初次发情。在初情期，母牛虽然开始出现发情症状，但这时的发情是不完全、不规则的，而且常不具备生育力。肉用育成牛初情期一般在 6～12 月龄。

（2）性成熟　性成熟指的是母牛有完整的发情表现，可排出能受精的卵子，形成了有规律的发情周期，具备了繁殖能力，叫做性成熟。性成熟是牛的正常生理现象。性成熟期的早晚与品种、性别、营养、管理水平、气候等遗传方面和环境方面的多种因素有关，也是影响肉牛生产的因素之一。如小型早熟品种甚至在哺乳期（6～8 月龄）内就可达到性成熟；而大型、晚熟品种，则需长到 12 月龄或更晚。幼牛在生长期如果一直处于营养状况良好的条件下，可比营养不良的牛性成熟早 4～6 个月。放牧牛在气候适宜、牧草丰盛的条件下性成熟早，反之就晚。春夏季出生的母牛性成熟较早，秋冬季出生的母牛性成熟较晚。

（3）体成熟　性成熟的母牛虽然已经具有了繁殖后代的能力，但母牛的机体发育并未成熟,全身各器官系统尚处于幼稚状态,此时尚不能参加配种,承担繁殖后代的任务。过早配种对育成母牛有不良影响。有的在育成母牛尚未到12月龄,就已使之怀孕。这种现象会对母牛后期生长发育产生不良影响,因为此时的育成母牛身体的生长发育仍未成熟,还需要大量的营养物质来满足自身的生长发育需要,倘若过早地使之配种受孕,则不仅会妨碍母牛身体的生长发育,造成母牛个体偏小,分娩时由于身体各器官系统发育不成熟而易于难产,而且还会使母腹中的胎儿由于得不到充足的营养而体质虚弱,发育不良,甚至娩出死胎。

体成熟是指公母牛骨骼、肌肉和内脏各器官已基本发育完成,而且具备了成年时固有的形态和结构。因此,母牛性成熟并不意味着配种适龄,因为在整个个体的生长发育过程中,体成熟期要比性成熟期晚得多,这时虽然性腺已经发育成熟,但个体发育尚未完善。育成母牛交配过早,不仅会影响其本身的正常发育和生产性能,缩短利用年限,并且还会影响到幼犊的生活力和生产性能。只有当母牛生长发育基本完成时,其机体具有了成年牛的结构和形态,达到体成熟时才能参加配种。通常肉牛的初次输精(配种)适龄为16～18月龄,或达到成年母牛体重的70%为宜。

一般来说,性成熟早的母牛,体成熟也早,可以早点配种、产犊,从而提高母牛终生的产犊数并增加经济效益。育成母牛初配年龄应在加强饲养管理和培育的基础上,根据其生长发育和健康状况而决定,只有发育良好的育成母牛才可提前配种。这样可提高母牛的生产性能,降低生产成本。

第三节　怀孕母牛的饲养管理

怀孕期母牛的营养需要和胎儿的生长有直接关系。妊娠前期胎儿各组织器官处于分化形成阶段,营养上不必增加需要量,但要保证饲养的全价性,尤其是矿物元素和维生素 A、维生素 D 和维生素 E 的供给。对于没有带犊的母牛,饲养上只考虑母牛维持和运动的营养需要量;对于带犊母牛,饲养上应考虑母牛维持、运动、泌乳的营养需要量。一般而言,以优质青粗饲料为主,精料为辅。胎儿的增重主要在妊娠的最后 3 个月,此期的增重占犊牛初生重的 70%～80%,需要从母体供给大量营养,饲养上要注意增加精料量,多给蛋白质含量高的饲料。一般在母牛分娩前,至少要增重 45～70 千克,才足以保证产犊后的正常泌乳与发情。

(一)舍饲

舍饲时可一头母牛一个牛床,单设犊牛室;也可在母牛床侧建犊牛岛,各牛床间用隔栏分开。前一种方式设施利用率高,犊牛易于管理,但耗工;后一种方式设施利用率低,简便省事,节约劳动力。舍饲的牛舍要设运动场,以保证繁殖母牛有充足的光照和运动。

(1)日粮　按以青粗饲料为主适当搭配精饲料的原则,参照饲养标准配合日粮。粗料如以玉米秸为主,由于蛋白质含量低,可搭配 1/3～1/2 优质豆科牧草,再补饲饼粕类,也可以用尿素代替部分饲料蛋白。粗料以麦秸为主时,则须搭配豆科牧草,根据膘情补加混合精料 1～2 千克,精料配方:玉米 52%,饼类 20%,麸皮 25%,石粉 1%,食盐 1%,微量元素、维生素 1%。另每头牛每天添加 1 200～1 600 国际单位维生素 A。怀孕母牛应适当控制棉籽饼、菜籽饼、酒糟等饲料的喂量。

(2)管理　精料量较多时,可按先精后粗的顺序饲喂。精料和多汁饲料较少(占日粮干物质 10%以下)时,可采用先粗后精的顺序饲喂,即先喂粗料,待牛吃半饱后,在粗料中拌入部分精料或多汁料碎块,引诱牛多采食,最后把余下的精料全部投饲,吃净后下槽。不能喂冰冻、发霉饲料。饮水温度要求不低于 10℃。怀孕后期应做好保胎工作,无论放牧或舍饲,都要防止挤撞、猛跑。在饲料条件较好时,要避免过肥和运动不足。充足的运动可增强母牛体质,促进胎儿生长发育,并可防止难产。

(二)放牧

以放牧为主的肉牛业,青草季节应尽量延长放牧时间,一般可不补饲。枯草季节,根据牧草质量和牛的营养需要确定补饲草料的种类和数量;特别是在怀孕最后的 2~3 个月,如遇枯草期,应进行重点补饲,另外枯草期维生素 A 缺乏,注意补饲胡萝卜,每头每天 0.5~1 千克,或添加维生素 A 添加剂;另外应补足蛋白质、能量饲料及矿物质的需要。精料补量每头每天 1 千克左右。精料配方:玉米 50%,麦麸 10%,豆饼 30%,高粱 7%,石粉 2%,食盐 1%。

第四节　分娩期母牛的饲养管理

分娩期(围产期)是指母牛分娩前后各 15 天。这一阶段对母牛、胎犊和新生犊牛的健康都非常重要。围产期母牛发病率高,死亡率也高,因此必须加强护理。围产期是母牛经历妊娠至产犊至泌乳的生理变化过程,在饲养管理上有其特殊性。

(一)产前准备

母牛应在预产期前 1~2 周进入产房。产房要求宽敞、清洁、保暖、环境安静,并在母牛进入产房前用 10% 石灰水粉刷消毒,干后在地面铺以清洁干燥、卫生(日光晒过)的柔软垫草。在产房临产母牛应单栏饲养并可自由运动,喂易消化的饲草饲料,如优质青干草、苜蓿干草和少量精料;饮水要清洁卫生,冬天最好饮温水。

在产前要准备好用于接产和助产的用具、器具和药品,在母牛分娩时,要细心照顾,合理助产,严禁粗暴。为保证安全接产,必须安排有经验的饲养人员昼夜值班,注意观察母牛的临产症状,保证安全分娩。纯种肉用牛难产率较高,尤其初产母牛,必须做好助产工作。

母牛在分娩前1~3天,食欲低下,消化机能较弱,此时要精心调配饲料,精料最好调制成粥状,特别要保证充足的饮水。

(二)临产征兆

随着胎儿的逐步发育成熟和产期的临近,母牛在临产前发生一系列变化。主要有:

(1)乳房　产前约半个月乳房开始膨大,一般在产前几天可以从乳头挤出黏稠、淡黄色液体,当能挤出乳白色初乳时,分娩可在1~2天内发生。

(2)阴门分泌物　妊娠后期阴唇肿胀,封闭子宫颈口的黏液塞溶化,如发现透明索状物从阴门流出,则1~2天内将分娩。

(3)"塌沿"　妊娠末期,骨盆部韧带软化,臀部有塌陷现象。在分娩前一两天,骨盆韧带充分软化,尾部两侧肌肉明显塌陷,俗称"塌沿",这是临产的主要症状。

(4)宫缩　临产前,子宫肌肉开始扩张,继而出现宫缩,母牛卧立不安,频频排出粪尿,不时回头,说明产期将近。

观察到以上情况后,应立即做好接产准备。

(三)接产

一般胎膜小泡露出后10~20分钟,母牛多卧下(要使它向左侧卧)。当胎儿前蹄将胎膜顶破时,要用桶将羊水(胎水)接住,产后给母牛灌服3.5~4千克,可预防胎衣不下。正常情况下,是两前脚夹着头先出来;倘发生难产,应先将胎儿顺势推回子宫,矫正胎位,不可硬拉。倒生时,当两腿产出后,应及早拉出胎儿,防止胎儿腹部进入产道后脐带被压在骨盆底下,造成胎儿窒息死亡。若母牛阵缩、努责微弱,应进行助产。用消毒绳缚住胎儿两前肢系部,助产者双手伸入产道,大拇指插入胎儿口角,然后捏住下颚,乘母牛努责时,一起用力拉,用力方向应稍向母牛臀部后上方。但拉的动作要缓慢,以免发生子宫内翻或脱出。当胎儿腹部通过阴门时,用手捂住胎儿脐孔部,防止脐带断在脐孔内,并延长断脐时间,使胎儿获得更多的血液。母牛分娩后应尽早将其驱起,以免流血过多,也有利于生殖器官的复位。为防子宫脱出,可牵引母牛缓行 15 分钟左右,以后逐渐增加运动量。

(四)产后护理

母牛分娩后,由于大量失水,要立即喂母牛以温热、足量的麸皮盐水(麸皮 1～2 千克,盐 100～150 克,碳酸钙 50～100 克,温水 15～20 千克),可起到暖腹、充饥、增腹压的作用。同时喂给母牛优质、嫩软的干草 1～2 千克。为促进子宫恢复和恶露排出,还可补给益母草温热红糖水(益母草 250 克,水 1 500 克,煎成水剂后,再加红糖 1 000 克,水 3 000 克),每日 1 次,连服 2～3 天。

胎衣一般在产后 5～8 小时排出,最长不应超过 12 小时。如果超过 12 小时,尤其是夏天,应进行药物治疗,投放防腐剂或及早进行剥离手术,否则易继发子宫内膜炎,影响今后的繁殖。可在子宫内投入 5%～10% 的氯化钠溶液 300～500 毫升或用生理盐水 200～300 毫升溶解金霉素、土霉素或氯霉素 2～5 克,注入子宫内膜和胎衣间。胎衣排出后应检查是否排出完全及有无病理变化,并密切注意恶露排出的颜色、气味和数量,以防子宫弛缓引起恶露滞留,导致疾病。要防止母牛自食胎衣,以免引起消化不良。如胎衣在阴门外太长,最好打一个结,不让后蹄踩踏;严禁拴系重物,以防子宫脱出。对于挤奶的母牛,产后 5 天内不要挤净初乳,可逐步增加挤奶量。母牛产后一般康复期为 2～3 周。

母牛经过产犊,气血亏损,抵抗力减弱,消化机能及产道的恢复需要一段时间,而乳腺的分泌机能却在逐渐加强,泌乳量逐日上升,形成了体质与产乳的矛盾。此时在饲养上要以恢复母牛体质为目的。在饲料的调配上要加强其适口性,刺激牛的食欲。粗饲料则以优质干草为主。精料不可太多,但要全价,优质,适口性好,最好能调制成粥状,并可适当添加一定的增味饲料,如糖类等。对体弱母牛,在产犊 3 天后喂给优质干草,3～4 天后可喂多汁饲料和精饲料。当乳房水肿完全消失时,饲料即可增至正常。如果母牛产后乳房没有水肿,体质健康粪便正常,在产犊后第一天就可喂给多汁饲料,到 6～7 天时,便可增加到足够喂量。要保持充足、清洁、适温的饮水。一般产后 1～5 天应饮给温水,水温 37～40℃,以后逐渐降至常温。

产犊的最初几天,母牛乳房内血液循环及乳腺细胞活动的控制与调节均未正常,如乳房水肿严重,要加强乳房的热敷和按摩,每次挤奶热敷按摩 5～10 分钟,促进乳房消肿。

分娩后阴门松弛,躺卧时黏膜外翻易接触地面,为避免感染,地面应保持清洁,垫草要勤换。母牛的后躯阴门及尾部应用消毒液清洗,以保持清洁。加强监护,随时观察恶露排出情况,观察阴门、乳房、乳头等部位是否有损伤。每日测 1～2 次体温,若有升高及时查明原因进行处理。

第五节　哺乳母牛的饲养管理与产后配种

(一)哺乳母牛的饲养管理

哺乳母牛的主要任务是多产奶,以供犊牛需要。母牛在哺乳期所消耗的营养比妊娠后期要多;每产 1 千克含脂率 4％的奶,相当消耗 0.3～0.4 千克配合饲料的营养物质。1 头大型肉用母牛,在自然哺乳时,平均日产奶量可达 6～7 千克,产后 2～3 个月到达泌乳高峰;本地黄牛产后平均日产奶 2～4 千克,泌乳高峰多在产后 1 个月出现。西门塔尔等兼用牛平均日产奶量可达 10 千克以上,此时母牛如果营养不足,不仅产乳量下降,还会损害健康。

母牛分娩 3 周后,泌乳量迅速上升,母牛身体已恢复正常,应增加精料用量,日粮中粗蛋白含量以 10％～11％为宜,应供给优质粗饲料。饲料要多样化,一般精、粗饲料各由 3～4 种组成,并大量饲喂青绿、多汁饲料,以保证泌乳需要和母牛发情。舍饲饲养时,在饲喂青贮玉米或氨化秸秆保证维持需要的基础上,补喂混合精料 2～3 千克,并补充矿物质及维生素添加剂。放牧饲养时,因为早春产犊母牛正处于牧地青草供应不足的时期,为保证母牛产奶量,要特别注意泌乳早期的补饲。除补饲秸秆、青干草、青贮料等,每天补喂混合精料 2 千克左右,同时注意补充矿物质及维生素。头胎泌乳的青年母牛除泌乳需要外,还需要继续生长,营养不足对繁殖力影响明显,所以一定要饲喂优良的禾本科及豆科牧草,精料搭配多样化。在此期间,应加强乳房按摩,经常刷拭牛体,促使母牛加强运动,充足饮水。

分娩 3 个月后,产奶量逐渐下降,母牛处于妊娠早期,饲养上可适当减少精料喂量,并通过加强运动、梳刮牛体、给足饮水等措施,加强乳房按摩及精细的管理,可以延缓泌乳量下降;要保证饲料质量,注意蛋白质品质,供给充足的钙磷、微量元素和维生素。这个时期,牛的采食量有较大增长,如饲喂过量的精料,极易造成母牛过肥,影响泌乳和繁殖。因此,应根据体况和粗饲料供应情况确定精料喂量,多供青绿多汁饲料。

现列出两个哺乳期母牛的精料配方,供参考。

配方 1:玉米 50％,熟豆饼(粕)10％,棉仁饼(或棉粕)5％,胡麻饼 5％,花生饼 3％,葵籽饼 4％,麸皮 20％,磷酸氢钙 1.5％,碳酸钙 0.5％,食盐 0.9％,微量元素和维生素添加剂 0.1％。

配方 2:玉米 50％,熟豆饼(粕)20％,麸皮 12％,玉米蛋白 10％,酵母饲料 5％,磷酸氢钙 1.6％,碳酸钙 0.4％,食盐 0.9％,强化微量元素与维生素添加剂 0.1％。

(二)产后配种

繁殖母牛在产后配种前应具有中上等膘情,过瘦过肥往往影响繁殖。在肉用母牛的饲养管理中,容易出现精料过多而又运动不足,造成母牛过肥,不发情。但在营养缺乏、母牛瘦弱的情况下,也会造成母牛不发情而影响繁殖。瘦弱母牛配种前1～2个月加强饲养,应适当补饲精料,提高受胎率。

母牛产后开始出现发情平均为产后34天(20～70天)。但由于我国各种原因,1998年张志胜等对河北大厂、赞皇、丰宁、抚宁等县西杂牛的调查,母牛产后第一次发情时间平均138.5天。一般母牛产后1～3个情期,发情排卵比较正常,随着时间的推移,犊牛体重增大,消耗增多,如果不能及时补饲,往往母牛膘情下降,发情排卵受到影响。因此,产后多次错过发情期,则情期受胎率会越来越低。如果出现此种情况,应及时进行直肠检查,摸清情况,慎重处理。

母牛出现空怀,应根据不同情况加以处理。造成母牛空怀的原因,有先天和后天两个方面。先天不孕一般是由于母牛生殖器官发育异常,如子宫颈位置不正、阴道狭窄、幼稚病、异性孪生的母犊和两性畸形等,先天性不孕的情况较少,在育种工作中淘汰那些隐性基因的携带者,就能加以解决。后天性不孕主要是由于营养缺乏、饲养管理及生殖器官疾病所致。

成年母牛因饲养管理不当造成不孕,在恢复正常营养水平后,大多能够自愈。在犊牛时期由于营养不良致生长发育受阻,影响生殖器官正常发育而造成的不孕,则很难用饲养方法补救。若育成母牛长期营养不足,则往往导致初情期推迟,初产时出现难产或死胎,并且影响以后的繁殖力。

另外改善饲养管理条件,增加运动和日光浴可增强牛群体质、提高母牛的繁殖能力。牛舍内通风不良,空气污浊,夏季闷热,冬季寒冷,过度潮湿等恶劣环境极易危害牛体健康,敏感的个体,很快停止发情。因此,改善饲养管理条件十分重要。

思考题

1.初生期犊牛应当怎样管理?

2.如何提高奶公犊的成活率?

3.简述犊牛的饲养管理。

4.育成牛的初次配种在什么时间较为适宜?

5.母牛产后应当怎样护理?

6.要做到产后适时配种应当采取什么措施?

 规模化生态养殖技术

第七章

肉牛生态育肥技术

导　　读　从遗传因素、生理因素和环境因素论述了影响肉牛育肥效果的因素;重点叙述了肉牛育肥技术中小白牛肉生产技术、小牛肉生产技术、舍饲持续育肥技术、放牧舍饲持续育肥技术、架子牛育肥技术、高档牛肉生产技术、有机牛肉生产技术。

第一节　影响肉牛育肥效果的因素

一、遗传因素

肉牛的品种和品种间的杂交等都影响肉牛育肥效果。

专用肉牛品种比乳用牛、乳肉兼用牛和我国的黄牛等生长育肥速度快,特别是能进行早期育肥,提前出栏,饲料利用率、屠宰率和胴体净肉率高,肉的质量好。一般优良的肉用品种牛,肥育后的屠宰率平均为

60％～65％,最高的可达 68％～72％;肉乳兼用品种达 62％以上,而一般乳用型荷斯坦牛只有 35％～43％。

近年来,国外已广泛采用品种间经济杂交,利用杂交优势,能有效地提高肉牛的生产力。美国、前苏联等国的研究结果表明,两品种的杂交后代生长快,饲料利用率高,其产肉能力比纯种提高 15％～20％。三品种杂交效果比两品种杂交更好,所得杂交后代的早熟性和肉的质量均胜过纯种牛。

我国利用国外优良肉牛品种的公牛与我国黄牛杂交,杂交后代的杂种优势使生长速度和肉的品质都得到了很大提高。杂交改良牛初生重明显增加,各阶段生长速度显著提高。经测定,几种杂交改良二代牛的初生重比本地黄牛提高 21.33％～68.62％,18 月龄体重提高 20.82％～61.47％,24 月龄体重提高 14.08％～40.79％。黄牛经过杂交改良,体型明显增大,随着杂交代数的提高,体型逐步向父本类型过渡。经过大量试验表明,西杂改良种不但产奶量提高,而且乳质量好;西杂、夏杂、利杂等改良种,肉用性能显著提高,屠宰率、净肉率和眼肌面积增加,肌肉丰满,仍保持了中国黄牛肉的多汁、口感好及风味可口等特点。

西杂牛(西门塔尔牛与本地牛杂交后代),毛色以黄(红)白花为主,花斑分布随着代数增加而趋整齐,体躯深宽高大,结构匀称,体质结实,肌肉发达;乳房发育良好,体型向乳肉兼用型方面发展;利杂牛(利木赞牛与本地牛杂交后代),毛色黄色或红色,体躯较长,背腰平直,后躯发育良好,肌肉发达,四肢稍短,呈肉用型;夏杂牛(夏洛来牛与本地牛杂交后代),毛色为草白或灰白,有的呈黄色(或奶油白色),体型增大,背腰宽平、臀、股、胸肌发达,四肢粗壮,体质结实,呈肉用型;黑杂牛(荷斯坦牛与本地牛杂交后代),毛色以全黑到大小不等的黑白花毛片,体躯高大、细致,生长快速,杂交三代牛呈乳用牛体型,趋于纯种奶牛;另外还有短角牛、安格斯牛等与本地牛杂交的改良牛,体型结构都较本地黄牛有明显改进。用皮埃蒙特公牛与西杂一代母牛进行三元杂交后,杂交后代背宽,后躯丰满,增重快,321 天体重达到 415 千克,得到了普遍认可。

二、生理因素

年龄和性别等生理因素对肉牛生产力有一定影响。

（1）年龄因素 一般幼龄牛的增重以肌肉、内脏、骨骼为主，而成年的增重除增长肌肉外，主要是沉积脂肪。年龄对牛的增重影响很大。一般规律是肉牛在出生第 1 年增重最快，第 2 年增重速度仅为第 1 年的 70％，第 3 年的增重又只有第 2 年的 50％（见表 7-1）。饲料利用率随年龄增长、体重增大，呈下降趋势，一般年龄越大，每千克增重消耗的饲料也越多。在同一品种内，牛肉品质和出栏体重有非常密切的关系，出栏体重小，往往不如体重大的牛，但变化不如年龄的影响大。按年龄，大理石花纹形成的规律是：12 月龄以前花纹很少；12～24 月龄之间，花纹迅速增加，30 月龄以后花纹变化很微小。由此看出要获得经济效益高的高档牛肉，需在 18～24 月龄时出栏。目前国外肉牛的屠宰年龄一般为 1～1.5 岁，最迟不超过 2 岁。

表 7-1 年龄与肥育效果

牛年龄	头数	平均日龄	平均活重（千克）	出生后每日增重（千克）	肥育全期增重（千克）	
					总增重	日增重
1 岁以下	30	297	354	1.19	354	1.19
1～2 岁	152	612	606	0.99	252	0.799
2～3 岁	145	943	744	0.79	138	0.422
3 岁以上	133	1 283	880	0.69	136	0.395

＊引自《肉牛学》李登元。

（2）性别因素 性别影响牛的育肥速度，在同样的饲养条件下，以公牛生长最快，阉牛次之，母牛最慢，在肥育条件下，公牛比阉牛的增重速度高 10％，阉牛比母牛的增重速度高 10％。这是因为公牛体内性激素——睾酮含量高的缘故。因此如果在 24 月龄以内肥育出栏的公牛，以不去势为好。牛的性别影响肉的质量。一般地说，母牛肌纤维细，结缔组织较少,肉味亦好,容易育肥;公牛比阉牛、母牛具有较多的瘦肉,肉色鲜艳,风味醇厚,较高的屠宰率和较大的眼肌面积,经济效益高;而阉牛胴体则有较多的脂肪。

三、环境因素

环境因素包括饲养水平和营养状况、管理水平、外界气温等。环境因素对肉牛生产能力的影响占 70%。

1. 饲养水平和营养状况

饲料是改善肉的品质、提高肉的产量最重要的因素。日粮营养是转化牛肉的物质基础,恰当的营养水平结合牛体的生长发育特点能使育肥肉牛提高产肉量,并获得含水量少、营养物质多、品质优良的肉。另外肉牛在不同的生长育肥阶段,对营养水平要求不同,幼龄牛处于生长发育阶段,增重以肌肉为主,所以需要较多的蛋白质饲料;而成年牛和育肥后期增重以脂肪为主,所以需要较高的能量饲料。饲料转化为肌肉的效率远远高于饲料转化为脂肪的效率。

(1)精、粗饲料比例 在肉牛的育肥阶段,精饲料可以提高牛胴体脂肪含量,提高牛肉的等级,改善牛肉风味。粗饲料在育肥前期可锻炼胃肠机能,预防疾病的发生,这主要是由于牛在采食粗料时,能增加唾液分泌并使牛的瘤胃微生物大量繁殖,使肉牛处于正常的生理状态,另外由于粗饲料可消化养分含量低,防止血糖过高,低血糖可刺激牛分泌生长激素,从而促进生长发育。

一般肉牛育肥阶段日粮的精、粗比例为:前期粗料为 55%~65%,精料为 45%~35%;中期粗料为 45%,精料为 55%;后期粗料为 15%~25%,精料为 85%~75%。

(2)营养水平 采用不同的营养水平,增重效果不同(表 7-2)。

由表 7-2 可以看出:①育肥前期采用高营养水平时,虽然前期日增重提高,但持续时间不会很长,因此,当继续高营养水平饲养时,增重反而降低。②育肥前期采用低营养水平,前期虽增重较低,但当采用高营养水平时,增重提高。③从育肥全程的日增重和饲养天数综合比较,育肥前期,营养水平不宜过高,肉牛育肥期的营养类型以中高型较为理想。

表7-2　营养水平与增重的关系

营养水平	试牛头数	育肥天数	始重/千克	前期终重/千克	后期终重/千克	前期日增重/千克	后期日增重/千克	全程日增重/千克
高高型	8	394	284.5	482.6	605.1	0.94	0.68	0.81
中高型	11	387	275.7	443.4	605.5	0.75	0.99	0.86
低高型	7	392	283.7	400.1	604.6	0.55	1.13	0.82

（3）饲料添加剂　使用适当的饲料添加剂可使肉牛增重速度提高,如脲酶抑制剂、瘤胃调控剂、瘤胃素等,详见本书肉牛饲料添加剂部分。

（4）饲料形状　饲料的不同形状,饲喂肉牛的效果不同。一般来说颗粒料的效果优于粉状料,使日增重明显增加。精料粉碎不宜过细,粗饲料以切短利用效果最好。

2.环境温度影响肉牛的育肥速度

最适气温为10～21℃,低于7℃,牛体产热量增加,维持需要增加,要消耗较多的饲料,肉牛的采食量增加2%～25%;环境温度高于27℃,牛的采食量降低3%～35%,增重降低。在温暖环境中反刍动物利用粗饲料能力增强,而在较低温度时消化能力下降。在低温环境下,肉犊牛比成年肉牛更易受温度影响。空气湿度也会影响牛的育肥,因为湿度会影响牛对温度的感受性,尤其是低温和高温条件下,高湿会加剧低温和高温对牛的危害。总之,不适合肉牛生长的恶劣环境和气候对肉牛肥育有较大影响,所以,在冬、夏季节要注意保暖和降温,为肉牛创造良好的生活环境。

3.饲养管理因素

饲养管理的好坏直接影响育肥速度。除采食外,尽量使牛少运动。圈舍应保持良好的卫生状况和环境条件,育肥前进行驱虫和疫病防治,经常刷拭牛体,保持体表干净等。

第二节　犊牛育肥技术

一、小白牛肉生产技术

小白牛肉是指犊牛生后一般是将犊牛培育至 6～8 周龄体重 90 千克时屠宰，或 18～26 周龄，体重达到 180～240 千克屠宰。完全用全乳、脱脂乳、代用乳饲喂，生产白牛肉犊牛少喂或不喂其他饲料，因此白牛肉生产不仅饲喂成本高，牛肉售价也高，其价格是一般牛肉价格的 2～10 倍。

小白牛肉的肉质软嫩，味道鲜美，肉呈白色或稍带浅粉色，营养价值很高，蛋白质含量比一般的牛肉高，脂肪却低于普通牛肉，人体所需的氨基酸和维生素齐全，又容易消化吸收，属于高档牛肉。

小白牛肉的生产以荷兰最为突出。荷兰乳用品种牛肉占牛肉总产量的 90％，其产的小白牛肉向多个国家出口，价格昂贵，以柔嫩多汁、味美色白而享誉世界。其他如欧共体、德、美、加、澳、日等国的发展也很快。

1. 小白牛肉分类

鲍布小牛肉：犊牛的屠宰年龄少于 4 周，屠宰活重 57 千克以下，其瘦肉颜色呈淡粉红色，肉质极嫩。

犊牛小牛肉：犊牛的屠宰年龄为 4～12 周龄，活重 57～140 千克。

特殊饲喂小犊牛肉：犊牛全部饲喂给全乳或营养全价的代乳粉，直到 12～26 周龄，体重达到 150～240 千克屠宰。肉色为象牙白或奶油状的粉红，肉质柔软、有韧性，肉味鲜美。这种特殊饲喂的小白牛肉大约占美国小白牛肉产量的 85％，荷兰基本也采用此生产模式。

精料饲喂的小牛肉：犊牛前 6 周以牛乳为基础饲喂，然后喂以全谷物和蛋白的日粮,这种犊牛肉肉色较深,有大理石纹和可见的脂肪,屠宰年龄5～6月龄,活重220～260千克。

2.小白牛肉生产的饲养模式

(1)单笼拴系饲养　传统的饲养方式,犊牛笼尺寸大多选用的是64～74厘米宽、176厘米长的犊牛笼。其笼子地面多用条形板或是镀了金属的塑料铺设,其间有空隙,以便及时清除粪尿。笼前方有开口,可供犊牛将头伸出采食饲料和饮水。笼子两个侧面也是用条形板围成,用来防止犊牛之间的相互吮舔,整个牛笼后部和顶部均是敞开的,犊牛用61～92厘米长的塑料绳或者金属链子拴系到笼子前面,限制其自由活动。

(2)单笼不拴系饲养　为了保证动物健康和福利,目前有些国家规定了犊牛的活动空间,一般每头牛位1.8米^2,在荷兰犊牛笼尺寸大多选用的是80～100厘米宽、180～200厘米长的犊牛笼。地面多用条形木板。保证犊牛能够转身活动。

(3)圈舍群养　犊牛在条形板铺成的圈舍里群养,每头犊牛所占面积1.3～1.8米^{2}不等,在此种饲喂模式下,犊牛在进入育肥场后,将每头牛拴系起来进行饲喂,6～8周以后,只在每天喂料的30分钟里将犊牛拴系起来,其他时间让其自由活动。地面选用条形板或者铺放干草垫,在地面铺放干草垫时,给犊牛戴上了口罩,防止其采食干草。

(4)群饲与单独饲养结合模式(荷兰饲养模式)　犊牛在前8周采取小圈群饲,5头一圈,共约9米^2;8周后每头单独饲养,每头牛位1.8米^2,见图7-1、图7-2。

3.犊牛的选择

生产白牛肉的犊牛品种很多,肉用品种、乳用品种、兼用品种或杂交种牛犊都可以。目前以前期生长速度快、牛源充足、价格较低的奶牛公犊为主,且便于组织生产。奶牛公犊一般选择初生重不低于40千克、无缺损、健康状况良好的初生公牛犊。体质良好,最好为母牛两产以上所生的犊牛。体形外貌应选择头方嘴大、前管围粗壮、蹄大的犊牛。

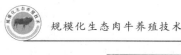

图 7-1   小圈群饲

图 7-2   单笼饲养

4. 育肥方法

（1）全乳或代乳粉   传统的白牛肉生产,由于犊牛吃了草料后肉色会变暗,不受消费者欢迎,为此犊牛肥育不能直接饲喂精料、粗料,应以全乳或代乳品为饲料。1 千克牛肉约消耗 10 千克牛乳,很不经济,因此,近年来采用代乳料加人工乳喂养越来越普遍。采用代乳料和人工乳喂养,平均每生产 1 千克小白牛肉需 1.3 千克的干代乳料或人工乳。不同代乳料间质量差异很大,主要与脂质水平和蛋白源相关(植物源蛋白、动物血清、鸡蛋蛋白及乳源蛋白)。4 周龄前的犊牛不能有效消化植物源蛋白,因此不能仅为了节省成本而冒险使用低质代乳料。小白牛肉全乳生产方案见表 7-3。

表 7-3　小白牛肉全乳生产方案

日龄	日给乳量/千克	日增重/千克	期末体重/千克	需乳总量/千克
1～30	6～7	0.56	59	180～210
31～60	7～8	0.88	86	210～240
61～90	10～12	1.11	119	300～360
91～120	14～16	1.13	153	420～480
			总计乳量	1 110～1 290
121～150	16～18	1.10	204	480～540
			总计乳量	1 590～1 830

①吃足初乳。犊牛出生后应该在 1 小时里尽早吃上初乳,第 1 次 2 千克以上,一般 12～14 小时初乳的喂量应达到 6 千克,才能保证犊牛得到足够的抗体含量用于抵抗疾病的侵袭。前 3 天喂初乳,3 天后转入常乳饲喂。最好选用经产母牛的初乳,并在 −20℃ 下保存 1 年,成分基本不发生变化,可照常食用,如果用经常使用的家用冰箱,保存时间不要超过半年。初乳饲喂前在 60℃ 下温水解冻,超过 60℃ 会破坏免疫球蛋白。另外通过初乳垂直感染的病原微生物——副结核、牛白血病、沙门氏菌经 60℃ 加热 30 分钟可以杀死。如果不是自繁自养,最好购买出生 2 周以后的犊牛,已经具备了一定抗运输应激、疾病等能力。

②定时定温。用水浴加热至 38～40℃,定时定温饲喂 2～3 次。初生后 15 日龄内饲喂牛奶温度非常重要,适宜温度为 38～45℃,低于 38℃ 犊牛易发生腹泻。

③饲喂方法。为了保证犊牛前期食管沟闭合完全,0～2 月龄犊牛用奶最好用奶瓶或带有奶嘴的特制奶桶喂乳(见第六章图 6-1 和图 6-2),预防犊牛肚胀。牛乳中添加食盐 0.5 克/千克;3～4 月龄犊牛可以用盆饲喂,可降低劳动强度,但是要严格定量。

④卫生与消毒。饲喂器皿每次用完进行清洗和消毒。牛圈三天消一次毒,每天清一次粪。每天早、晚两次喂牛时刷拭牛体,保持牛体清洁。

⑤每头牛饲喂定量管理。公犊牛如果群养,大小要一致,以便于对

每一头犊牛的采食量进行总量控制,同时便于饲喂。

⑥饮水管理。犊牛自由饮水,水体要清洁,在冬季,天气比较寒冷的时候,饮用水温度不能太低,保证在15℃以上。

⑦温度和环境控制。圈舍要冬暖夏凉,要经常保持舍床干燥,通风良好。不同日龄的犊牛要求临界温度不同,3～4日龄时为12～13℃,20日龄时为7～8℃。在营养相同的情况下,环境温度比犊牛的临界温度每低1℃,则每昼夜犊牛的体重损失21～27克。因此,犊牛牛舍的温度应保持在15℃左右为宜,最好不低于12℃。到了夏季注意防暑,否则会影响犊牛生长发育,提高饲养成本。

(2)荷兰标准化的犊牛白肉育肥体系　在荷兰,一般的奶公犊出生后吃足初乳,在奶牛场饲养2～5周后送往犊牛选择与配送中心,按周龄和体重分组后直接送往育肥场,仅范德利集团在荷兰就有35家选配中心。为了减少运输应激,荷兰本国内的犊牛运输,本着就近的原则,一般不超过2.5小时的路途。运输车辆一般采用箱式设计,上、下两层,侧面有小窗和排风扇。路途较远的运输车辆装有空调系统。运输前后饮水中加糖,运到后第1周所有犊牛在代乳粉中加入抗生素(土霉素＋阿莫西林)预防疾病。

育肥场一般是自愿加入范德利集团合作组织的农户,每户存栏一般2～3栋育肥牛舍,每栋800头左右。由于机械化程度较高,农户只需饲养管理人员1～2人,不雇用其他人员。犊牛能接触的所有设施都不含有铁,如木质漏缝地板、犊牛栏采用不锈钢材料制作。每栋育肥舍包括饲料间(代乳粉搅拌器等设施,由管道通往牛舍)、管理间(电脑管理系统)和牛舍等。

2～5周龄的犊牛直接运到农户育肥场后便进入了范德利集团标准化的管理中。统一供给代乳粉(每头牛大约需要360千克代乳粉)和精饲料。每天2次代乳粉,使用自动计量的管道式加奶装置。代乳粉参考配方:乳清70%、脂肪20%、植物(大豆)蛋白10%。4周开始补固体料,精粗比90：10～85：25(4周开始每天200克到16周1千克,20周以后2千克),每天2次精粗饲料,精粗饲料主要有压片玉米、大麦、黄豆、青贮、麦秸等。所有饲料均为低铁饲料,控制维生素 A40 毫克/千克。

育肥场管理精细,奶桶和补料槽分开。为了预防犊牛肚胀,奶桶配有自动漂浮的奶嘴,供犊牛吸吮代乳粉,有利于食管沟反射。代乳粉兑热水温度 65～75℃,喂牛控制温度在 40～42℃。出栏在 26 周,体重 240 千克左右,胴体重 140 千克左右,净肉重 100 千克左右。由于管理完善,整个育肥期腹泻率 5%～10%,死亡率 3% 以下。

5. 小白牛肉生产中常见的问题

(1)笼养犊牛食欲下降　在单笼拴系饲养条件下,圈舍狭窄的设计严重限制了犊牛的自身的运动,并阻止了犊牛之间的相互联系,造成犊牛精神消沉,产生慢性应激,进而会导致犊牛食欲的降低。

(2)笼养犊牛消化问题　如果只喂牛乳而不喂饲草,会抑制犊牛瘤胃发育。因此常出现多数时间在舔食可以接触到的任何物品,过度的舔食自己所能接触到的身体部位,造成大量的牛毛进入瘤胃,进而行成毛球,有可能会阻塞食物通道。对犊牛进行人工抚摸和让其舔食手指可以减轻以上症状。

(3)群饲易发生的疾病　其一,群饲容易舔食其他牛的耳朵、脐带和阴茎,这些不良行为通常会造成舔食部位发炎和感染;其二,犊牛喝其他牛的尿也会影响其消化代谢和健康;其三,群养条件下的犊牛之间接触比较紧密,增加了疾病的传染的可能性,主要的疾病是肠炎和呼吸道疾病,另外,群养犊牛接受疾病治疗比较困难。

(4)贫血　日粮中铁的缺乏会造成犊牛贫血,造成犊牛对外界应激做出反应比较困难,影响犊牛的健康。铁的缺乏还会造成血中血红蛋白含量减少,造成动物机体摄入的氧气不足,进而加重心血管系统的负荷。此外,日粮中铁的缺乏还易导致犊牛酸中毒。单笼饲养的犊牛贫血发病率比群养犊牛高。

6. 犊牛腹泻预防和治疗

预防措施:吃足初乳,增强抗病力;保持牛床干燥、常消毒,可防止细菌、病毒、球虫等引起的腹泻。

治疗:能吃奶的犊牛给予其电解质补充液(复方生理盐水+糖+小苏打);或在乳中加入庆大霉素,2~3支,3次/天。不能吃奶的犊牛给予静脉注射,5%糖盐水+5%小苏打+抗生素(庆大等)。

二、小牛肉生产技术

小牛肉是犊牛出生后饲养至7~8月龄或12月龄以前,以乳和精料为主,辅以少量干草培育,体重达到300~450千克所产的肉,称为"小牛肉"。小牛肉分大胴体和小胴体。犊牛育肥至7~8月龄,体重达到250~300千克,屠宰率58%~62%,胴体重130~150千克称小胴体。如果育肥至8~12月龄屠宰活重达到350千克以上,胴体重200千克以上,则称为大胴体。西方国家目前的市场动向,大胴体较小胴体的销路好。牛肉品质要求多汁,肉质呈淡粉红色,胴体表面均匀覆盖一层白色脂肪。为了使小牛肉肉色发红,许多育肥场在全乳或代用乳中补加铁和铜,并还可以提高肉质和减少犊牛疾病的发生。犊牛肉蛋白质比一般牛肉高27.2%~63.8%,而脂肪却低95%左右,并且人体所需的氨基酸和维生素齐全,是理想的高档牛肉,发展前景十分广阔。

1. 犊牛品种的选择

生产小牛肉应尽量选择早期生长发育速度快的牛品种,因此,肉用牛的公犊和淘汰母犊是生产小牛肉的最好选材。在国外,奶牛公犊也是被广泛利用生产小牛肉的原材料之一。目前在我国还没有专门化肉牛品种的条件下,应以选择黑白花奶牛公犊和肉用牛与本地牛杂种犊牛为主。

2. 犊牛性别和体重的选择

生产小牛肉,犊牛以选择公犊牛为佳,因为公犊牛生长快,可以提高牛肉生产率和经济效益。体重一般要求初生重在35千克以上,健康无病,无缺损。

3. 育肥技术

小牛肉生产实际是育肥与犊牛的生长同期。犊牛出生后 3 天内可以采用随母哺乳，也可采用人工哺乳，但出生 3 日后必须改由人工哺乳，1 月龄内按体重的 8%～9% 喂给牛奶。精料量从 7～10 日龄开始习食后逐渐增加到 0.5～0.6 千克，青干草或青草任其自由采食。1 月龄后喂奶量保持不变，精料和青干草则继续增加，直至育肥到 6 月龄为止。可以在此阶段出售，也可继续育肥至 7～8 月龄或 1 周岁出栏。出栏时期的选择，根据消费者对小牛肉口味喜好的要求而定，不同国家之间并不相同。

在国外，为了节省牛奶，更广泛采用代乳料。在采用全乳还是代用乳饲喂时，国内可根据综合的支出成本高低来决定采用哪种类型。因为代乳品或人工乳如果不采用工厂化批量生产，其成本反而会高于全乳。所以在小规模生产中，使用全乳喂养可能效益更好。

全乳喂养方案一：见表 7-4。

表 7-4　小牛肉生产方案　　　　　　　　千克

周龄	始重	日增重	日喂乳量	配合料喂量	青干草
0～4	50	0.95	8.5	自由采食	自由采食
5～7	76	1.20	10.5	自由采食	自由采食
8～10	102	1.30	13	自由采食	自由采食
11～13	129	1.30	14	自由采食	自由采食
14～16	156	1.30	10	1.5	自由采食
17～21	183	1.35	8	2.0	自由采食
22～27	232	1.35	6	2.5	自由采食
合计			1 088	300	300

犊牛在 4 周龄前要严格控制喂奶速度、奶温及奶的卫生等，以防消化不良或腹泻，特别是要吃足初乳。5 周龄以后可拴系饲养，减少运动，每日晒太阳 3～4 小时。夏季要防暑降温，冬季宜在室内饲养（室温

在 0℃以上）。每日应刷拭牛体,保持牛体卫生。犊牛在育肥期内每天喂 2～3 次,自由饮水,夏季饮凉水,冬季饮 20℃左右温水。犊牛用混合料可采用如下配方:玉米 60%、豆饼 12%、大麦 13%、酵母粉 3%、植物油 10%、磷酸氢钙 1.5%、食盐 0.5%。每千克饲料中加入 22 克土霉素,维生素 A 为 1 万～2 万国际单位。

全乳喂养方案二:犊牛出生至 8 月龄出栏,将犊牛在特殊饲养条件下饲养 7～8 个月,使体重达到 250 千克以上时屠宰。可选用肉用杂交公犊或奶公犊,初生重不小于 35 千克。从 2 月龄开始补料,具体饲养方案见表 7-5。犊牛育肥期配合料配方见表 7-6。

表 7-5 犊牛育肥饲养方案 千克

周龄	体重	日增重	喂全乳量或随母哺乳	喂配合料量	青草或青干草
1			5		
2	40～59	0.6～0.8	5.5	0.05	—
3			6	0.1	
4			6.5	0.15	
5			7	0.25	
6	60～79	0.9～1.0	7.5	0.4	
7			7.9	0.55	
8				0.7	
9	80～99	0.9～1.1	8	0.85	自由采食
10				1.0	
11				1.2	
12	100～124	1.0～1.2	7	1.4	自由采食
13				1.6	
14				2.0	
15	125～149	1～1.3	断奶	2.2	自由采食
16				2.4	
17				2.7	
18				3.0	
19	150～199	1～1.4		3.3	自由采食
20				3.6	
21				3.9	

续表 7-5

周龄	体重	日增重	喂全乳量或随母哺乳	喂配合料量	青草或青干草
22				4.2	
23				4.5	
24				4.8	
25	200～250	1.1～1.3		5.1	自由采食
26				5.4	
27				5.7	
28				6.0	
29				6.3	
30				6.6	
31	250～310	1～1.3		6.9	自由采食
32				7.2	
33				7.5	
34				7.8	

表 7-6　犊牛育肥期配合料配方　　　　　　　　　%

玉米	大麦	膨化大豆	豆粕	饲用酵母	磷酸氢钙	食盐
60	13	10	12	3	1.5	0.5

另加复合添加剂(微量元素、维生素、抗生素等)。

饲养管理技术的关键:①初生犊牛一定要保证出生后 0.5～1 小时内充分地吃到初乳,初乳期 4～7 天,这样可以降低犊牛死亡率。给 4 周龄以内犊牛喂奶,要严格做到定时、定量、定温。保证奶及奶具卫生,以预防消化不良和腹泻病的发生。夏季奶温控制在 37～38℃,冬季控制在 39～42℃。天气晴朗时,让犊牛于室外晒太阳,但运动量不宜过大。②一般 5 周龄以后,拴系饲养,减少运动,但每天应晒太阳 3～4 小时。夏季要注意防暑。冬季室温应保持在 0℃以上。最适温度为 18～20℃,相对湿度 80%以下。③犊牛育肥全期内每天饲喂 2 次,上午 6:00,下午 6:00。自由饮水,夏季可饮凉水,冬季饮 20℃左右的温水。犊牛若出现消化不良,酌情减喂精料,并给予药物治疗。

第三节　直线育肥技术

　　直线育肥也称持续育肥，是指犊牛断奶后，立即转入育肥阶段进行育肥，直到出栏。持续育肥由于在饲料利用率较高的生长阶段保持较高的增重，缩短了生产周期，较好地提高了出栏率，故总效率高，生产的牛肉肉质鲜嫩，改善了肉质，满足市场高档牛肉的需求。是值得推广的一种方法。

一、舍饲持续育肥技术

　　持续育肥应选择肉用良种牛或其改良牛，在犊牛阶段采取较合理的饲养，使其平均日增重达到 0.8～0.9 千克，180 日龄体重达到 200 千克进入育肥期，按日增重大于 1.2 千克配制日粮，到 12 月龄时体重达到 450 千克。可充分利用随母哺乳或人工哺乳：0～30 日龄，每日每头全乳喂量 6～7 千克；31～60 日龄，8 千克；61～90 日龄，7 千克；91～120 日龄，4 千克。在 0～90 日龄，犊牛自由采食配合料（玉米 63％、豆饼 24％、麸皮 10％、磷酸氢钙 1.5％、食盐 1％、小苏打 0.5％）。此外，每千克精料中加维生素 A 0.5 万～1 万国际单位。91～180 日龄，每日每头喂配合料 1.2～2.0 千克。181 日龄进入育肥期，按体重的 1.5％喂配合料，粗饲料自由采食。

（一）7 月龄体重 150 千克开始育肥至 18 月龄出栏，体重达到 500 千克以上，平均日增重 1 千克

1. 育肥期日粮

　　粗饲料为青贮玉米秸、谷草；精料为玉米、麦麸、豆粕、棉粕、石粉、食盐、碳酸氢钠、微量元素和维生素预混剂（表 7-7）。

表7-7　青贮十谷草类型日粮配方及喂量

月龄	精料配方/%							采食量/[千克/(头·天)]		
	玉米	麸皮	豆粕	棉粕	石粉	食盐	碳酸氢钠	精料	青贮玉米秸	谷草
7～8	32.5	24	7	33	1.5	1	1	2.2	6	1.5
9～10								2.8	8	1.5
11～12	52	14	5	26	1	1	1	3.3	10	1.8
13～14								3.6	12	2
15～16	67	4		26		1	1	4.1	14	2
17～18								5.5	14	2

7～10月龄育肥阶段,其中7～8月龄目标日增重0.8千克;9～10月龄目标日增1千克。11～14月龄育肥阶段,目标日增重1千克。15～18月龄育肥阶段,其中15～16月龄目标日增重1.0千克;17～18月龄目标日增重1.2千克。

2.管理技术

(1)育肥舍消毒　育肥牛转入育肥舍前,对育肥舍地面、墙壁用2%火碱溶液喷洒,器具用1%的新洁尔灭溶液或0.1%的高锰酸钾溶液消毒。饲养用具也要经常洗刷消毒。

(2)育肥舍温度　育肥舍可采用规范化育肥舍或塑膜暖棚舍,舍温以保持在6～25℃为宜,确保冬暖夏凉。当气温高于30℃时,应采取防暑降温措施。

①防止太阳辐射。该措施主要集中于牛舍的屋顶隔热和遮阴,包括加厚隔热层,选用保温隔热材料,瓦面刷白反射辐射和淋水等。虽然有一定作用,但在环境温度较高情况下,则作用有限。

②增加散热。舍内管理措施包括吹风、牛体淋水、饮冰水、喷雾、洒水以及蒸发垫降温。牛舍内安装电扇,加强通风能加快空气对流和蒸发散热。在饲槽上方安装淋浴系统,采用距牛背1米高处喷雾形式,提高蒸发和传导散热。据报道,电扇和喷雾结合使用较任何一种单独使用效果好。

当气温低于4℃以下时冬季扣上双层塑膜,要注意通风换气,及时排除氨气、一氧化碳等有害气体。

（3）牛体排列 按牛体由大到小的顺序拴系、定槽、定位,缰绳以40～60厘米为宜。

（4）驱虫 犊牛断奶后驱虫一次,10～12月龄再驱虫一次。驱虫药可用虫克星或左旋咪唑或阿维菌素。

（5）防疫 日常每日刷拭牛体1～2次,以促进血液循环,增进食欲,保持牛体卫生,育肥牛要按时搞好疫病防治,经常观察牛采食、饮水和反刍情况,发现病情及时治疗。

（二）强度育肥,周岁左右出栏日粮配方（表7-8）

选择良种牛或其改良牛,在犊牛阶段采取较合理的饲养,使日增重达0.8～0.9千克,180日龄体重超过200千克后,按日增重大于1.2千克配制日粮,12月龄体重达450千克左右,上等膘时出栏。

表7-8 强度育肥周岁左右出栏日粮

日龄	0～30	31～60	61～90	91～120	121～180	181～240	241～300	301～360
始重	30～50	62～66	88～91	110～114	136～139	209～221	287～299	365～377
日增重	0.8	0.7～0.8	0.7～0.8	0.8～0.9	0.8～0.9	1.2～1.4	1.2～1.4	1.2～1.4
全乳喂量	6～7	8	7	4	0	0	0	0
精料补充料喂量/千克	自由	自由	自由	1.2～1.3	1.8～2.5	3～3.5	4～5	5.6～6.5
精料补充料配方/%	10周龄前用		10周龄后～180日龄					
玉米	60		60			67		
高粱	10		10			10		
饼粕类*	15		24			30		
饲用酵母	3		0			0		
植物油脂	10		3			0		
磷酸氢钙	1.5		1.5			1		
日龄	0～30	31～60	61～90	91～120	121～180	181～240	241～300	301～360

续表 7-8

日龄	0～30	31～60	61～90	91～120	121～180	181～240	241～300	301～360
食盐	0.5			1			1	
小苏打	0			0.5			1	
土霉素（毫克/千克另加）	22			0			0	
维生素A（万国际单位/千克另加）	干草期加 1～2			干草期加 0.5～1			干草期加 0.5	

（三）育肥喂量

育肥始重 250 千克,育肥天数 250 天,体重 500 千克左右出栏;平均日增重 1.0 千克。日粮分 5 个体重阶段,50 天更换一次日粮配方与饲喂量。粗饲料采用青贮玉米秸,自由采食。各期精料喂量和配方见表 7-9。

表 7-9 精料喂量和组成

期别/千克	精料喂量/千克	精料配比/%					
		玉米	麦麸	棉粕	石粉	食盐	碳酸氢钠
250～300	3.0	43.7	28.5	24.7	1.1	1.0	1.0
300～350	3.7	55.5	22.0	19.5	1.0	1.0	1.0
350～400	4.2	64.5	17.4	15.5	0.6	1.0	1.0
400～450	4.7	71.2	14.0	12.3	0.5	1.0	1.0
450～500	5.3	75.2	12.0	10.5	0.3	1.0	1.0

育肥牛采用拴系饲养,每天舍外拴系,上槽饲喂及晚间入舍,日喂 2 次,上午 6:00,下午 6:00,每次喂后及中午饮水。

二、放牧舍饲持续育肥技术

夏季水草茂盛,也是放牧的最好季节,充分利用野生青草的营养价值高、适口性好和消化率高的优点,采用放牧育肥方式。当温度超过

30℃,注意防暑降温,可采取夜间放牧的方式,提高采食量,增加经济效益。春、秋季应白天放牧,夜间补饲一定量青贮、氨化、微贮秸秆等粗饲料饲料和少量精料。冬季要补充一定的精料,适当增加能量饲料,提高肉牛的防寒能力,降低能量在基础代谢上的比例。

(1)放牧加补饲持续肥育技术 在牧草条件较好的牧区,犊牛断奶后,以放牧为主,根据草场情况,适当补充精料或干草,使其在18日龄体重达400千克。要实现这一目标,犊牛在哺乳阶段,平均日增重应达到0.9~1千克,冬季日增重保持0.4~0.6千克,第二个夏季日增重在0.9千克。在枯草季节,对育肥牛每天每头补喂精料1~2千克。放牧时应做到合理分群,每群50头左右,分群轮牧。我国1头体重120~150千克牛需1.5~2公顷草场,放牧肥育时间一般在5~11月,放牧时要注意牛的休息、饮水和补盐。夏季防暑,狠抓秋膘。

(2)放牧——舍饲——放牧持续肥育技术 此法适应于9~11月出生的秋犊。犊牛出生后随母牛哺乳或人工哺乳,哺乳期日增重0.6千克,断奶时体重达到70千克。断奶后以喂粗饲料为主,进行冬季舍饲,自由采食青贮料或干草,日喂精料不超过2千克,平均日增重0.9千克。到6月龄体重达到180千克。然后在优良牧草地放牧(此时正值4~10月),要求平均日增重保持0.8千克。到12月龄可达到325千克。转入舍饲,自由采食青贮料或青干草,日喂精料2~5千克,平均日增重0.9千克,到18月龄,体重达490千克。

第四节 架子牛育肥技术

一、架子牛选择

1.架子牛品种选择

架子牛品种选择总的原则是基于我国目前的市场条件,以生产产品的类型、可利用饲料资源状况和饲养技术水平为出发点。

架子牛应选择生产性能高的肉用型品种牛,不同的品种,增重速度不一样,供作育肥的牛以专门肉牛品种最好。由于目前我国还没有专门化肉牛品种,因此,目前架子牛育肥应选择肉用杂交改良牛,即用国外优良肉牛作父本与我国黄牛杂交繁殖的后代。生产性能较好的杂交组合有:利木赞牛与本地牛杂交后代,夏洛来牛与本地牛杂交后代,皮埃蒙特牛与本地牛杂交后代,西门塔尔牛与本地牛杂交改良后代,安格斯牛与本地牛杂交改良后代等。其特点是体型大,增重快,成熟早,肉质好。在相同的饲养管理条件下,杂种牛的增重、饲料转化效率和产肉性能都要优于我国地方黄牛。

(1)大型架子牛　以引进品种为父本与本地母牛杂交所生后代,多数为一代,是大型架子牛。其中特大型架子牛有西门塔尔杂种、夏洛莱杂种、利木赞杂种等;大型架子牛有海福特杂种、安格斯杂种、短角牛杂种、皮埃蒙特杂种、丹麦红杂种、瑞士褐杂种、小荷兰杂种。此外,中国荷斯坦青年公牛也为特大型架子牛。

引进品种与本地牛杂交一代的外貌特征较易辨别,现介绍如下:

①西门塔尔杂一代。体格高大,肌肉丰满,骨粗,红白花或黄白花,头面部为红白花或黄色花,有角。体躯深宽高大,结构匀称,体质结实,肌肉发达;乳房发育良好,体型向乳肉兼用型方面发展。

②夏洛莱杂一代。毛色为灰白色,毛色为草白或灰白,有的呈黄色(或奶油白色),有角。体格高大,肌肉丰满,背腰宽平,臀、股、胸肌发达,四肢粗壮,体质结实,呈肉用型。

③海福特杂一代。体格较高大,肉肥满,红白花,红色为主,面部为全白,体下部、尾梢有时为白色,角大。

④安格斯杂一代。体格不太高大,肉肥满,毛色黑色者居多,无角者居多。

⑤利木赞杂一代。毛色多为红色,有时腹下、四肢内侧带点白色,有角。体格较高大,肌肉肥满,体躯较长,背腰平直,后躯发育良好,肌肉发达,四肢稍短,呈肉用型。

⑥短角牛杂一代。体躯宽阔多肉,较高,乳房发育好,毛色以红色或红白色最多,黑色及杂色较少,角短。

⑦丹麦红杂一代。体格大,毛色为全红色,乳房较大。

⑧荷斯坦杂一代。体格高大,肌肉欠丰满,乳房大,毛色为黑色,有时腹下、四蹄上部、尾梢为白色,角尖多为浅色或黑色,纯种为黑色。

⑨瑞士褐杂一代。体躯较高而粗,乳房好,毛色多为褐色,角上下一般粗,舌有时为暗色。

(2)中型架子牛 属于中型牛的有华北山区牛、华东、华中、华西牛种。

(3)小型架子牛 属于小型架子牛品种的有长江以南山地牛和亚热带的小型牛。架子小的牛可引进辛地红、圣他格楚狄斯、抗旱王给予改良,以提高其体重和框架。实际上,架子小的牛也不是缺点,它在亚热带抗焦虫病、抗蜱能力强,由于体躯小,散热面积相对大,因而耐热,且又耐粗饲。架子小的牛可以提高肌肉厚度和丰满度来改进胴体品质。

如以生产高档牛肉为目的除选择国外优良肉牛品种如和牛、安格斯与我国黄牛的一、二代杂交种,或三元、四元杂交种外,也应选择我国的优良黄牛品种如秦川牛、鲁西牛、南阳牛、晋南牛等,而不用回交牛和非优良的地方品种。国内优良品种的特点是体型较大,肉质好,但增重速度慢,育肥期较长。用于生产高档优质牛肉的牛一般要求是阉牛。因为阉牛的胴体等级高于公牛,而阉牛又比母牛的生长速度快。

2.架子牛年龄的选择

根据肉牛的生长规律,目前牛的育肥大多选择在牛2岁以内,最迟也不超过36月龄,即能适合不同的饲养管理,易于生产出高档和优质牛肉,在市场出售时较老年牛有利。从经济角度出发,购买犊牛的费用较一、二岁牛低,但犊牛育肥期较长,对饲料质量要求较高。饲养犊牛的设备也较大牛条件高,投资大。综合计算,购买犊牛不如购一、二岁牛经济效益高。

到底购买哪种年龄的育肥牛主要应根据生产条件、投资能力和产品销售渠道考虑。

以短期育肥为目的,计划饲养 3～6 个月,而应选择 1.5～3 岁育成架子牛和成年牛,不宜选购犊牛、生长牛。对于架子牛年龄和体重的选择,应根据生产计划和架子牛来源而定。目前,在我国广大农牧区较粗放的饲养管理条件下,1.5～2 岁肉用杂种牛体重多在 250～300 千克,2～3 岁牛多在 300～400 千克,3～5 岁牛多在 350～400 千克。如果 3 个月短期快速育肥最好选体重 350～400 千克架子牛。而采用 6 个月育肥期,则以选购年龄 1.5～2.5 岁、体重 300 千克左右架子牛为佳。需要注意的是,能满足高档牛肉生产条件的是 12～24 月龄架子牛,一般牛年龄超过 3 岁,就不能生产出高档牛肉,优质牛肉块的比例也会降低。

在秋天收购架子牛育肥,第 2 年出栏,应选购 1 岁左右牛,而不宜购大牛,因为大牛冬季用于维持饲料多,不经济。

3. 架子牛性别的选择

性别影响牛的育肥速度,在同样的饲养条件下,以公牛生长最快,阉牛次之,母牛最慢,在肥育条件下,公牛比阉牛的增重速度高 10%,阉牛比母牛的增重速度高 10%。这是因为公牛体内性激素——睾酮含量高的缘故。因此如果在 24 月龄以内肥育出栏的公牛,以不去势为好。牛的性别影响肉的质量。一般地说,母牛肌纤维细,结缔组织较少,肉味亦好,容易育肥;公牛比阉牛、母牛具有较多的瘦肉,肉色鲜艳,风味醇厚,较高的屠宰率和较大的眼肌面积,经济效益高;而阉牛胴体则有较多的脂肪。

4. 架子牛体形外貌选择

体型外貌是体躯结构的外部表现,在一定程度上反映牛的生产性能。选择的育肥牛要符合肉用牛的一般体型外貌特征。外貌的一般要求:

从整体上看,体躯深长,体型大,脊背宽,背部宽平,胸部、臀部成一条线;顺肋、生长发育好、健康无病。不论侧望、上望、前望和后望,体躯应呈"长矩形",体躯低垂,皮薄骨细,紧凑而匀称,皮肤松软、有弹性,被毛密而有光亮。

从局部来看,头部重而方形;嘴巴宽大,前额部宽大;颈短、鼻镜宽,眼明亮。前躯要求头较宽而颈粗短。十字部的高度要超过肩顶,胸宽而丰满,突出于两前肢之间,肋骨弯曲度大而肋间隙较窄;鬐甲宜宽厚,与背腰在一直线上。背腰平直、宽广,臀部丰满且深,肌肉发达,较平坦;四肢端正、粗壮,两腿宽而深厚,坐骨端距离宽。牛蹄子大而结实,管围较粗;尾巴根粗壮。皮肤宽松而有弹性;身体各部位发育良好,匀称,符合品种要求;身体各部位齐全,无伤疤。

应避免选择有如下缺点的肉用牛:头粗而平,颈细长,胸窄,前胸松弛,背线凹,斜尻,后腿不丰满,中腹下垂,后腹上收,四肢弯曲无力,"O"形腿和"X"形腿,站立不正。

5.根据肥育目标与市场进行选择

架子牛的选择应主要考虑市场供求,即考虑架子牛价与肥育牛(或牛肉)价之间差价,精饲料的价格、粗饲料的价格,乃至牛和饲料供求问题,以及供求的季节性、地区性、市场展望、发展趋势等。

如果肥育是为了出口,是要生产高档牛肉,就应选择年幼的引进品种杂交种,如利木赞杂种、西门塔尔杂种等。还应选择年龄、架子大小、肌肉厚度、体重、毛色比较一致,也较理想的架子牛,且健壮并需检疫,来源最好也相同,原来饲养管理好,以便为肥育打好基础。

从本地的中小型架子牛进行选择,选择的目标是为国内市场提供肉牛。所以选择的机会多,到处都有架子牛。牛价便宜,随时随地在市场上收购,可以不搞易地肥育,运输距离近、成本(含人员差旅费)低,牛很快就能恢复正常,进入肥育期,利用其年幼生长快、饲料报酬高的特点,强化其饲养管理,以期在比较短时期内完成肥育,降低饲养成本,获得较高肉质与净肉量,增加经济效益。但本地牛生长较慢。

二、架子牛采购与运输

架子牛运输环节是影响育肥牛生长发育十分重要的因素,因为在架子牛的运输过程中造成的外伤易医治,而造成的内伤不易被发觉,常常贻误治疗,造成直接经济损失。

近几年,全国各地均出现了"肉牛运输应激综合征"俗称"烂肺病",主要因长途贩运所致的多种应激原导致机体抵抗力下降,致使各种病原乘虚而入,引起呼吸道、消化道、乃至全身病理性反应的综合症候群。国家肉牛产业技术体系仅对河南省 7 个规模较大的养殖场 14 批次 1 275 头牛的调运发病情况跟踪记录、整理。调运牛只的平均发病率为 73.2％,死淘率为 14.2％。因此,要重视架子牛的运输工作。架子牛的运输有汽车运输和火车运输。采用的运输工具有汽车、火车两种,按照我国有关部门对活畜运输的规定有所不同,因此架子牛、育肥牛收购程序也有所不同。

(一)采购地调研

购牛前,应调查拟购地区的疫病发生情况,禁止从疫区购牛。牛常见传染病有口蹄疫、结核病、布病牛病毒性腹泻/黏膜病,牛传染性鼻气管炎等。注意产地的气温、饲草料质量、气候等环境条件,以便相应调整运输与运达后的饲养管理措施。

(二)选牛

应选来源清晰的健康牛。营养与精神状态良好,无精神萎靡、被毛杂乱、毛色发黄、步态蹒跚、喜欢独蹲墙角或卧地不起、发热、咳嗽、腹泻等临床发病症状。应查验免疫记录,确保拟购牛处于口蹄疫等疫苗的免疫保护期内。应按国家规定对拟购牛申请检疫,检疫应符合 GB 16549 畜禽产地检疫规范和 GB 16567 种畜禽调运检疫技术规范。并应有当地兽医部门出具的防疫证明,有条件者可暂养观察 3－5 天,不得调运病牛。

(三)运输前准备

(1)人员、车辆及路线　人员由有经验的收购人员、兽医及押运员组成。运输车辆用 1％烧碱消毒,并准备好饲草、饮水工具、铁锹等。根据调运地点及道路状况,确定运输路线。

（2）喂食 运前 3～4 小时停喂具有轻泻性的青贮饲料、麸皮、鲜草和易发酵饲料如饼类和豆科草类。少喂精料，半饱，不过量饮水。运前 2 小时可每头牛补口服盐溶液（氯化钠 3.5 克、氯化钾 1.5 克、碳酸氢钠 2.5 克、葡萄糖 20 克，加凉开水至 1 000 毫升）2～3 升。为了缓解运输应激，短途运输时，运输前 2～3 天每头每日口服或注射维生素 A 25 万～100 万国际单位，装车前半小时肌肉注射 2.5％氯丙嗪（1.7 毫升/100 千克活重），或每千克日粮中添加 200 毫克氯丙嗪；长途运输时，每千克日粮中添加溴化钠 3.5 克或在运输前 4～5 天在每千克日粮中添加利血平 5～10 毫克。运牛到达目的地后，切勿暴饮暴食，先给干草等粗料，2 小时后再饮水。

（3）合理分群编号 对购买的架子牛按品种、年龄、体重、性别等进行分群编号，以便于管理。

（四）运输管理

运输及装卸时，忌对牛粗暴或鞭打。

1.在场地或短距离驱赶

（1）按牛群驱赶，尽量不单独驱赶牛只

（2）人工赶运 赶运速度以 3.5～4 千米/小时，日行 30 千米左右为宜，途中要有充足的饮水，喂草至 7～8 成饱，晚间要休息好。架子牛的赶运是一件十分辛苦的事，为使赶运成功，少受损失，赶运人员必须注意以下各点：①合群工作。来自各家各户的架子牛在赶运前要让它们互相认识，减少赶运途中格斗现象。合群的方法是在一个结实的院墙内，让牛在一起活动几个小时。②确定赶运路线。赶运途中尽量少走村庄街道。③联络员的确定。在牛只赶运前，必须指定联络员，先于十一天到达计划赶运休息的地方联系宿营地，在宿营地需要为牛准备牛圈、干草、饮水、守夜工以及为赶运人员准备食宿、马匹的饲喂等工作。④赶运速度。赶运之初速度要快一些，并有辅助人员协助送一阵，这样做，牛群不会四处乱跑，行走 5～6 千米后，牛只已经走离它所熟悉的地区，并已有些累，牛只就不会零星偷跑，赶运工作就顺利。每日赶运以 25～30 千米为宜。⑤防止跨越深沟。牛只害怕深沟,一旦掉进去,死多活少,因此要避免跨越深沟。⑥防止"爬蛋"。尤其对较肥胖的架子牛,在赶运途中一定要倍加小心,发生"爬蛋"时,只能雇车装运。

（3）夏季应避开中午炎热时间,多在早晚进行

2.火车运输管理

行车过程中应防止车厢间的猛烈碰撞和急刹车。

（1）准备工作　饲草饲料的准备:粗饲料以干草、秸秆为主,混合精料以玉米、麸皮为主。每头每日准备 5～6 千克饲料;饮水的准备:在车厢内准备塑料桶等,行车前把塑料桶盛满水,并备有手提小水桶;木棍或绳子的准备:每个车厢分为三个隔段,中间为堆放饲料、盛水器、押运员休息处;两边为牛只站卧处;需用木棍或绳子将车厢分隔为三间,准备铁锤和铁钉、铁丝;押运员的准备:押运员在押运途中的饮食、饮水、押运员证件,牛只税收,兽医卫生证件等应随身携带;车厢准备:装牛前应仔细检查车厢内壁上有无尖锐铁钉、铁丝一类的物品,车辆地板是否完好,地板上有没有尖硬物品、块状物;车厢内有无异味,尤其是装载过有毒有害物品;检查后无问题时,清扫干净后铺干草,铺垫干草既可以诱导牛只进车厢,还能防止牛只滑倒。打开车厢的小窗,不管冬、夏季都应把车厢的小窗全部打开通风。

（2）装牛　不可太拥挤,载运量一般 60 吨车厢装架子牛 20 头左右,装犊牛 40～50 头;或大体每头成年牛按体重占 1.1～1.4 米²,每头牛占有车厢面积见表 7-10。并留出押运人员休息的地方。装车时间要求避开火车往返高峰,防止鸣叫声惊动牛。装车过程切忌鞭打;大小强弱分开装车。

表 7-10　每头牛占车厢面积

架子牛体重(千克)	占有车厢面积(米²)
180	0.70～0.75
230	0.85～0.90
270	1.00～1.10
320	1.10～1.20
360	1.20～1.30

用诱导法装车:在通往车厢的路上,和车厢内都铺以牛爱吃的干草,这样牛只一面吃草,一面就进了车厢;利用引导栏装车:引导栏一端是一个面积达 15～20 米² 的围栏,用高 1.5 米,宽 1 米的引导通道和车厢门连接,这样装牛简便省力;装车完毕,及时关闭车门。

(3)运押员上车前及在押运途中注意事项　用火车运输时,每个车厢要由专人押运,途中喂草饮水。接受车站货运处工作人员对押运注意事项的指导;并了解有关规定和注意事项。在押运中,行车时严禁吸烟,严禁使用明火。在行车途中严禁手、头伸出车厢门外,以防挤压致残。押运途中精心看护好牛。经常与守车员联系,本车在何时何地停靠以及停靠时间。以便喂牛饮水,以及解决自身饮食。防止丢车,一旦发生,要及时和当地车站联系,想方设法追赶牛车。押运到目的地,立即和接收牛的单位联系,尽快把牛卸下。如发生牛死亡,应和前一个停靠站联系,要妥善处理。

3.汽车运输管理

(1)防护注意事项　护栏高度应不低于 1.4 米,车厢内不可有钉子、铁器或尖锐物,装车前给车上铺一层沙土防滑或均匀铺垫熏蒸消毒过、厚度 20～30 厘米以上的干草或草垫防滑,不能钉上铁皮,以防牛滑倒。应有防晒、防风、挡雨设施。

(2)装车时应注意事项　①车架绑捆必须非常牢固。②4 米长的车厢分隔成两段;8 米长的车厢分隔成 3 段;10 米长的车厢应分隔成 4 段,分段装置结实牢固。③装车时牛头牛尾间隔装车。④车厢底必须垫草或垫土、垫沙子。⑤装车当初每头牛用一根绳子拴系于车架上,行车 20～30 千米之后,可以放开绳子(将绳子卸下或盘系在牛角上)。⑥装车不宜饱喂足饮,防止运输途中排泄太多,污染公路。利用装运牛专用设备时,有配套的装运牛通道与车后踏板紧相连,使牛顺着踏板进入车厢;装车时切忌鞭打牛;装运牛完毕,紧锁车后门。利用国产车装运牛时,制备装运台,牛装运台宽度 2.4 米,装运台高 1.5 米,并和活动的装运牛通道相连,通道宽 0.8～0.9 米,上宽下狭;装运牛时切忌粗暴、鞭打;装运牛完毕,关好车后门,紧锁。

（3）牛位 每头成年牛按体重占 1.1～1.4 米²，不可太拥挤。牛横立在车内，头尾插花开。为安全，小车上可一组牛头朝车头，加一组牛尾朝车头。

表 7-11 车厢面积、装运架子牛数量参考表

牛体重（千克）	车厢面积（米²）	装车数（头）	车厢面积（米²）	装牛数（头）
300	25	30	30	37
350	25	25	30	30
400	25	20	30	25
450	25	17	30	20

（4）温度及饲料 架子牛的调运以气温适宜的春季最佳，冬季调运要做好防寒工作，夏季气温高不宜调运，如果温度高，调运时以夜间行车、白天休息为妥；或早晨、傍晚运输，切忌中午高温时运输。押车员运输中每隔 2～3 小时应检查一次牛群状况，将躺下的牛及时扶起以防止被踩伤。在远途运输过程中，应保证牛只每天饮水 3～4 次，每头牛每天采食 5 千克左右优质干草。

（5）车速 行车时速要慢，车速不超过 40 千米/时，均速，转弯和停车均要先减速，不可急刹车。汽车在起步，停车时以及转弯时放慢速度。中速行驶，遇大雨、大雪天气，停运。

（6）安全及防疫 在途中常见病有牛只滑倒扭伤、牛前胃迟缓、流产等。宜采取简单易操作的肌肉注射方式，以抗炎、解热、镇痛的治疗方针，对症用药控制病情发展。

4.掉重

牛在运输过程中，由于生活环境及规律的变化导致生理活动的改变，使其处于应激状态。为了减少运输过程中的损失，必须努力降低运输应激反应的程度。

（1）汽车和火车运输架子牛掉重的比较 ①汽车和火车运输的优缺点。汽车运输灵活，易调动，速度快；风险性大，运输量小；运输成本高。火车运输量大，运输成本低，安全性好；车皮不易安排（车皮紧张），

申请车皮的手续繁杂,运输时间长,运输掉重多。②运输期间体重损失。牛只在装到运输工具上时的体重和运输结束离开运输工具时的体重之差,称为运输掉重。运输掉重包括牛的排泄物(粪、尿)和体组织损失两部分。据研究证实,这两部分损失约各占一半。这种运输途中体重的损失包括:粪尿、呼吸水分;代谢活动牛体组织的损失;运输时间长,途中得不到营养补充;肌肉组织及脂肪等的损失;粪尿等胃肠内容物的损失。一旦饲料补充,饮水充足,便能很快恢复至运输前的体重。如属于肌肉、脂肪的损失,恢复就较慢,所需时间长。运输后体重的恢复所需的平均时间,犊牛为 13 天,1 岁牛为 16 天。

(2)影响运输掉重的因素　影响运输掉重的因素很多,例如,运输前饲喂过饱,饮水过多;运输时间过长;在距离相同时,用汽车运输时,运输掉重小于铁路运输。在温度适宜时(7～16℃),运输掉重少,在炎热条件下运输较在寒冷条件下运输时掉重多。装运超载或装运不足;汽车运输时驾驶员技术不良或道路路面欠佳;大小强弱混载也会造成较高的运输掉重。火车运输时急刹车多或编组时碰撞过多,运输前未采取预防措施等,均可增加运输掉重。

5.卸载

运输车辆到达目的地后,打开车门,搭一木板或就斜坡让牛自行慢慢走下车,同时逐个核对牛只数量。牛进圈后休息 1.5～2 小时,然后给少量饮水或补口服盐溶液 2～3 升,给少量优质干草。切勿暴饮暴食。

6.隔离与过渡饲养

(1)隔离　新购入架子牛进场后应在隔离区,隔离饲养 15 天以上。防止随牛引入疫病。

(2)饮水　由于运输途中饮水困难,架子牛往往会发生严重缺水,因此架子牛进入围栏后要掌握好饮水。第一次饮水量以 10～15 千克为宜,可加人工盐(每头 100 克);第二次饮水在第一次饮水后的 3～4 小时,饮水时,水中可加些麸皮。

(3)粗饲料饲喂方法　首先饲喂优质青干草、秸秆、青贮饲料,第一次喂量应限制,每头 4~5 千克;第二、三天以后可以逐渐增加喂量,每头每天 8~10 千克;第五、六天以后可以自由采食。

(4)饲喂精饲料方法 架子牛进场以后 4~5 天可以饲喂混合精饲料,混合精饲料的量由少到多,逐渐添加,15 天内一般不超过 1.5 千克。

(5)分群饲养 按大小强弱分群饲养,每群牛数量以 10~15 头较好;傍晚时分群容易成功;分群的当天应有专人值班观察,发现格斗,应及时处理。牛围栏要干燥,分群前围栏内铺垫草。每头牛占围栏面积 4~5 米^2。

(6)驱虫 体外寄生虫可使牛采食量减少,抑制增重,育肥期增长。体内寄生虫会吸收肠道食糜中的营养物质,影响育肥牛的生长和育肥效果。一般可选用阿维菌素,一次用药同时驱杀体内外多种寄生虫。驱虫可从牛入场的第 5~6 天进行,驱虫 3 天后,每头牛口服"健胃散" 350~400 克健胃。驱虫可每隔 2~3 个月进行一次。如购牛是秋天,还应注射倍硫磷,以防治牛皮蝇。

(7)其他 根据当地疫病流行情况,进行疫苗注射。阉割(去势);勤观察架子牛的采食、反刍、粪尿、精神状态。有疫病征兆时应及时报告和处理。出现《中华人民共和国动物防疫法》规定的重大疫情时,应立即报告当地兽医防疫部门,按规定执行封锁、消毒与疫病扑灭措施。

三、架子牛育肥技术

(一)育肥期的饲养管理原则

1.减少活动

对于育肥牛应减少活动,对于放牧育肥牛尽量减少运动量,对于舍饲育肥牛,每次喂完后应每头单拴系木桩或休息栏内,缰绳的长度以牛能卧下为宜,这样可以减少营养物质的消耗,提高育肥效果(图 7-3)。

图 7-3　拴系育肥

2. 坚持"五定"、"五看"、"五净"的原则

(1)"五定"　定时:每天上午 7～9 点,下午 5～7 点各喂 1 次,间隔 8 小时,不能忽早忽晚。上、中、下午定时饮水 3 次;定量:每天的喂量,特别是精料量按每 100 千克体重喂精料 1～1.5 千克,不能随意增减;定人:每个牛的饲喂等日常管理要固定专人,以便及时了解每头牛的采食情况和健康,并可避免产生应激;定时刷拭:每天上、下午定时给牛体刷拭一次,以促进血液循环,增进食欲;定期称重:为了及时了解育肥效果,定期称重很必要。首先牛进场时应先称重,按体重大小分群,便于饲养管理。在育肥期也要定期称重。由于牛采食量大,为了避免称量误差,应在早晨空腹称重,最好连续称二天取平均数。

(2)"五看"　指看采食、看饮水、看粪尿、看反刍、看精神状态是否正常。

(3)"五净"　草料净:饲草、饲料不含沙石、泥土、铁钉、铁丝、塑料布等异物,不发霉不变质,没有有毒有害物质污染;饲槽净:牛下槽后及时清扫饲槽,防止草料残渣在槽内发霉变质;饮水净:注意饮水卫生,避免有毒有害物质污染饮水;牛体净:经常刷拭牛体,保持体表卫生,防止体外寄生虫的发生;圈舍净:圈舍要勤打扫、勤除粪,牛床要干燥,保持舍内空气清洁、冬暖夏凉。

3.牛舍及设备常检修

缰绳、围栏等易损品,要经常检修、更换。牛舍在建筑上不一定要求造价很高,但应防雨、防雪、防晒、冬暖夏凉。

阶段饲养法。根据肉牛生产发育特点及营养需要,架子牛从易地到育肥场后,把 120～150 天的育肥饲养期分为过渡期和催肥期两个阶段。

过渡期(观察、适应期):10～20 天,因运输、草料、气候、环境的变化引起牛体一系列生理反应,通过科学调理,使其适应新的饲养管理环境。前 1～2 天不喂草料只饮水,适量加盐以调理胃肠,增进食欲;以后第 1 周只喂粗饲料,不喂精饲料。第 2 周开始逐渐加料,每天只喂 1～2 千克玉米粉或麸皮,不喂饼(粕),过渡期结束后,由粗料转为精料型。

催肥期:采用高精料日粮进行强度育肥催肥期 1～20 天日粮中精料比例要达到 45%～55%,粗蛋白质水平保持在 12%;21～50 天日粮中精料比例提高到 65%～70%,粗蛋白质水平为 11%;51～90 天日粮中饲料浓度进一步提高,精饲料比例达到 80%～85%,蛋白质含量为 10%。此外,在肉牛饲料中应加肉牛添加剂,占日粮的 1%。粗饲料应进行处理,麦秸氨化处理,玉米秸青贮或微贮之后饲喂。

4.不同季节应采用不同的饲养方法

夏季饲养:气候过高,肉牛食欲下降,增重缓慢。在环境温度 8～20℃,牛的增重速度较快。因此夏季育肥时应注意适当提高日粮的营养浓度,延长饲喂时间。气温 30℃ 以上时,应采取防暑降温措施。

冬季饲养:在冬季应给牛加喂能量饲料,提高肉牛防寒能力。不饲喂带冰的饲料和饮用冰冷的水。气温 5℃ 以下时,应采取防寒保温措施。

5.育肥牛的科学管理

牛舍在进牛前用 20% 生石灰或来苏儿消毒,门口设消毒池,以防病菌带入。牛体消毒用 0.3% 的过氧乙酸消毒液逐头进行一次喷体。

不喂霉败变质饲料。出栏前不宜更换饲料，以免影响增重。日粮中加喂尿素时，一定要与精料拌匀，且不宜喂后立即饮水，一般要间隔1小时再饮水。用酒糟喂牛时，不可温度太低，且要运回后立即饲喂，不宜搁置太久。用氨化秸秆喂牛时要先放氨，以免影响牛的食欲和消化。其余见育肥肉牛的一般饲养管理原则。

(二)架子牛舍饲育肥不同类型日粮配方

1.氨化稻草类型日粮配方

饲喂效果，12～18月龄体重300千克以上架子牛舍饲育肥105天，日增重1.3千克以上（表7-12）。

表7-12　不同阶段各饲料日喂量　　千克/(头·天)

阶段(天数)	玉米面	豆饼	磷酸氢钙	矿物微量元素	食盐	碳酸氢钠	氨化稻草
前期(30天)	2.5	0.25	0.060	0.030	0.050	0.050	20
中期(30天)	4.0	1.0	0.070	0.030	0.050	0.050	17
后期(45天)	5.0	1.5	0.070	0.035	0.050	0.080	15

2.酒精糟＋青贮玉米秸类型日粮配方

饲喂效果，日增重1千克以上。精料配方(％)：玉米93，棉粕2.8，尿素1.2，石粉1.2，食盐1.8，添加剂(育肥灵)另加。不同体重阶段，精粗料用量见表7-13。

表7-13　不同体重阶段精粗料用量　　千克

体重	250～350	350～450	450～550	550～650
精料	2～3	3～4	4～5	5～6
酒精糟(鲜)	10～12	12～14	14～16	16～18
青贮(鲜)	10～12	12～14	14～16	16～18

3.试验后推荐的日粮配方

李建国、李英等在国家"九五"承担的"优质高效肉牛生产饲料配方库及日粮营养调控技术体系"课题中,依据反刍动物新蛋白质及能量体系,并通过运用能氮平衡理论,保证日粮能氮的高效利用,共进行了五个日粮类型配方试验,每个日粮类型通过 3 种营养水平(高、中、低)4个体重阶段(300～350 千克、350～400 千克、400～450 千克、450～500千克)的研究。下面介绍的是经过试验后所推荐的日粮配方。

(1)青贮玉米秸类型日粮典型配方　青贮玉米秸是肉牛的优质粗饲料,合理的日粮配方可以更好地发挥肉牛生产潜力。育肥全程采取表 7-14 所推荐日粮,可比河北省传统的地方高棉粕日粮(低营养水平)日增重由 0.89 千克增加到 1.40 千克,提高 57.3%。

表 7-14　青贮玉米秸类型日粮配方和营养水平

体重阶段 /千克	精料配方/%						采食量/[千克/(头·天)]		营养水平/每头每天			
	玉米	麸皮	棉粕	尿素	食盐	石粉	精料	青贮玉米秸	RND /个	XDCP /克	Ca /克	P /克
300～350	71.8	3.3	21.0	1.4	1.5	1.0	5.2	15	6.7	747.8	39	21
350～400	76.8	4.0	15.6	1.4	1.5	0.7	6.1	15	7.2	713.5	36	22
400～450	77.6	0.7	18.0	1.7	1.2	0.8	5.6	15	7.0	782.6	37	21
450～500	84.5	—	11.6	1.9	1.2	0.8	8.0	15	8.8	776.4	45	25

注:精料中另加 0.2%的添加剂预混料。

(2)酒糟类型典型日粮配方　酒糟作为酿酒的副产品,其营养价值因酿酒原料不同而异,酒糟中蛋白质含量高,此外还含有未知生长因子,因此,在许多规模化肉牛场中使用酒糟育肥肉牛。其育肥效果取决于日粮的合理搭制。育肥全程采取表 7-15 所推荐日粮,日增重比对照组(肉牛场惯用日粮)提高 69.71%。

(3)干玉米秸类型日粮配方　农区有大量的作物秸秆,是廉价的饲料资源。但秸秆的粗蛋白质、矿物质、维生素含量低,特别是其木质化纤维结构造成消化率低、有效能量低,成为影响秸秆营养价值及饲用效果的主要因素。对干玉米秸类型日粮进行合理营养调控,可改善饲料养分利用率。育肥全程采取表 7-16 所推荐的日粮,平均日增重由对照组的 1.03 千克提高到 1.33 千克,相对提高 29.13%,缩短育肥出栏时间 46 天,年利润提高 10.07%。

表 7-15　酒糟类型日粮配方和营养水平

体重阶段/千克	精料配方/%						采食量/[千克/(头·天)]			营养水平/每头每天			
	玉米	麸皮	棉粕	尿素	食盐	石粉	精料	酒糟	玉米秸	RND/个	XDCP/克	Ca/克	P/克
300～350	58.9	20.3	17.7	0.4	1.5	1.2	4.1	11.0	1.5	7.4	787.8	46	30
350～400	75.1	11.1	9.7	1.6	1.5	1.0	7.6	11.3	1.7	11.8	1 272.3	57	39
400～450	80.8	7.8	7.0	2.1	1.5	0.8	7.5	12.0	1.8	12.3	1 306.6	52	37
450～500	85.2	5.9	4.5	2.1	1.5	0.6	8.2	13.1	1.8	13.2	1 385.6	51	39

注:精料中另加 0.2% 的添加剂预混料。

表 7-16　干玉米秸类型日粮配方和营养水平

体重阶段/千克	精料配方/%						采食量/[千克/(头·天)]			营养水平/每头每天			
	玉米	麸皮	棉粕	尿素	食盐	石粉	精料	干玉米秸	酒糟	RND/个	XDCP/克	Ca/克	P/克
300～350	66.2	2.5	27.9	0.9	1.5	1	4.8	3.6	0.5	6.1	660	38	27
350～400	70.5	1.9	24.1	1.2	1.5	0.8	5.4	4.0	0.3	6.8	691	38	28
400～450	72.7	6.6	16.8	1.43	1.5	1	6.0	4.2	1.1	7.6	722	37	31
450～500	78.3	1.6	16.3	1.77	1.5	0.5	6.7	4.6	0.3	8.4	754	36	32

注:精料中另加 0.2% 的添加剂预混料。

(4)"三化"复合处理麦秸+青贮玉米秸类型日粮配方　麦秸"三化"复合处理发挥了氨化、碱化、盐化的综合作用,质地柔软,气味糊香,明显改善了秸秆的纤维结构,提高了秸秆的营养价值与可消化性,但缺乏青绿饲料富含的维生素等养分,与玉米秸青贮合理搭配,可产生青饲催化及秸秆组合效应,是一种促进秸秆科学利用颇具潜力的日粮类型。育肥全程使用推荐日粮(表 7-17),可使日增重由对照组的 1.05 千克增加到 1.26 千克,提高 20%,缩短出栏天数 31 天,年利润提高 13.38%。

表 7-17　三化麦秸十青贮类型日粮配方和营养水平

体重阶段 /千克	精料配方/%						采食量/[千克/(头·天)]			营养水平/每头每天			
	玉米	麸皮	棉粕	尿素	食盐	石粉	精料	玉米青贮	三化麦秸	RND/个	XDCP/克	Ca/克	P/克
300～350	55.7	22.5	20.0	0.6	1.0	0.2	4.04	11.0	3.0	6.10	660	38	22
350～400	61.4	19.3	17.2	1.1	1.0	—	4.25	13.0	3.5	6.8	691	39	21
400～450	69.6	14.6	13.0	1.8	1.0	—	4.71	15.0	4.0	7.6	722	37	22
450～500	74.4	12.0	10.4	2.2	1.0	—	4.99	17.0	4.5	8.4	754	36	23

注:精料中另加 0.2% 的添加剂预混料。

(5)半干青贮添加剂处理干玉米秸类型配方(也适合于玉米秸微贮)　半干青贮添加剂集酶菌复合作用为一体,处理秸秆后,质地柔软,气味芳香,适口性好,消化率提高,制作季节延长。在育肥全程使用表 7-18 所推荐的配方可由传统日粮的日增重 1.06 千克,增加到 1.36 千克,提高 28.44%,出栏天数可缩短 43 天,年经济效益提高 38.39%。

表 7-18　半干青贮添加剂处理玉米秸类型日粮配方和营养水平

体重阶段 /千克	精料配方/%					采食量/[(千克/头·天)]		营养水平/每头每天			
	玉米	麸皮	棉饼	尿素	石粉	精料	处理玉米秸	RND/个	XDCP/克	Ca/克	P/克
300～350	64.6	—	33.9	0.59	0.91	4.35	12	6.1	660	660	38
350～400	55.6	23.1	20.5	0.05	0.70	4.20	15	6.8	691	38	21
400～450	63.5	18.7	16.7	0.73	0.37	4.4	18	7.6	722	37	22
450～500	68.6	16.2	14.1	1.06	0.13	4.7	20	8.4	7.54	36	23

注:由于处理玉米秸中已加入了食盐,故日粮中不再添加。精料中另加 0.2% 的添加剂预混料。

第五节　高档牛肉生产技术

随着消费水平的提高,人们对高档牛肉和优质牛肉的需求急剧增加,育肥高档肉牛,生产高档牛肉,具有十分显著的经济效益和广阔的发展前景。为到达高的高档牛肉量、高屠宰率,在肉牛的育肥饲养管理技术上有着严格的要求。

一、高档牛肉的基本要求

所谓高档牛肉,是指能够作为高档食品的优质牛肉,如牛排、烤牛肉、肥牛肉等。优质牛肉的生产,肉牛屠宰年龄在 12～18 月龄的公牛,屠宰体重 400～500 千克。高档牛肉的生产,屠宰体重 600 千克以上,以阉牛育肥为最好;高档牛肉在满足牛肉嫩度剪切值 3.62 千克以下、大理石花纹 1 级或 2 级、质地松弛、多汁色鲜、风味浓香的前提下,还应具备产品的安全性即可追溯性以及产品的规模化、标准化、批量化和常态化。高档肉牛经过高标准的育肥后其屠宰率可达 65%～75%,其中高档牛肉量可占到胴体重的 8%～12%,或是活体重的 5% 左右。85%的牛肉可作为优质牛肉,少量为普通牛肉。

1.品种与性别要求

高档牛肉的生产对肉牛品种有一定的要求,不是所有的肉牛品种,都能生产出高档牛肉。经试验证明某些肉牛品种如西门塔尔、婆罗门等品种不能生产出高档牛肉。目前国际上常用安格斯、日本和牛、墨累灰等及以这些品种改良的肉牛作为高档牛肉生产的材料。国内的许多地方品种如秦川牛、晋南牛、鲁西牛、南阳牛、延边牛、郏县红牛、复州牛、渤海黑牛、草原红牛、新疆褐牛、三河牛、科尔沁牛等品种适合用于高档牛肉的生产。或用地方优良品种导入能生产高档牛肉的肉牛品种生产的杂交改良牛可用于高档牛肉的生产。

生产高档牛肉的公牛必须去势，因为阉牛的胴体等级高于公牛，而阉牛又比母牛的生长速度快。母牛的肉质最好。

2. 育肥时间要求

高档牛肉的生产育肥时间通常要求在 18～24 个月，如果育肥时间过短，脂肪很难均匀地沉积于优质肉块的肌肉间隙内，如果育肥牛年龄超过 30 月龄，肌间脂肪的沉积要求虽到达了高档牛肉的要求，但其牛肉嫩度很难到达高档牛肉的要求。

3. 屠宰体重要求

屠宰前的体重到达 600～800 千克，没有这样的宰前活重，牛肉的品质达不到高档级标准。

二、育肥牛营养水平与饲料要求

7～13 月龄日粮营养水平：粗蛋白 12%～14%，消化能 3.0～3.2 Mcal/千克，或总可消化养分在 70%。精料占体重 1.0%～1.2%，自由采食优质粗饲料。

14～22 月龄日粮营养水平：粗蛋白 14%～16%，消化能 3.3～3.5 Mcal/千克，或者总可消化养分 73%。精料占体重 1.2%～1.4%，用青贮和黄色秸秆搭配粗饲料。

23～28 月龄日粮营养水平：日粮粗蛋白 11%～13%，消化能3.3～3.5 Mcal/千克，或者总可消化养分 74%，精料占体重 1.3%～1.5%，此阶段为肉质改善期，少喂或不喂含各种能加重脂肪组织颜色的草料，例如黄玉米、南瓜、红胡萝卜、青草等。改喂使脂肪白而坚硬的饲料，例如麦类、麸皮、麦糠、马铃薯和淀粉渣等，粗料最好用含叶绿素、叶黄素较少的饲草，例如玉米秸、谷草、干草等。在日粮变动时，要注意做到逐渐过渡。一般要求精料中麦类大于 25%、大豆粕或炒制大豆大于 8%，棉粕（饼）小于 3%，不使用菜籽饼（粕）。

按照不同阶段制定科学饲料配方，注意饲料的营养平衡，以保证牛的正常发育和生产的营养需要,防止营养代谢障碍和中毒疾病的发生。

三、高档牛肉育肥牛的饲养管理技术

1.育肥公犊标准和去势技术

标准犊牛:①胸幅宽,胸垂无脂肪、呈 V 字形;②育肥初期不需重喂改体况;③食量大、增重快、肉质好;④闹病少。不标准犊牛:①胸幅窄,胸垂有脂肪、呈 U 字形;②育肥初期需要重喂改体况;③食量小、增重慢、肉质差;④易患肾、尿结石,突然无食欲,闹病多。

用于生产高档牛肉的公犊,在育肥前需要进行去势处理,应严格在 4～5 月龄(4.5 月龄阉割最好),太早容易形成尿结石,太晚影响牛肉等级。

2.饲养管理技术

①分群饲养。按育肥牛的品种、年龄、体况、体重进行分群饲养,自由活动(图 7-4),禁止拴系饲养。

图 7-4 高档肉牛生产

②改善环境、注意卫生。牛舍要采光充足,通风良好。冬天防寒,夏天防暑,排水通畅,牛床清洁,粪便及时清理,运动场干燥无积水。要经常刷拭或冲洗牛体,保持牛体、牛床、用具等的清洁卫生,防止呼吸

道、消化道、皮肤及肢蹄疾病的发生。舍内垫料多用锯末子或稻皮子。饲槽、水槽3～4天清洗1次。

③充足给水、适当运动。肉牛每天需要大量饮水，保证其洁净的饮用水，有条件的牛场应设置自动饮水装置。如由人工喂水，饲养人员必须每天按时供给充足的清洁饮水。特别在炎热的夏季，供给充足的清洁饮水是非常重要的。同时，应适当给予运动，运动可增进食欲，增强体质，有效降低前胃疾病的发生。沐浴阳光，有利育肥牛的生长发育，有效减少佝偻病发生。

④刷拭、按摩。在育肥的中后期，每天对育肥牛用毛刷、手对其全身进行刷拭或按摩2次，来促进体表毛细血管血液的流通量，有利于脂肪在体表肌肉内均匀分布，在一定程度上能提高高档牛肉的产量，这在高档牛肉生产中尤为重要，也是最容易被忽视的细节。

3.育肥牛的疾病防制技术

育肥牛的疾病防治应坚持预防为主，防重于治的方针。

(1)严格消毒制度　消毒是消灭病原、切断传播途径、控制疫病传播的重要手段。是防治和消灭疫病的有效措施。

①场门、生产区和牛舍入口处都应设立消毒池，内置1％～10％漂白粉液或3％～5％来苏儿、3％～5％烧碱液。并经常更换，保持应有的浓度。有条件的牛场，还应设立消毒间(室)，进行紫外线消毒。

②牛舍、牛床、运动场应定期消毒，畜舍内外半个月消毒1次，消毒药一般可用10％～20％、石灰乳1％～10％漂白粉、0.5％～1％菌毒敌、或百毒杀、84消毒液等均可。如遇烈性传染病，最好用2％或5％热烧碱溶液消毒。牛粪要堆积发酵，用驱蚊净等杀灭蚊、蝇等吸血昆虫，能有效降低虫媒传染病的发生。入舍牛要进行体检、体表清洗和驱虫。

③生产用具应坚持每10天消毒一次，可选用1％～10％的漂白粉、84消毒液等。

④工作人员进入牛舍时，应穿戴工作服、鞋、帽，饲养员不得串舍；谢绝无关人员进入牛舍，必须进入者需要穿工作服、鞋套。一切人员和

车辆进出时,必须从消毒池通过或踩踏消毒。有条件的可用紫外线消毒5～10分钟后方可入内。

(2)按时免疫接种　为了提高牛机体的免疫功能,抵抗相应传染病的侵害,需定期对健康牛群进行疫苗或菌苗的预防注射。制定出比较合理、切实可行的防疫计划,特别是对某些重要的传染病如炭疽、口蹄疫、牛流行热等应适时地进行预防接种。

(3)做好普通病的防治工作　每天至少应对牛群巡视一次,重点观察牛只采食、饮水是否正常、牛只的粪、尿是否正常,以便及时发现病牛,为治疗争取时间,对病牛采取及时、正常的治疗。

(4)育肥牛的体、内外寄生虫的驱除技术　驱虫前最好做一次粪便虫卵检查,以查清牛群体内寄生虫的种类和危害程度,根据粪便中虫卵种类或根据当地寄生虫发生情况有的放矢地选择驱虫药物。对于驱虫后的粪便应进行无害化处理,最经济的方法就是生物发酵法,防止病源的扩散。另外,根据牛粪中的虫卵数进行定期或不定期的驱虫。

4. 牛舍环境条件的控制技术

大量研究表明育肥牛最适宜育肥温度是10～20℃。在气温较低的季节可采取降低牛舍内通风量的方法来维持牛舍温度,在气温高的季节应做好防暑措施,确保牛舍的适宜温度。注意育肥牛舍内的湿度,通常育肥牛舍内的湿度不能超过65%。育肥牛舍要求有适当的通风,以利于氨气和湿气的排出。育肥牛舍氨气量的控制,以人在牛舍各个区域内均闻不到牛粪、牛尿味或任何异味为宜。另外,在育肥后期,牛只的活动小、体重大,要注意保持地板的防滑性、清洁、干燥、软硬宜中,否则易引起育肥牛的肢蹄病发生,严重影响育肥牛的增重效果。总之,要尽量采取各种措施给育肥牛创造或提供舒适、清静、卫生的环境。

四、屠宰

优质和高档牛肉的生产加工工艺流程:

膘情评定→检疫→称重→淋浴→倒吊→击昏→放血→剥皮(去头、

蹄和尾巴)→去内脏→胴体劈半→冲洗→修整→称重→冷却→排酸成熟→剔骨分割、修整→包装。

(一)宰前准备

(1)膘情评定 牛宰前需进行膘情评定。膘情达到一等以上标准。

(2)检疫 膘情评定合格的肉牛必须经过宰前检验,兽医卫检人员对所宰牛的种类、头数、有无疫情、病情签发检疫证明书,经屠宰场初步视检,认定合格后才允许屠宰,以防带有各种传染病。

(3)饲养 宰牛单独拴系,宰前24小时停止饲喂和放牧,但供给充足的饮水。宰前8小时停止饮水。宰前的牛要保持在安静的环境中。

(二)屠宰

(1)宰前活重 将待宰的健康牛由人沿着专用通道牵到地磅上进行个体称重。

(2)淋浴 称重后的肉牛沿通道牵至指定地点,用温度为30℃左右的洁净水对牛冲洗,以去掉牛体表面的污染物和细菌等,减少胴体加工过程中的细菌污染。

(3)倒吊 将淋浴后的牛牵到屠宰地点,用铁链将牛的一条后腿套牢,并挂在吊钩上,将牛吊起,然后将两条前腿用铁链捆绑好并固定在拴腿架上。

(4)击晕 在眼睛与对侧牛角两条连线的交叉点处将牛电麻或击晕。

(5)放血 吊挂宰杀在颈下缘咽喉部切开放血(即俗称"大抹脖")。放血时间一般8~10分钟。

(6)剥皮 放血完毕后,通过电动葫芦将牛背部朝下放到剥皮架上剥皮。剥皮有人工和机械剥皮两种形式。无论采用什么方法剥皮,都要注意卫生,以免污染。并依此工序去除前后蹄、尾巴和头。

(7)内脏剥离 沿腹侧正中线切开,纵向锯断胸骨和盆腔骨,切除肛门和外阴部,分出连结体壁的横膈膜,去除消化、呼吸、排泄、生殖及循环等内脏器官,去除肾脏、肾脏脂肪和盆腔脂肪。

(8)胴体劈半　沿脊椎骨中央分割为左右各半片胴体(称为二分体)。无电锯时,可沿椎体左侧椎骨端由前向后劈开,分软、硬两半(左侧为软半,右侧为硬半)。

(9)冲洗　用30～40℃、具有一定压力的清洁水冲洗胴体,以除掉肉体上的血污和污物及骨渣,来改善胴体外观。然后,用预先配制好的有机酸液进行胴体表面喷淋消毒,降低 pH,延长货架期。

(10)修整　除掉胴体上损坏的或污染的部分,在称重前使胴体标准化。

(11)称重　启动电动葫芦,用吊钩将半胴体从高轨上取下,同时用低轨滑轮钩住胴体后腿将其转至低轨,并经过低轨上的电子秤测量半胴体重量,贮存于电脑中并打印。

屠宰率＝胴体重/宰前活重×100％

五、排酸与嫩化

(一)肉的成熟

牛经屠宰后,肉质内部发生一系列变化。结果使肉柔软、多汁,并产生特殊的滋味和气味。这一过程称为肉的成熟。成熟的肉,表面形成一层透明的干燥膜,富有弹性,可阻碍微生物侵入。肉的切面湿润多汁,有光泽,呈酸性反应。一般成熟过程可分为如下两个阶段。

1.尸僵过程

牛屠宰后,经一段时间,肌肉组织由原来的松弛柔软状态逐渐变为僵硬,关节失去活动性。这一过程称为尸僵。造成尸僵的原因是:宰后血液流尽,氧的供应停止,肌肉中糖原分解形成乳酸,肌球蛋白和肌动蛋白结合成刚性的肌动球蛋白。尸僵使肌肉增厚,长度缩短。牛胴体尸僵于宰后 10 小时开始,持续 15～24 小时。低温使尸僵过程变慢和持续时间延长,有利于保持肉的新鲜度。

2.自溶过程

当肉到尸僵终点并保持一定时间后,又逐渐开始变软、多汁,并获得细致的结构和美好的滋味。这一过程称为自溶过程。造成自溶的原因是,由于肉本身固有的酶的作用,使部分蛋白质分解,肉的酸度提高等所致。蛋白质分解及成熟过程中形成的肌苷酸,使肉具有特殊的香味。

从糖原分解至肉的尸僵而自溶,这一整个过程就是肉的成熟过程。肉成熟所需时间与温度有关。0℃和80%～85%的相对温湿度条件下,牛肉14天左右可达成熟的最佳状态。10℃时4～5天;15℃时2～3天;29℃约几小时。但温度过高,会造成微生物活动而使肉变质。在工业生产条件下,通常是把胴体放在0～4℃的冷藏库内,保持2～14昼夜使其适当成熟。

3.加快肉成熟的方法

可通过以下途径进行:

(1)阻止屠宰后僵直的发展 屠宰前给牛注射肾上腺素等,使牛在活体时加快糖的代谢,宰后肌肉中糖原和乳酸含量少,肉的 pH 较高(pH 6.4～6.9),肉始终保持柔软状态。同时使肌球蛋白的碎片增加,不能形成肌动球蛋白,死后僵直便不会出现。

(2)电刺激加快死后僵直的发展 电刺激可以促进肌肉生化反应过程以及 pH 的下降速度,促进肌肉转化成肉的成熟过程。电刺激的频率和刺激时间长短对肌肉的 pH 下降有直接影响。通常100～300伏,12.5赫兹的电流,对热鲜肉处理2分钟,能使肌肉的 pH 迅速降低,并可加速溶酶体膜的破裂,大量的组织蛋白酶释放出来并被激活,从而加速肉的成熟。

(3)加快解僵过程 解僵越快,肉的成熟越快。提高环境温度,同时采用紫外光照射,以帮助促进解僵过程,并可抑制微生物生长。另外,可采用屠宰前2～3小时内肌肉注射或在肉表面喷洒抗生素的方法来防止细菌的繁殖,以利于高温下的解僵过程。

(二)牛肉的人工嫩化技术

在肌肉向食肉的转化过程中,为了提高肉品的嫩度,常采用以下方式。

1.机械处理法

包括击打、切碎、针刺、翻滚等,使肌肉内部结构发生改变,有助于肌纤维的断裂和结缔组织的韧性降低,从而提高肉品的嫩度。

(1)滚筒嫩化器嫩化法 这种嫩化器由两个平行滚筒组成,滚筒上装有齿片或利刀。嫩化处理时,两个滚筒反向运转,肉被拉入滚筒之间,肉通过时,表面产生一些切口,肉因此致嫩。用滚筒嫩化器嫩化的肌肉,主要用于快速腌制。

(2)针头嫩化器法 包括固定针头嫩化器(由变速输送器和一组凿形或枪头形利针组成)和斜形弹性针头嫩化器两种。后者最大的优点是,不仅可用于去骨肌肉,而且也可用于带骨肌肉的嫩化。此种嫩化法主要用于那些既要求轻度嫩化,同时又要求保证处理后具有良好的结构和外观的肉品。如市售鲜肉的嫩化即可采用此法。

(3)拉伸嫩化法 利用悬挂牛的重量来拉伸肌肉,可以使嫩度增加,特别是圆腿肉、腰肉和肋条肉。传统的吊挂方式是后腿吊挂。实验证明,骨盆吊挂时对肉的嫩化效果更好。

2.电刺激法

牛屠宰后应用电刺激法可以显著改善肌肉的嫩度。通过电刺激可防止宰后肌肉冷缩,提高肌肉中溶酶体组织蛋白酶的活性及增加肌原纤维的裂解,从而使肉品的嫩度、色泽和香味等食用品质也得到相应的改善。

动物屠宰死亡之后,肌肉中的糖原酵解、ATP 的消耗和 pH 的下降都是在一段时间内逐渐进行的,并且当 ATP 全部用尽时,尸僵过程也就完成了。在这一过程完成之前,如果处理不当(迅速冷却)就会导致肉品老化。用电流脉冲经由电极通过胴体对屠宰后不久的胴体进行电刺激,则可以引起肌肉收缩,加速糖原酵解、ATP 的消耗和 pH 下降,缩短尸僵的时间。胴体经电刺激后,一般经 5 小时左右可达尸僵,这时把肉剔下,即使迅速冷却,也不会发生冷缩;迅速冻结后再解冻时,也不会发生融僵,电刺激可大大缩短常规的冷却时间。

电刺激法简单易行,只需保持良好的电接触。使用安装时,一个电极是活动的(接胴体),另一个电极通过高架传送接地即可,两极间的电压必须是可以产生可通过胴体的脉冲电流。实际运用中,牛的胴体宜在宰后 45 分钟内,用电压为 500 伏、频率为 14.3 赫兹、脉冲时间为 10 毫秒的电流作用 2 分钟;也可采用低电压刺激法,即对牛胴体使用 90 伏电压作用 1 分钟,每秒钟可有 14 个电流脉冲通过胴体。

3.化学物质处理法

酶处理法是用外源酶类的添加或宰前、宰后注射使肉品嫩化。在肉品嫩化上使用的酶包括 3 类:第一类是来自细菌和霉菌的酶类,如枯草杆菌蛋白酶、链霉蛋白酶、水解酶 D;第二类是来自植物的酶类,如木瓜蛋白酶、菠萝蛋白酶和无花果蛋白酶;第三类是来自动物的酶类,如胰蛋白酶等。目前在生产中使用最广泛的是第二类。各类酶对肉品作用的活性大小依次为无花果蛋白酶、菠萝蛋白酶、胰蛋白酶和木瓜蛋白酶。

不同来源的酶类对肉品的作用机制不同。细菌或霉菌的酶类作用于肌纤维蛋白;来自动物的酶类除主要作用于肌纤维蛋白外,同时对结缔组织蛋白也有一定作用;而植物的酶类则是在作用于肌纤维蛋白的同时,主要作用于结缔组织蛋白。其作用方式是,首先分裂结缔组织基质物中的粘多糖,然后逐渐将结缔组织纤维降解成为无定形的团块,使肉品得到嫩化。

酶处理人工嫩化通常是在肉品的表面喷撒粉状酶制剂或将肉品浸在酶溶液中;宰前静脉注射氧化了的酶制剂;宰后胴体僵硬前用多个针头肌肉注射酶制剂。喷撒、浸泡或肌肉注射法由于酶制剂在肉组织中分布不好,常使肉块嫩化的程度不均匀,但对老嫩不同的肉品可更严格地控制酶类和注射位置。目前生产上使用最广泛也最有效的酶处理法是宰前静脉注射。在屠宰前约 30 分钟,按动物活体重量 3.3 毫克/千克的剂量注入氧化木瓜蛋白酶。动物按常规屠宰后,肌肉开始缺氧,使氧化木瓜蛋白酶在还原性的环境中被还原到活性状态,当烹调至 50～82℃时,木瓜蛋白酶发挥作用,使各部位的肉都能均匀致嫩。

此外,宰后注射黄油、植物油、磷酸盐、食盐等均可增加嫩度。

4.传统嫩化方法

通常是在 0～4℃陈化 10～14 天,肉中的酶从溶酶体中释放出来,使肉品嫩度增加。

六、分割

(一)分割工艺流程

排酸后的半胴体→四分体→剔骨→七个部位肉(臀腿肉、腹部肉、腰部肉、胸部肉、肋部肉、肩颈肉、前腿肉)→十三块分割肉块。

(二)四分体的产生

由腰部第 12～13 肋骨间将半胴体截开即为四分体。

(三)分割要求

完成成熟的胴体,在分割间剔骨分割,按照部位的不同分割完整并作必要修整。分割加工间的温度不能高于 9～11℃;分割牛肉中心冷却终温须在 24 小时内下降至 7℃以下;分割牛肉中心冻结终温须在 24 小时内至少下降至－19～－18℃。

半胴体分割牛肉共分为 13 块,其中高档部位的牛肉有 3 块:①牛柳,又叫里脊。②西冷,又叫外脊。③眼肉,一端与西冷相连,另一端在第五至六胸椎处。

(1)里脊(tenderloin)　也称牛柳里脊肉,解剖学名为腰大肌,从腰内侧割下的带里脊头的完整净肉。分割时先剥去肾脂肪,再沿耻骨前下方把里脊剔出,然后由里脊头向里脊尾,逐个剥离腰椎横突,取下完整的里脊。

(2)外脊(striploin)　亦称西冷或腰部肉。外脊主要为背最长肌，从第5～6腰椎处切断，沿腰背侧肌下端割下的净肉。分割时沿最后腰椎切下，再沿眼肌腹侧壁(离眼肌5～8厘米)切下，在第12～13胸肋处切断胸椎。逐个剥离胸、腰椎。

(3)眼肉(ribeye)　为背部肉的后半部，包括颈背棘肌、半棘肌和背最长肌，沿脊椎骨背两侧5～6胸椎后部割下的净肉。分割时先剥离胸椎，抽出筋腱，在眼肌腹侧距离为8～10厘米处切下。

(4)上脑(highrib)　为背部肉的前半部，主要包括背最长肌，斜方肌等，为沿脊椎骨背两侧5～6胸椎前部割下的净肉。分割时剥离胸椎，去除筋腱，在眼肌腹侧距离为6～8厘米处切下。

(5)胸肉(brisket)　亦称胸部肉或牛胸(chestmeatchuck)，主要包括胸升肌和胸横肌，为从胸骨、剑状软骨处剥下的净肉。分割时在剑状软骨处，随胸肉的自然走向剥离，修去部分脂肪即成完整的胸肉。

(6)嫩肩肉(chunktender)　主要是三角肌。分割时循眼肉横切面的前端继续向前分割，得一圆锥形肉块。即为嫩肩肉。

(7)腰肉(rump)　主要包括臀中肌、臀深肌、股阔筋膜张肌。取出臀肉、大米龙、小米龙、膝圆后，剩下的一块肉便是腰肉。

(8)臀肉(topside)　亦称臀部肉，主要包括半膜肌、内收肌和股薄肌等。分割时把大米龙、小米龙剥离后便可见到一块肉，沿其边缘分割即可得到臀肉。也可沿着被切开的盆骨外缘，再沿本肉块边缘分割。

(9)膝圆(knuckle)　亦称和尚头、琳肉，主要为股四头肌，沿股四头肌与半腱肌连接处割下的股四头肌净肉。当大米龙、小米龙、臀肉取下后，见到一长方形肉块，沿此肉块周边的自然走向分割，即可得到一块完整的膝圆肉。

(10)大米龙(qutsideplat)　主要是股二头肌。分割时剥离小米龙后，即可完全暴露大米龙，顺肉块自然走向剥离，便可得到一块完整的四方形肉块。

(11)小米龙(eyeround)　主要是半腱肌。分割时取下牛后腱子，小米龙肉块处于明显位置,按自然走向剥离。

(12)腹肉(flank) 亦称肋排、肋条肉,主要包括肋间内肌、肋间外肌等。可分为无骨肋排和带骨肋排,一般包括4~7根肋骨。

(13)腱子肉(shin) 亦称牛展,主要是前肢肉和后肢肉,分前牛腱和后牛腱两部分。前牛腱从尺骨端下刀,剥离骨头;后牛腱从胫骨上端下刀。剥离骨头取下肉。

第六节 有机牛肉生产技术

有机牛肉生产按照中华人民共和国国家标准——有机产品第Ⅰ部分——生产(GB/T 19630.1—2011),规定了农作物、畜禽等及其未加工产品的有机生产通用规范和要求执行。

(一)基本概念

(1)有机农业 遵照一定的有机农业生产标准,在生产中不采用基因工程获得的生物及其产物,不使用化学合成的农药、化肥、生长调节剂、饲料添加剂等物质,遵循自然规律和生态学原理,协调种植业和养殖业的平衡,采用一系列可持续发展的农业技术以维持持续稳定的农业生产体系的一种农业生产方式。

(2)有机产品 生产、加工、销售过程符合本部分的供人类消费、动物食用的产品。

(3)常规 生产体系及其产品未获得有机认证或未开始有机转换认证。

(4)转换期 从按照本部分开始管理至生产单元和产品获得有机认证之间的时段。

(5)平行生产 在同一农场中,同时生产相同或难以区分的有机、有机转换或常规产品的情况,称之为平行生产。

(6)缓冲带　在有机和常规地块之间有目的设置的、可明确界定的用来限制或阻挡邻近田块的禁用物质漂移的过渡区域。

(7)投入品　在有机生产过程中采用的所有物质或材料。

(8)养殖期　从动物出生到作为有机产品销售的时间段。

(9)顺势治疗　一种疾病治疗体系,通过将某种物质系列稀释后使用来治疗疾病,而这种物质若未经稀释在健康动物上大量使用时能引起类似于所欲治疗疾病的症状。

(10)基因工程技术(转基因技术)　指通过自然发生的交配与自然重组以外的方式对遗传材料进行改变的技术,包括但不限于重组脱氧核糖核酸、细胞融合、微注射与宏注射、封装、基因删除和基因加倍。

(二)有机肉牛养殖

1.转换期

肉牛养殖场的饲料生产基地必须符合有机农场的要求,饲料生产基地的转换期为 24 个月。如有充分证据证明 24 个月以上未使用禁用物质,则转换期可缩短到 12 个月。饲养的肉牛经过其转换期后,其产牛肉方可作为有机牛肉出售。肉牛的转换期为 12 个月。

2.平行生产

如果一个养殖场同时以有机及非有机方式养殖同一品种肉牛,则应满足下列条件,其有机养殖的肉牛或其产品才可以作为有机产品销售:①有机肉牛和非有机肉牛的圈栏、运动场地和牧场完全分开,或者有机肉牛和非有机肉牛是易于区分的品种;②贮存饲料的仓库或区域应分开并设置了明显的标记;③有机肉牛不能接触非有机饲料和禁用物质的贮藏区域。

3.肉牛的引入

应引入有机肉牛。当不能得到有机肉牛时,可引入常规肉牛,但应不超过 6 月龄且已断乳。

每年引入的常规肉牛不能超过已认证的同种成年肉牛数量的10%。在以下情况下,经认证机构许可比例可放宽到 40%。①不可预见的严重自然灾害或人为事故;②肉牛场规模大幅度扩大;③养殖场发展新的畜禽品种。

所有引入的常规肉牛都应经过相应的转换期。可引入常规种公牛,引入后应立即按照有机方式饲养。

4. 饲料

①畜禽应以有机饲料饲养。饲料中至少应有 50% 来自本养殖场饲料种植基地或本地区有合作关系的有机农场。饲料生产和使用应符合有机植物生产的要求。

②在养殖场实行有机管理的前 12 个月内,本养殖场饲料种植基地按照本标准要求生产的饲料可以作为有机饲料饲喂本养殖场的肉牛,但不得作为有机饲料销售。饲料生产基地、牧场及草场与周围常规生产区域应设置有效的缓冲带或物理屏障,避免受到污染。

③当有机饲料短缺时,可饲喂常规饲料。但肉牛的常规饲料消费量在全年消费量中所占比例不得超过 10%;出现不可预见的严重自然灾害或人为事故时,可在一定时间期限内饲喂超过以上比例的常规饲料。饲喂常规饲料应事先获得认证机构的许可。

④应保证肉牛每天都能得到满足其基础营养需要的粗饲料。在其日粮中,粗饲料、鲜草、青干草、或者青贮饲料所占的比例不能低于60%(以干物质计)。

⑤初乳期犊牛应由母畜带养,并能吃到足量的初乳。可用同种类的有机奶喂养哺乳期犊牛。在无法获得有机奶的情况下,可以使用同种类的非有机奶。

不应早期断乳,或用代乳品喂养犊牛。在紧急情况下可使用代乳品补饲,但其中不得含有抗生素、化学合成的添加剂或动物屠宰产品。哺乳期至少需要 3 个月。

⑥在生产饲料、饲料配料、饲料添加剂时均不应使用转基因(基因工程)生物或其产品。

⑦不应使用以下方法和物质:a.以动物及其制品饲喂肉牛;b.未经加工或经过加工的任何形式的动物粪便;c.经化学溶剂提取的或添加

了化学合成物质的饲料,但使用水、乙醇、动植物油、醋、二氧化碳、氮或羧酸提取的除外。

⑧使用的饲料添加剂应在农业行政主管部门发布的饲料添加剂品种目录中,并批准销售的产品,同时应符合本部分的相关要求。

⑨可使用氧化镁、绿砂等天然矿物质;不能满足畜禽营养需求时,可使用人工合成的矿物质和微量元素添加剂。

⑩添加的维生素应来自发芽的粮食、鱼肝油、酿酒用酵母或其他天然物质;不能满足畜禽营养需求时,可使用人工合成的维生素。

⑪不应使用以下物质:a. 化学合成的生长促进剂(包括用于促进生长的抗生素、抗寄生虫药和激素);b. 化学合成的调味剂和香料;c. 防腐剂(作为加工助剂时例外);d. 化学合成的着色剂;e. 非蛋白氮(如尿素);f. 化学提纯氨基酸;g. 抗氧化剂;h. 黏合剂。

5. 饲养条件

①肉牛的饲养环境(圈舍、围栏等)应满足下列条件,以适应肉牛的生理和行为需要:a. 肉牛活动空间根据体重大小室内面积 1.5～5 米^2、室外面积 1.1～3.7 米^2 和充足的睡眠时间;肉牛运动场地可以有部分遮蔽。b. 空气流通,自然光照充足,但应避免过度的太阳照射。c. 保持适当的温度和湿度,避免受风、雨、雪等侵袭。d. 如垫料可能被肉牛啃食,则垫料应符合对饲料的要求。e. 足够的饮水和饲料,饮用水水质应达到 GB 5749 要求。f. 不使用对人或肉牛健康明显有害的建筑材料和设备。g. 避免畜禽遭到野兽的侵害。

②应使所有肉牛在适当的季节能够到户外自由运动。但以下情况可例外:a. 特殊的肉牛舍结构使得肉牛暂时无法在户外运动,但应限期改进;b. 圈养比放牧更有利于土地资源的持续利用。

③肉牛最后的育肥阶段可采取舍饲,但育肥阶段不应超过其养殖期的 1/5,且最长不超过 3 个月。

④不应采取使肉牛无法接触土地的笼养和完全圈养、舍饲、拴养等限制肉牛自然行为的饲养方式。

⑤肉牛不应单栏饲养,但患病的肉牛、成年公牛及妊娠后期的母牛

例外。

⑥不应强迫喂食。

6．疾病防治

①疾病预防应依据以下原则进行：a．根据地区特点选择适应性强、抗性强的品种；b．提供优质饲料、适当的营养及合适的运动等饲养管理方法，增强肉牛的非特异性免疫力；c．加强设施和环境卫生管理，并保持适宜的肉牛饲养密度。

②可在肉牛饲养场所使用次氯酸钠、氢氧化钠、过氧化氢、过乙酸、酒精、高锰酸钾、碘酒的消毒剂。消毒处理时，应将肉牛迁出处理区。应定期清理肉牛粪便。

③可采用植物源制剂、微量元素和中兽医、针灸、顺势治疗等疗法医治肉牛疾病。

④可使用疫苗预防接种，不应使用基因工程疫苗（国家强制免疫的疫苗除外）。当养殖场有发生某种疾病的危险而又不能用其他方法控制时，可紧急预防接种（包括为了促使母源体抗体物质的产生而采取的接种）。

⑤不应使用抗生素或化学合成的兽药对肉牛进行预防性治疗。

⑥当采用多种预防措施仍无法控制肉牛疾病或伤痛时，可在兽医的指导下对患病肉牛使用常规兽药，但应经过该药物的休药期的2倍时间（如果2倍休药期不足48小时，则应达到48小时）之后，这些肉牛及其产品才能作为有机产品出售。

⑦不应为了刺激肉牛生长而使用抗生素、化学合成的抗寄生虫药或其他生长促进剂。不应使用激素控制肉牛的生殖行为（例如诱导发情、同期发情、超数排卵等），但激素可在兽医监督下用于对个别肉牛进行疾病治疗。

⑧除法定的疫苗接种、驱除寄生虫治疗外，养殖期不足12个月的肉牛只可接受一个疗程的抗生素或化学合成的兽药治疗；养殖期超过12个月的，每12个月最多可接受三个疗程的抗生素或化学合成的兽药治疗。超过允许疗程的，应再经过规定的转换期。

⑨对于接受过抗生素或化学合成的兽药治疗的肉牛应逐个标记。

7. 非治疗性手术

有机养殖强调尊重肉牛的个性特征。应尽量养殖不需要采取非治疗性手术的品种。在尽量减少肉牛痛苦的前提下,可对肉牛采用以下非治疗性手术,必要时可使用麻醉剂:a. 物理阉割;b. 断角。

8. 繁殖

(1)宜采取自然繁殖方式。

(2)可采用人工授精等不会对肉牛遗传多样性产生严重影响的各种繁殖方法。

(3)不应使用胚胎移植、克隆等对肉牛的遗传多样性会产生严重影响的人工或辅助性繁殖技术。

(4)除非为了治疗目的,不应使用生殖激素促进畜禽排卵和分娩。

(5)如母畜在妊娠期的后 1/3 时段内接受了禁用物质处理,其后代应经过相应的转换期。

9. 运输和屠宰

①肉牛在装卸、运输、待宰和屠宰期间都应有清楚的标记,易于识别;肉牛产品在装卸、运输、出入库时也应有清楚的标记,易于识别。

②肉牛在装卸、运输和待宰期间应有专人负责管理。

③应提供适当的运输条件,例如:a. 避免肉牛通过视觉、听觉和嗅觉接触到正在屠宰或已死亡的动物;b. 避免混合不同群体的肉牛;有机牛肉产品应避免与常规产品混杂,并有明显的标志;c. 提供缓解应激的休息时间;d. 确保运输方式和操作设备的质量和适合性;运输工具应清洁并适合所运输的肉牛,并且没有尖突的部位,以免伤害肉牛;e. 运输途中应避免肉牛饥渴,如有需要,应给肉牛喂食、喂水;f. 考虑并尽量满足肉牛的个体需要;g. 提供合适的温度和相对湿度;h. 装载和卸载时对肉牛的应激应最小。

④运输和宰杀肉牛的操作应力求平和,并合乎动物福利原则。不应使用电棍及类似设备驱赶肉牛。不应在运输前和运输过程中对肉牛使用化学合成的镇静剂。

⑤应在政府批准的或具有资质的屠宰场进行屠宰,且应确保良好的卫生条件。

⑥应就近屠宰。除非从养殖场到屠宰场的距离太远,一般情况下运输肉牛的时间不超过 8 小时。

⑦不应在肉牛失去知觉之前就进行捆绑、悬吊和屠宰。用于使肉牛在屠宰前失去知觉的工具应随时处于良好的工作状态。如因宗教或文化原因不允许在屠宰前先使肉牛失去知觉,而必须直接屠宰,则应在平和的环境下以尽可能短的时间进行。

⑧有机肉牛和常规肉牛应分开屠宰,屠宰后的产品应分开贮藏并清楚标记。用于畜体标记的颜料应符合国家的食品卫生规定。

10.有害生物防治

有害生物防治应按照优先次序采用以下方法:a.预防措施;b.机械、物理和生物控制方法;c.可在肉牛饲养场所,以对肉牛安全的方式使用国家批准使用的杀鼠剂。

11.环境影响

(1)应充分考虑饲料生产能力、肉牛健康和对环境的影响,保证饲养的肉牛数量不超过其养殖范围的最大载畜量。应采取措施,避免过度放牧对环境产生不利影响。

(2)应保证肉牛粪便的贮存设施有足够的容量,并得到及时处理和合理利用,所有粪便储存、处理设施在设计、施工、操作时都应避免引起地下及地表水的污染。养殖场污染物的排放应符合 GB 18596 的规定。

思考题

1.影响肉牛育肥效果的因素有哪些?

2.什么是小白牛肉?小白牛肉生产的饲养模式有哪些?

3.什么是小牛肉?什么叫直线育肥?

4.如何选择架子牛?

5.新购入的架子牛为什么要隔离饲养?过渡期如何饲养?

6.架子牛育肥期的饲养管理原则是什么？

7.高档牛肉育肥牛的饲养管理技术包括哪些？

8.有机肉牛如何养殖？

第八章

肉牛场的卫生消毒与防疫技术

导　　读　牛场卫生消毒与防疫工作对保证肉牛业发展以及人民身体健康至关重要。本章介绍了牛场卫生消毒的目的、分类、方法以及常用化学消毒剂。同时介绍了兽药使用、防疫内容以及犊牛阶段与育肥阶段常见疾病防控措施。

第一节　肉牛场的卫生消毒

消毒的目的是杀灭或清除外界环境中的病原体,切断其传播途径,防止疫病流行。消毒工作对保证肉牛业发展,维护人民健康,保证食肉安全,保护环境卫生和维持生态平衡方面有着重大作用。在肉牛疫病的防控中,治疗手段只能是针对发病肉牛,免疫主要是针对健康肉牛,而消毒工作除了针对健康的进行预防消毒和发病时的随时消毒外,还要对因各种疫病死亡的肉牛进行彻底的终末消毒,也就是说,在肉牛疫病的防控中,对健康的、发病和死亡的,都要进行有效的消毒。

一、消毒的分类

肉牛传染病的发生,不外乎 3 个环节和 2 个因素,即传染源、传播途径、牛群体的易感性和环境因素、社会因素。在肉牛疫病的防控措施中,在扑灭肉牛疫病的实践中,都需要消毒。根据消毒的目的,可以把消毒分为如下几种。

(一)定期消毒

也称为预防消毒,即传染病发生前所进行的消毒。

①圈舍的消毒采取每天 1 次用机械消毒法、每 2 周 1 次用喷洒消毒法(用有效化学消毒药物,按规定比例稀释、装入喷雾器内,对圈舍四壁、地面、饲槽、圈舍周围地面、运动场地面、牛体表等进行喷洒消毒。喷洒消毒的药液应均匀喷湿为宜)消毒;消毒池内的消毒药液每 3 天更换 1 次,同时做好药液的及时追加;牛出售后场地用机械消毒法和喷洒消毒法消毒,7～14 天后才能购进新牛群。

②场内所有用具每 2 周用机械消毒法和喷洒消毒法消毒;工作服、工作鞋要经常清洗,定期用紫外线或药液浸泡消毒;进出牛场的车辆,先用机械消毒法后再用喷洒消毒法消毒,才能装运牛只。

③任何人进出牛场都必须更换工作服和工作鞋,经消毒后方可进出。

④牛场内的粪便、污水、污物等,能直接燃烧部分作烧毁消毒,其余部分用坑、堆积发酵法消毒。

(二)临时消毒

临时消毒也称为应急性消毒,即传染病发生时所进行的消毒。

发生重大疫病时,病死牛和扑杀牛烧毁消毒。圈舍、用具、放牧地用机械消毒法和喷洒消毒法消毒,每天 1 次,连续 7 天;粪便、污水、污物能直接燃烧部分作烧毁消毒,其余部分用坑、堆发酵法消毒。

(三)终末消毒

即发病地区消灭了某种疫病,在解除封锁前,为了彻底地消灭传染病的病原体而进行的最后消毒。在进行这种消毒时,不仅肉牛周围的一切物品、牛舍要消毒,连痊愈牛的体表也要消毒。这种消毒除根据疫病的性质采取专项消毒方法和消毒药品外,还需要一般的消毒方法和消毒药品配合消毒,以达到环境良好,促进牛体尽早恢复健康。

二、消毒的方法

(一)机械清除消毒法

用机械的方法如清扫、洗刷、通风等清除病原体,是最普遍、最常用的方法。这种方法不能杀灭病原菌,只是创造不利于微生物生长、繁殖的环境条件。若遇到传染病,需同其他消毒方法一并进行,并预先用消毒药液喷洒,然后再清扫。所以,这种方法是其他有效消毒的基础。

(二)物理消毒法

这种方法包括光辐射方法、同位素电离辐射方法、热方法以及微波辐射方法等。

1. 日光、紫外线和干燥消毒

日光的辐射能是由大量各种波长的光波所组成,对生物机体有复杂的综合作用。日光所引起的化学与物理学变化性质,依光波的波长不同而不同。杀菌力最大的波长是 $2 \times 10^{-7} \sim 3 \times 10^{-7}$ 米范围的光线,此正是紫外线,它可透过空气到达地面,具有显著的杀菌作用。在直射日光下,不少细菌和病毒都被杀死。但消毒工作中,日光仅能起辅助作用,而不能单独应用。

紫外线灯常用于空气消毒,或者不能用热能、化学药品消毒的器械(胶质做成的器械)。紫外线灯有两种,即水银紫外灯和水银石英灯。

它们的紫外线波长为 $2.54 \times 10^{-7} \sim 3.2 \times 10^{-7}$ 米,能强烈地被蛋白质、类脂质及胆固醇所吸收。紫外线的消毒效果取决于细菌的耐受性、紫外线的密度和照射的时间。紫外线对细菌的致死量一般为 $0.05 \sim 50$ 毫瓦/厘米^2。紫外线的杀菌作用在于菌体内核酸和蛋白质的变性可能是引起细菌死亡的主要原因。

干燥能使微生物水分蒸发,故有杀灭微生物的作用,但效果次于阳光。各种微生物因干燥而死亡的时间各有不同,如结核杆菌、葡萄球菌,虽经长时间干燥(10 个月或几年)也不死亡,所以在生产上的应用受到限制。

2. 高温消毒

高温对于微生物有致死作用,故在消毒工作中广泛应用。高温消毒常用如下几种方式。

(1)焚烧　焚烧是一种最可靠的消毒方法,通常用于被烈性传染病污染的情况下,以达到消毒的目的。

使用焚烧炉时,按其装置的常规用法使用之;用烧柴焚烧时,注意应有充足的烧柴(为尸体重量的 2 倍)及辅助燃料(秸秆、干草、沥青、煤油、汽油等)。依焚烧牛尸的多少挖坑,将尸体放在烧柴上,点燃秸秆,使之完全焚烧。焚烧后所剩的骨灰等物必须埋于土中;焚烧的场所及其附近必须消毒。

(2)煮沸　煮沸消毒是一种经济、方便、应用广泛、效果确实的好方法。一般细菌在 100℃ 开水中煮沸 3～5 分钟即可杀死,在 60～80℃ 热水中 30 分钟死亡,多数微生物煮沸 2 小时以上,几乎可以完全杀死。消毒对象主要是金属器械、玻璃器皿、工作衣帽等。

煮沸消毒的具体要求:尸体应煮沸 2～3 小时;切细的组织煮沸 1 小时以上;金属器械煮沸消毒时,水中加入 1%～2% 碳酸氢钠(小苏打)既可提高水温、去污垢,又可增加 OH^-、Na^+,提高杀菌能力,提高消毒效果。

(3)蒸汽　即利用水蒸气的湿热,达到消毒的作用。蒸汽传热快、温度高、穿透力强,是一种理想的消毒方法。这种方法分两种。

高压蒸汽消毒:需要一定的设备,如高压灭菌锅。此法为最有效的消毒方法,通常 121℃、30 分钟即可彻底地杀死细菌和芽孢。所有不因湿热而损坏的物品,如培养基、玻璃器材、金属器械、培养物、病料等,都可用此法消毒。另外就是湿化机,主要用于尸体和废弃品的化制。使用高压灭菌锅时,一定要排除完高压灭菌锅内冷空气,以缩短时间,提高温度,达到理想的消毒效果。

一般蒸汽消毒:即像蒸馒头一样使热气通过要消毒的物品,将病原体杀死,故一切耐热、耐潮湿的物品,均可放入铁锅内、蒸笼中用此法消毒。

(4)干烤 干热空气的杀菌作用,在效力上虽然不如蒸汽,160℃干热空气 1 小时的效果相当于 121℃湿热作用 10~15 分钟。一般细菌繁殖体在 100℃、90 分钟杀死,而芽孢则需 140℃、3 小时。因此,在利用干烤箱施行消毒灭菌时,通常采用 160~170℃、2~3 小时干烤。

干烤箱中的干热空气温度高于 100℃时,对棉织物、毛织物、皮革类等有机物制品,均有损坏作用,故干烤方法不适宜这些物品的消毒。

3.电离辐射

辐射源选用钴、铯等同位素,它们产生 α、β、γ 三种射线。目前均选用钴 60(^{60}Co)发射的 γ 射线进行辐射消毒。一是干扰微生物生成核糖核酸(RNA);二是产生新离子过氧化氢作用于微生物;三是破坏细胞内膜,引起酶系统紊乱。

(三)化学消毒法

因为化学药品的消毒作用要比一般的消毒方法速度快、效率高,能在数分钟之内使药力透过病原体,将其杀死,故常采用之。

1.常用的化学消毒剂

根据化学消毒剂对微生物的作用,主要分为以下几类:一是凝固蛋白质和溶解脂肪类的化学消毒剂,如甲醛、酚(石炭酸)、甲酚及其衍生物(来苏儿、克辽林等)、醇、酸等;二是溶解蛋白类的化学消毒剂,如氢氧化钠、石灰等;三是氧化蛋白类的化学消毒剂,如高锰酸钾、过氧化氢、漂白粉、氯胺、碘、硅氟氢酸、过氧乙酸等；四是与细胞膜作用的阳离子表面活性消毒剂，如新洁尔灭、洗必泰等；五是使细胞脱水作用的化学消毒剂，如福尔马林、乙醇等；六是与巯基作用的化学消毒剂，有重金属盐类，如升汞、红汞、硝酸银、蛋白银等；七是与核酸作用的碱性染料，如龙胆紫（结晶紫）等；还有其他类化学消毒剂，如戊二醛、环氧乙烷等。

根据消毒工作的实践要求，目前，常把化学消毒药归纳为酸类消毒药、碱类消毒药以及酚类、醇类、醛类、卤素、重金属盐类、氧化剂、杂环类、双缩胍类、表面活性剂、抗生素、除臭剂等的衍变物。

（1）酸类消毒剂　常用的有盐酸、硝酸、硫酸、磷酸、柠檬酸、甲酸、羟基乙酸、氨基磺酸、乳酸等。无机酸主要是靠氢离子（H^+）的作用，有机酸一般是整个分子或氢离子的作用，乳酸、醋酸的蒸汽有杀病毒作用，一般按 6～12 毫升/米^3 投药进行蒸汽消毒。

（2）碱类消毒药　碱类的杀菌性能，依其氢氧根离子浓度而定，氢氧根离子越浓，杀菌力越大。在室温中，强碱能水解蛋白质和核酸，使细菌的酶系统和结构受到损害。碱类还能破坏菌细胞，使细胞死亡。在碱类溶液中，氢氧化钾、氢氧化钠的电离度最大，因而氢氧离子浓度也大，杀菌作用也最强。一般病毒、革兰氏阴性菌对于碱类消毒剂比革兰氏阳性菌敏感。有机物的存在，能降低碱类消毒剂的杀菌作用，所以在施行碱类消毒剂消毒时，应该首先机械清除再选用药物。

苛性钠（NaOH）是常用碱类消毒剂，对于细菌和病毒均具有显著的杀灭作用，2%～4%溶液能杀死病毒和细菌繁殖体。氢氧化钠1%～2%热溶液被用来消毒病毒性传染病所属污染的牛舍、地面和用具。结核杆菌对于氢氧化钠的抵抗力较其他菌强，10%的氢氧化钠液需 24 小时才能杀死。消毒病理解剖室一般用 10%的氢氧化钠热溶液。本品对金属有腐蚀性，消毒完毕要求洗干净。

生石灰（CaO）呈碱性，有消毒灭菌作用，但不易保存，容易失效，所以在实际应用中，效果不可靠。如果把生石灰 1 份加水 1 份制成熟石灰（氢氧化钙），然后用水配成 10%～20%的悬浮液，即成石灰乳，有相当强的消毒作用，但它只适宜粉刷墙壁、圈栏、消毒地面、沟渠和粪尿池。若熟石灰存放过久,吸收了空气中的二氧化碳,变成碳酸钙,则失去消毒作用。因此,在配制石灰乳时,应随配随用,以免失效浪费。生石灰 1 千克加水 350 毫升化开而成的粉末可撒在阴湿地面、粪池周围进行消毒。直接将生石灰粉撒在干燥地面上,不发生消毒作用。生石灰的杀菌作用主要是改变介质的 pH,夺取微生物细胞的水分,并与蛋白质形成蛋白化合物。

草木灰水是用新鲜干燥的草木灰 20 千克加水 100 千克,煮沸 20～30 分钟(边煮边搅拌,草木灰因容积大,可分 2 次煮),去渣使用,可用于消毒牛舍地面。各种草木灰中含有不同量的苛性钾和碳酸钾,一般 20% 的草木灰水消毒效果与 1% 氢氧化钠相当。

氨水因气味大而少用于室内,实验证明,用于粪便消毒很有前途,是一种良好的消毒剂。使用浓度为 1%～5%。

(3)酚类消毒剂 酚类消毒剂多数为苯的衍生物,其杀菌主要靠非电离分子,如苯酚、煤酚皂、煤焦油皂等,近年来出现了卤酚、双酚、复合酚等衍生物,如氯代苯酚、氯二甲苯酚等,其效果比石炭酸大多倍,毒性低,滞留期长,原料来源广泛,对某些病毒有杀灭作用,但有一定公害,需逐步改进。

酚类消毒剂由煤炭或石油蒸馏的副产品中得来,也可用合成法制取。这类消毒药除石炭酸能溶于水外,其他则略溶于水,所以多与肥皂混合成乳状液,如来苏儿、臭药水等。乳化的杀菌剂具有更强的杀菌力,这是因为细菌颗粒集中在乳化剂的表面,因而与细菌接触的浓度相应地增加了,使菌膜损害,使蛋白质发生变性或沉淀,还能抑制特异的酶系统,如脱氢酶、氧化酶等。

常用的克辽林(臭药水),是含有煤酚、饱和及不饱和的碳氢化合物、树酯酸和吡啶盐基的制剂,为暗褐色油状物,主要取自煤焦油和泥煤焦油、木焦油,因而有煤克辽林、泥煤克辽林、木焦克辽林之别。克辽林为强力的消毒剂,常用 5% 热溶液消毒用具、器械、胶靴、阴沟、厕所、污水池等。

石炭酸(苯酚、酚)有特殊气味,价格较高,对动物细胞有毒性,特别对神经细胞;5%以上溶液刺激皮肤黏膜,使手指麻痹;对真菌、病毒作用不大。

来苏儿(煤酚皂溶液、甲酚皂溶液)是由煤酚 500 毫升与豆油(或其他植物油)300 克、氢氧化钠 43 克配成,常用浓度为 2%～5%,有可靠的消毒与除臭效果。

煤酚(甲酚)是由煤馏油中所得甲酚的各种异构体的混合物,其杀菌力强于石炭酸,腐蚀性及毒性则较低。常用消毒浓度为 0.5%～1%。

六氯酚为白色或微棕色粉末,无臭,不溶于水,易溶于醇,常用其 2%～3%的液体肥皂制剂或其 0.5%～1%的溶液涂擦消毒。

(4)醛类消毒剂 常用的是甲醛。甲醛呈弱酸性,呈醛基化作用,曾广泛用于喷雾和熏蒸消毒,是一种强力消毒剂。因性质不稳定,长期保存(-20℃)则形成絮状的三聚甲醛。

0.5%的甲醛溶液 6～12 小时能杀死所有芽孢和非芽孢的需氧菌,48 小时杀死产气荚膜杆菌,真菌孢子对甲醛的抵抗力也很弱。甲醛的杀菌作用在于它的还原作用。甲醛能和细菌蛋白质的氨基结合,使蛋白变性。甲醛蒸汽消毒法,即利用氧化剂和甲醛水溶液作用,而产生高热蒸发甲醛和水。通常用高锰酸钾作氧化剂。消毒前,先将纸条密封门窗缝隙,消毒时间最少要 12 小时,室内温度要保持在 18℃以上,消毒物品必须与蒸汽密切结合,消毒完毕的房舍,应蒸发氨气以中和剩下的甲醛蒸汽(除臭)。通常每 100 米³ 用氯化铵 500 克,生石灰 1 000 克和热水 750 毫升产生氨气。

用甲醛蒸汽消毒,不损坏衣物,也不因有机物存在而降低其作用。它的杀菌力很大程度上由空气湿度而定。条件相同时,相对湿度越大,杀菌力越强。95%～100%相对湿度,效力最强。甲醛直接用于消毒时,要使用特制的气体消毒器,只在消毒站及一些特定的机构或工厂中使用。一般场合常用它的稀释液福尔马林,即 40%(重量/容积)的甲醛水溶液。为了防止发生化学反应,福尔马林中还加有 10%～15%甲醇。

戊二醛,商品是其 25%(重量/容积)水溶液。常用其 20%溶液,溶液呈酸性反应,以 0.3％碳酸氢钠作缓冲,使 pH 调整至 7.5～8.5,杀菌作用显著增强。戊二醛溶液的杀菌力比甲醛更强,为快速、高效、广谱消毒剂,性质稳定,在有机物存在情况下,不影响消毒效果,对物品无损伤作用。目前国内生产的有两种剂型,即碱性戊二醛及强化酸性戊二醛,常用于不耐高温的医疗器械消毒,如金属、橡胶、塑料和有透镜的仪器等。

(5)氧化剂消毒药

①漂白粉。又叫氯化石灰,是氯化钙、次氯酸钙和消石灰的混合物,但主要成分是次氯酸钙,是气体氯将石灰氯化而成。漂白粉遇水产生极不稳定的次氯酸,易于离解产生氧原子和氯原子,通过氧化和氯化作用,而呈现出强大而迅速的杀菌作用。漂白粉具有特别浓的气味。本品能溶于水,以其中所含的活性氯来杀灭微生物,即"有效氯"。漂白粉在水溶液中分解,产生新生氧和氯。新生氧和有效氯都具有杀菌作用。在酸性条件下(pH 4～5)其杀菌能力比在中性和碱性条件下(pH 7～10)强得多。漂白粉含"有效氯"高低不同,市售品一般含有效氯为25％～33％,常用于日常和定期的大消毒,其配方:每 100 千克水加漂白粉 10 千克(以含 25％有效氯的漂白粉为标准)配成 20％的溶液(含有效氯 5％),这样的浓度能在短时间内杀死绝大多数微生物。漂白粉与空气接触时容易分解,每月损失有效氯 1％～3％,由空气中吸收水成盐,故需密封在有色容器内,存放于阴暗干燥的地方,以防失效。漂白粉用于消毒饮水、污水、牛舍、车间、用具、车船、土壤、排泄物等,毒后通风,以防中毒。对金属器械或衣物有腐蚀作用。漂白粉用于空间消毒时,最有效的方法是将酸性漂白粉稀释液煮沸,让产生的次氯酸(HClO)进行空间消毒。为了防止分子氯的产生和增强消毒能力,可将漂白粉配成 1％的溶液,而后按 2％的量加入磷酸二氢钠(NaH_2PO_4)或过磷酸钙(使溶液保持 pH 4),加热煮沸。漂白粉的用量按 1 克/米^3 计。

②过氧化氢、臭氧。因生产工艺的突破,本身又无公害,增加了使用价值。

③高锰酸钾、过氧乙酸。是良好的氧化消毒剂。过氧乙酸是一种应用广泛,适宜低温,高效快速,其水溶液和气体都能杀灭细菌繁殖体、芽孢、霉菌和病毒等多种微生物。过氧乙酸在实际应用中有很多突出的优点。一是对各类微生物都有效,使用浓度低,消毒时间很短;二是毒性低微或几乎无毒,其分解产物是水和氧等,全无毒性,使用后可不加清洗,亦无残毒;三是容易制作,原料易得,如冰醋酸、过氧化氢、硫酸;四是使用方便,常温、低温、喷雾、熏蒸、浸泡、泼洒均有良效。其缺点,对金属有一定的腐蚀性;蒸汽有刺激性;高浓度(40%以上)有爆炸性;穿透力差。但是,常用浓度对金属的腐蚀性非常微弱;自己制造的产品只有20%浓度,不具有爆炸的危险。

④次氯酸钠。在卤素消毒剂中有氧化作用的还有次氯酸钠,也是高效的氧化消毒剂。

⑤氯亚明(氯胺)。为结晶粉末,含有效氯11%以上。性质稳定,在密闭条件下可长期保存,携带方便,易溶于水。消毒作用缓慢而持久。

(6)醇类消毒剂 常用的主要是乙醇,它的杀菌作用主要是由于它引起的脱水作用。乙醇分子进入蛋白质的肽键空间,使菌体蛋白质变性或沉淀。此外,乙醇还能溶解脂类。它的消毒作用不因浓度的增加而加大,因为当浓度过大时,如无水乙醇、95%乙醇作用于菌体时,使菌体周围的有机质凝固形成较致密的蛋白保护膜,又因为乙醇的穿透能力较差,所以,杀菌力降低。故常采用70%~75%浓度的乙醇溶液,实践证明,此浓度消毒效果最佳。乙醇多用于实验操作与手术操作有关方面的消毒,或作为其他化学消毒剂的配制原料。

(7)卤素类消毒剂 此类消毒剂包括氟、氯、溴、碘等,有良好的消毒作用。无机氯不稳定,有机氯及其衍生物有发展前途。因卤素活泼,对菌体有亲和力,含氯高的氯化物如二氯异氰尿酸,已广泛应用。

碘的复合剂中有非表面离子活性剂、阳离子、阴离子表面活性剂三种类型,它能杀死脊髓灰白质炎病毒,但受蛋白质影响较大,进口的雅好生是一种碘制剂。

有机溴的新制剂比有机氯的制剂好,无刺激性,少异味,如二溴异氰尿酸、溴氯二甲基异氰尿酸等,能杀死肠道菌和病毒。

(8)表面活性剂消毒剂　这类消毒剂分为阴、阳、两性、非离子4个类型。以阳离子和两性离子的表面活性剂较好,但对芽孢和病毒无效。应注意的是阴离子和阳离子两种活性剂不能并用。制剂中高效的双季胺、聚合季胺和两性离子剂以及对胍类等均被普遍选用,如新洁尔灭、度米芬、消毒净、洗必泰、杂环类等均属此类。

新洁尔灭,是一种典型的季胺化合物,易溶于水,呈碱性芳香,味极苦,振摇时产生大量泡沫,具有较强的除污和消毒作用。在水溶液中,它以阳离子形式与微生物体表面结合,引起菌外膜损伤和菌体蛋白变性,破坏细菌的代谢过程,对微生物的营养细胞有杀灭作用。新洁尔灭在高度稀释时,也有强烈的抑菌作用,当稀释度较小时有杀菌作用,是一种有效的无毒消毒剂。通常以0.1%的水溶液即可消毒手指、手术部位和器械等,常作为兽医卫生人员自身防护消毒用药。

(9)重金属盐类消毒剂　这类消毒剂密度均较大。消毒效果的次序为:汞离子＞铜离子＞铁离子＞银离子＞锌离子。

硫酸亚铁因呈淡绿色,亦称绿矾、青矾或皂矾。青矾消毒液的配制和使用方法:青矾易溶于水,比例大约1∶16,消毒时配成1%～2%的水溶液喷雾即可。配制时要用石蕊试纸测其pH,最好在2.9～3.5之间。因粪尿多呈弱碱性,故应先扫除再消毒,并且不宜与碱性消毒药混用,以防青矾药效降低。喷雾后可不经水冲洗即可进牛。

(10)气体烷基化类消毒剂　目前有甲醛、环氧乙烷、环氧丙烷、溴甲烷、乙型丙内酯等烷基化气体消毒剂,其杀菌效果的次序:乙型丙内酯＞甲醛＞环氧乙烷＞环氧丙烷＞溴甲烷。

环氧乙烷是应用最广泛的化学气体杀菌剂,其特点是杀菌广谱,对多数物品无损害作用,便于对大宗物品进行消毒处理。因此,对精密仪器、电子仪器和受热易破坏的仪器、物品等,是一种理想的杀菌剂。对橡胶、塑料有轻微损害,穿透力比较强,能穿透纺织品、橡胶、薄的塑料和水的浅层,达到表面和一定深度的消毒作用。

（11）抗生素类消毒剂 这类消毒剂的使用应慎重，因为不少抗生素类药物对消毒物品有残留作用，尤其对食品的防腐消毒，应注意对人体的危害。

（12）中草药植物消毒剂 用中药苍术、艾叶、贯众等配以香料、黏合剂、助燃剂制成消毒香，其消毒效果与乳酸、甲醛等的消毒效果相似。

此外，可用于消毒灭菌的中草药有穿心莲、千里光、四季青、金银花、板蓝根、黄柏、黄连、黄芩、大蒜、秦皮、马齿苋、龙葵、鱼腥草、野菊花、苦参、连翘、败酱草、大黄、虎杖、紫草、百部、夏枯草等。

（13）复合消毒药 这类消毒药的发展是一个新动向，如日本的病毒消毒药"巴克雷"就是一种含氯的复合消毒剂。国内用 24% 多聚甲醛加 76% 二氯异氰尿酸钠合剂熏蒸消毒；复方高锰酸钾即 0.1% 高锰酸钾加 0.05% 硫酸能杀灭病毒；用 0.3% 乳酸及甲酸混合液消毒；用肥皂石炭酸复合剂消毒；新的"菌毒敌"等，均属于此类。

2.影响化学药物消毒作用的主要因素

消毒的效果取决于消毒剂的性质及其活性，还跟病原体的抵抗力和其所处环境的性质，消毒时的温度、用量和作用时间等有关系。因此，在选择消毒药时，应考虑下述因素。

（1）药物的选择性 某些药物的杀菌、抑菌作用有选择性，如碱性药物对革兰氏阳性菌的抑菌力强。

（2）药物浓度 消毒剂消毒的效果，一般和其浓度成正比，即消毒剂越浓，其消毒效力越强，如石炭酸的浓度减低 1/3 时，其效力降低到 1/81～1/729。但也不能一概而论，如 75% 的酒精溶液比其他浓度的酒精溶液消毒效力都强。

（3）温度 温度增高，杀菌作用增强，温度每升高 10℃，石炭酸的消毒作用增加 5～8 倍。金属盐类消毒作用增加 2～5 倍。

（4）酸碱度 酸碱度对细菌和消毒剂都有影响，酸碱度改变时，细菌电荷也相应地改变。碱性溶液中，细菌带阴电荷较多，所以阳离子型消毒剂的抑菌、杀菌作用强；酸性溶液中，则阴离子型消毒剂杀菌效果较好。同时，酸碱度也能影响某些消毒剂的电离度，一般来说，未经电离的分子,较易通过菌膜,杀菌力强。

(5)有机物的影响 有机物的存在,可使许多药物的杀菌作用大为降低。有机物,特别是蛋白质,能和许多消毒剂结合,降低药物效能。有机物被覆菌体,阻碍药物接触,对细菌起到机械的、化学的保护作用。因此,对于分泌物、排泄物的消毒,应选用受有机物影响较小的消毒剂。

(6)接触时间 细菌与消毒剂接触时间越长,细菌死亡越多。杀菌所需时间与药物浓度也有关系,升汞浓度每增高1倍,其杀菌时间减少一半;石炭酸浓度增加1倍,则杀菌时间缩小到1/64。

(7)微生物性状 微生物的类属、特殊构造(芽孢、荚膜)、化学成分、生长时期和密度等,都对消毒剂的作用有影响。

(8)消毒剂的物理状态 只有溶液才能进入菌体与原生质作用,固体、气体都不能进入菌细胞。所以,固体消毒剂必须溶于被消毒部分的水分中,气体消毒剂必须溶于细菌周围的液层中,才能呈现杀菌作用。

(9)表面张力 表面张力降低时,围绕细菌的药物浓度较溶液中的药物浓度为高,杀菌力量加强;反之,如杀菌剂中有很多有机颗粒存在,则杀菌剂吸附于所有这些颗粒上,细菌外围的药物浓度则降低,因而影响了杀菌作用。

(10)腐蚀性和毒性 氯化(俗称升汞)汞对金属物品有强腐蚀作用,因而这些消毒剂在应用上受很大限制。福尔马林对人和牛都有毒性,使用时要严格控制剂量。

(11)消毒对象的影响 一般碱性消毒剂用于酸性对象最有效,氧化剂用于还原性质的对象最有效。

3.理想的化学消毒药

应该是高效、快速、低浓度、易溶解、低毒性、少公害、无致癌、杀菌谱广、性能稳定、廉价易得、运输方便、使用方便、耐高温、抗低温、便于喷雾、撒布和熏蒸等方法的实施等。也就是说,对病原微生物的杀菌作用强,短时间内奏效,杀菌力不因有机物存在而减弱,对人和牛的毒性小或无害;不损伤被消毒的物品,易溶于水,与被消毒环境中常见的物质(钙盐、镁盐)有最小的化学亲和力。

（四）生物消毒法

生物消毒法即对粪便、污水和其他废弃物的生物发酵处理。

基本方法：首先在平地或土坑内铺一层麦秆或杂草、树叶等，再将粪便堆积成馒头形，最后用泥封顶。因为粪便和土壤中有大量有机物和大量的嗜热菌、噬菌体及土壤中的某些抗菌物质，它们对于微生物有一定的杀灭作用。它们在生物发酵过程中能消灭其中的各种芽孢菌、寄生虫幼虫及其虫卵。其原因，由于嗜热菌可以在高温下发育（嗜热菌的最低温界为 35℃、适温为 50～60℃、高温为 70～80℃）。在堆肥中，开始阶段由于一般非嗜热菌的发育，使堆肥内的温度提高到 30～35℃，此后嗜热菌便发育而将堆肥的温度逐渐提高到 60～75℃。在此温度下，大多数抵抗力不强的病原菌、寄生虫幼虫及其虫卵，在几天到 3～6 个星期内便死亡。

（五）综合消毒法

机械的、物理的、化学的、生物学的等消毒方法结合起来进行的消毒，如化学药品超容量法、静电喷雾、土壤增温剂的应用，以及粪便、氨水生物热的消毒等均属此类。实际上，在兽医卫生各个领域中的消毒实施中，多有综合消毒法的利用，确保消毒效果。

第二节　兽药的使用

药物是治疗和预防牛病必不可缺少的物质条件，应用药物是保证肉牛业顺利发展的重要手段之一。为了选药正确，应用正确，提高疗效，提高经济效益，牛场兽医首先应重视药物的选择与应用技术。

（一）正确诊断是用药的基础

随着养牛业的发展，优良品种的引进，牛病越来越多，而牛场临床用药种类亦越来越多,有针对病原体是病毒类的,也有针对细菌类的,用药必须在及时正确的诊断基础上对症用药,才能达到理想的治疗效果。

(二)按药物浓度和疗程用药

药物浓度和连续用药,是防病治病的保证。治疗用药一定要达到一定的药物浓度和一定的疗程,只有在牛体内保持一定的药物浓度和作用时间,才能足以杀灭病原体。避免用药量过大而发生中毒事故,但也不可药量过小或疗程过短,这不但达不到杀灭病原体的目的,反而会使病原体产生耐药性,对以后的防治工作带来困难。尤其是抗生素和磺胺类以及抗寄生虫类药物的应用,更应特别注意。这些药物如应用不当,其危害有三:一是抗药菌株的形成;二是正常菌群失调症的发生;三是破坏机体主动免疫功能。要避免这些危害,必须按量使用,首次用量采用突击量。

(三)选择正确的给药途径

不同的给药途径可影响药物吸收的速度和数量,影响药效的快慢和强弱。静脉注射可立即产生作用,肌肉注射慢于静脉注射。选择不同的给药方式要考虑到机体因素、药物因素、病理因素和环境因素。如内服给药,药效易受胃肠道内容物的影响,给药一般在饲前,而刺激性较强的药物应在饲后喂服。不耐酸碱,易被消化酶破坏的药不宜内服。全身感染注射用药好,肠道感染口服用药好。

(四)正确配伍,协同用药

熟悉药物性质,掌握药物的用途、用法、用量、适应症、不良反应、禁忌症,正确配伍,合理组方,协同用药,增加疗效,避免拮抗作用和中和作用,能起到事半功倍的效果(表8-1)。在实际应用中,如不明了两种药物的这种性质,为了安全起见,则应错开时间使用,不可滥用药物。

表 8-1　几种药物的配伍使用表

分类	药物	配伍药物	配伍使用结果
青霉素类	青霉素钠、钾盐；氨苄西林类、阿莫西林类	喹诺酮类、氨基糖苷类（庆大除外）、多黏菌类	效果增强
		四环素类、头孢菌素类、大环内酯类、氯霉素类、庆大霉素、利巴韦林、培氟沙星	相互拮抗或疗效相抵或产生副作用，应分别使用、间隔给药
		维生素C、维生素B、罗红霉素、维生素C多聚磷酸酯、磺胺、氨苄素碱、高锰酸钾、盐酸氯丙嗪、维生素B族维生素、过氧化氢	沉淀、分解、失败
头孢菌素类"头孢"系列		氨基糖苷类、喹诺酮类	疗效、毒性增强
		青霉素类、四环素类、磺胺类	相互拮抗或疗效相抵或产生副作用，应分别使用、间隔给药
		维生素C、维生素B、磺胺类、罗红霉素、氨苄素碱、氯霉素、氟苯尼考、甲砜霉素、盐酸强力霉素	沉淀、分解、失败
		强利尿药、含钙制剂	与头孢噻吩、头孢噻呋等头孢类药物配伍会增加毒副作用
氨基糖苷类	卡那霉素、阿米卡星、核糖霉素、安布霉素、大观霉素、新霉素、巴龙霉素、链霉素等	抗生素类	本品应尽量避免与抗生素类药物联合应用，大多数本类药物与大多数抗生素联用会增加毒性或降低疗效
		青霉素类、头孢菌素类、洁霉素类、TMP	疗效增强
		碱性药物（如碳酸氢钠、氨苄素碱等）、硼砂	疗效增强，但毒性也同时增强
		维生素C、维生素B	疗效减弱

续表8-1

分类	药物	配伍药物	配伍使用结果
氨基糖苷类	大观霉素	氨基糖苷同类药物、头孢菌素类、万古霉素	毒性增强
	卡那霉素、庆大霉素	氯霉素、四环素	拮抗作用、疗效抵消
		其他抗菌药物	不可同时使用
大环内酯类	红霉素、罗红霉素、硫氰酸红霉素、替米考星、吉他霉素（北里霉素）、泰乐菌素、乙酰螺旋霉素、阿齐霉素	洁霉素类、麦迪霉素、螺旋霉素、阿司匹林	降低疗效
		青霉素类、无机盐类、四环素类	沉淀、降低疗效
		碱性物质	增强稳定性、增强疗效
		酸性物质	不稳定、易分解失效
四环素类	土霉素、四环素（盐酸四环素）、金霉素（盐酸金霉素）、强力霉素（盐酸多西环素）、脱氧土霉素、米诺环素（二甲胺四环素）	甲氧苄啶、三黄粉	稳效
		含钙、镁、铝、铁的中药如石类、壳贝类、骨类、矿石类、脂类等，含碱类的中成药，含消化酶的中药如神曲、麦芽、豆豉等，含碱性成分较多的中药如硼砂等	不宜同用，如确需联用应至少间隔2小时
		其他药物	四环素类药物不宜与绝大多数其他药物混合使用
霉素类	氯霉素、甲砜霉素、氟苯尼考	喹诺酮类、磺胺类、呋喃类	毒性增强
		青霉素类、氨基糖苷类、大环内酯类、四环素类、洁霉素类、头孢菌素类、维生素B类、铁类制剂、环林酰胺、利福平	拮抗作用、疗效抵消
		碱性药物（如碳酸氢钠、氨茶碱等）	分解、失效

续表 8-1

分类	药物	配伍药物	配伍使用结果
喹诺酮类	吡哌酸、"沙星"系列	青霉素类、链霉素、新霉素、庆大霉素	疗效增强
		洁霉素类、氨霉碱、金属离子（如钙、镁、铝、铁等）	沉淀、失效
		四环素类、氯霉素类、呋喃类、罗红霉素、利福平	疗效降低
		头孢菌素类	毒性增强
磺胺类	磺胺嘧啶、磺胺二甲嘧啶、磺胺甲氧恶唑、磺胺对甲氧嘧啶、磺胺同甲氧嘧啶、磺胺嘧啶、磺胺噻唑	青霉素类	沉淀、分解、失效
		头孢菌素类	疗效降低
		氯霉素类、罗红霉素	毒性增强
		TMP、新霉素、庆大霉素、卡那霉素	疗效增强
		阿米卡星、头孢菌素类、氨基糖苷类、利卡多因、林可霉素、普鲁卡因、四环素类、青霉素类、红霉素	配伍后疗效降低或产生沉淀
抗菌增效剂	二甲氧苄啶、甲氧苄啶（三甲氧苄啶，TMP）	参照磺胺药物的配伍说明	参照磺胺药物的配伍说明
		磺胺类、四环素类、红霉素、庆大霉素、黏菌素	疗效增强
		青霉素类	沉淀、分解、失效
		其他抗菌药物	与许多抗菌药用可起增效或同作用，其作用明显程度不一，使用时可摸索规律。但并不是与任何药物合用都有增效、协同作用，不可盲目合用

273

续表 8-1

分类	药物	配伍药物	配伍使用结果
洁霉素类	盐酸林可霉素(洁霉素),盐酸克林霉素(氯洁霉素)	氨基糖苷类	协同作用
		大环内酯类、氯霉素	疗效降低
		喹诺酮类	沉淀、失效
	多黏菌素	磺胺类、甲氧苄啶、利福平	疗效增强
多黏菌素类	杆菌肽	青霉素类、链霉素、新霉素、金霉素、多黏菌素	协同作用,疗效增强
	恩拉霉素	喹乙醇、吉他霉素、恩拉霉素 四环素、吉他霉素、杆菌肽	拮抗作用,疗效抵消,禁止并用
抗病毒类	利巴韦林,金刚烷胺,阿糖腺苷,阿昔洛韦,吗啉胍,干扰素	抗菌类	无明显禁忌,无协同,增效作用。合用时主要用于防治病毒感染后再引起继发性细菌类感染,但有可能增加毒性,应防止滥用

(五)正确计算药物使用剂量

计量单位是保证用药正确的前提。临床上常因计算用量错误而造成重大损失,尤其对疗效好、毒性大的常用药物更应特别注意,如喹乙醇就是疗效高、价格低廉的常用药物,但是其毒性也大,常用浓度为 0.01%～0.03%拌料,常有因改为 0.1%～0.3%而发生中毒事故。在临床应用中,有的按千克/吨饲料计算或克/吨饲料计算。注意药物的国际单位与毫克的换算。多数抗生素 1 毫克等于 1 000 国际单位,注意药物浓度的换算,用百分比表示,纯度百分比指重量的比例,溶液百分比指 100 毫升溶液中含溶质多少克。

第三节　肉牛的防疫

一、主要传染病的免疫

现代化肉牛业,都具有一定的规模,采取集约化生产的形式,为了提高牛只对特定疫病的特异性免疫力,必须搞好免疫接种,免疫接种不仅需要质量优良的疫苗,正确的接种方法和熟练的技术,还需要一个合理的免疫程序,才能充分发挥各种疫苗的免疫效果。免疫程序在各个养殖场不尽相同。应根据不同情况制定切合实际的程序。

1. 强制免疫病的免疫

主要指的是口蹄疫。

(1)自繁自养牛口蹄疫免疫程序　犊牛 90 日龄时用 O 型-亚洲 I 型双价口蹄疫苗(下称双价苗)免疫 1 次,间隔 1 个月再用双价苗免疫 1 次,以后每 6 个月用双价苗免疫 1 次。

(2)外购牛口蹄疫免疫程序　外购牛隔离饲养 7～14 天无疫病时,

用双价苗免疫1次,以后每6个月用双价苗免疫1次。

(3)经产母牛口蹄疫免疫程序 经产母牛在产后1个月内用双价苗免疫1次,以后每6个月用双价苗免疫1次,配种前1个月内用双价苗免疫1次,怀孕第5月内用双价苗免疫1次。

2.非强制免疫病的免疫

包括炭疽、布病、牛病毒性腹泻-黏膜病、轮状病毒病、犊牛大肠杆菌病等。

(1)确定免疫病种 存栏牛15头以上的饲养场,每2年应开展一次病原监测(特殊情况随时进行监测),通过病原监测结果确定非强制免疫病种,或根据本场及周边的疫情确定非强制免疫病种。

(2)制定免疫程序 确定非强制免疫病种后,应与口蹄疫免疫程序有机结合,制定可行的免疫程序。

(3)免疫方法、剂量和注意事项 各种疫苗的免疫接种方法、剂量和注意事项按相关使用说明书的规定进行。

3.免疫标识

每头牛在首次进行口蹄疫免疫时,由免疫人员填写免疫证明和佩戴免疫耳标(免疫证明和耳标均由当地动物疫病预防控制机构核发),录入相关免疫信息。耳标脱落或损坏的应及时注销原耳标并佩带新耳标,重新录入信息。补充免疫病种后应及时补登相关信息。

4.免疫档案

首次强制免疫后,放养牛应按每1群、舍养牛应按每栋牛舍建立一个免疫档案(免疫档案应包含户主姓名、地址、耳标号、免疫病种、免疫时间、免疫方法、免疫剂量、疫苗种类、批号、生产厂家、生产日期和免疫人员等信息),以后的每次免疫应将相关信息及时填入免疫档案。

二、寄生虫病的控制

1.预防性驱虫

(1)驱虫时间 自繁自养牛4月龄、外购牛隔离观察期满经口蹄疫免疫后、后备种牛在配种前、经产母牛空怀期、种公牛每 6 个月时，各开展 1 次预防性驱虫。必要时进行连续数次治疗性驱虫。

（2）驱虫药物　对常见的牛蠕虫和螨虫，首选阿维菌素或伊维菌素进行驱除，其次根据实际情况可选用丙硫咪唑、左旋咪唑、氯氰碘柳胺钠、吡喹酮、双甲脒等药物。

2. 治疗性驱虫

（1）球虫病的治疗　选用盐酸氨丙啉、磺胺氯吡嗪钠、磺胺喹噁啉钠、地克珠利、妥曲珠利等药物进行驱虫，用法、用量按有关药物的使用说明书进行。

（2）螨虫病的治疗　皮下注射伊维菌素，用双甲脒涂擦患部，环境、笼舍用双甲脒喷洒、浸泡。

三、疫病监测、控制与扑灭

新购入的牛要严把检疫关，派有经验的兽医到现场检疫。在购牛前，兽医人员到购入地详细了解每头牛的健康状况，查看健康卡片，重点了解口蹄疫疫苗的注射及牛群健康状况及布病、结核的发病情况，一旦发现疫情禁止购入；对来自健康地区购入的牛也要隔离饲养观察 30 天，并进行布病和结核的检疫，经过检疫隔离，确定为健康牛方可进入饲养场，进行正常饲养。正常饲养期间，牛场应按照国家有关规定和当地畜牧兽医主管部门的具体要求，对结核、布病等传染性疾病进行定期检疫。

（1）结核病　应以检代防，特别是种牛每年必检 1 次，具体按照国家"牛结核病防治技术规范"操作。通常牛群检疫用牛结核菌素进行皮内注射和点眼试验。检疫出现可疑反应的，应隔离复检，连续两次为可疑以及阳性反应的牛，应及时扑杀及无害化处理。对结核病检疫有阳性反应牛的牛舍，牛只应停止调动，每 1~1.5 个月复检 1 次，直至连续 2 次不出现阳性反应为止。患结核病的牛只应及时淘汰处理，不提倡治疗。

（2）布鲁氏菌病　应以检代防,特别是种牛和受体牛每年必检 1 次,具体按照国家"布鲁氏菌病防治技术规范"操作。凡未注射布病疫苗的牛,在凝集试验中连续 2 次出现可疑反应或阳性反应时,应按照国家有关规定进行扑杀及无害化处理。如果牛群经过多次检疫并将患病牛淘汰后仍有阳性动物不断出现,则可应用菌苗进行预防注射。

（3）口蹄疫　定期免疫接种,并定期进行抽检,对抗体水平未达到保护效价的应进行加强免疫。具体按照国家"口蹄疫防治技术规范"操作。

第四节　犊牛阶段多发病控制技术

一、犊牛大肠杆菌病

该病是由致病性大肠杆菌引起犊牛的一种急性细菌性传染病。临床上本病具有败血症、肠毒血症或肠道病变的表现特征。发病急、病程短、死亡率高,主要危害初生犊牛。

（一）流行病学

病原性大肠杆菌存在于成年牛肠道或发病犊牛的肠道及各组织器官内。主要通过消化道传染,也可通过子宫内感染和脐带感染。该病多见于初生犊牛,尤其 2～3 日龄犊牛最为易感,常见于冬春舍饲时期,呈地方性流行或散发,在放牧季节很少发生。母牛在分娩前后营养不足、饲料中缺乏足够的维生素或蛋白质、乳房部污秽不洁、厩舍阴冷潮湿、通风不良、气候突变等,都能促进本病的发生流行或使病情加重。

（二）症状

潜伏期短,一般为几小时至十几小时。按临床表现分为败血症型、肠毒血症型和肠炎型等类型。

（1）败血症型 发病初期体温升高至40℃，精神萎靡，食欲降低或废绝，随后出现腹泻，很快陷入脱水状态，常于症状出现后数小时至1天内出现急性败血症而死亡。有的病犊在腹泻症状尚未出现前即死亡。病死率可达80％以上。病程稍长者，可能并发脐炎、关节炎或肺炎，幸存者生长发育受阻。

（2）肠毒血症型 该型通常不出现明显临床表现即突然死亡。有症状者则为典型的中毒性症状，如体温正常或稍高，初期兴奋不安，随后转为沉郁甚至昏迷，然后进入濒死期。死前伴有剧烈腹泻，排出白色而充满气泡的稀粪。

（3）肠炎型 多见于7～10日龄的犊牛，表现为体温升高、食欲减退、喜躺卧，数小时后开始下痢，粪便初呈黄色粥样，随后变为水样、呈灰白色，并混有未消化的凝乳块、血液、泡沫，有酸败气味。后期病犊排粪失禁，尾和后躯染有稀粪。病程长的，可能出现肺炎或关节炎。

（三）防控

加强妊娠母牛和犊牛的饲养管理，保持牛舍干燥和清洁卫生。母牛临产时用温肥皂水洗去乳房周围污物，再用淡盐水洗净擦干。坚持环境及用具的日常消毒，防止犊牛受潮和寒风侵袭及饮用脏水。犊牛出生后应尽早哺足初乳。发现病牛及时隔离治疗，即通过人工哺乳、加强护理和抗菌药物治疗，对腹泻严重的犊牛，还应进行强心、补液、预防酸中毒等措施，减少犊牛的死亡。也可通过妊娠母牛的疫苗免疫接种进行预防。

二、沙门菌病

该病是由鼠伤寒沙门菌、都柏林沙门菌、牛流产沙门菌或纽波特沙门菌等引起牛的急性传染病。在未发生过本病的牛场，往往因为引进育肥牛或后备牛而将其传入。

(一)流行病学

人、各种动物及其多种野生动物对沙门菌都有易感性。幼年动物较成年动物易感。妊娠动物感染后多数发生流产。患病动物和带菌者是本病的主要传染源,患病动物的分泌物、排泄物、流产的胎儿、胎衣和羊水等均含有大量的病原菌。本病一年四季均可发生。一般呈散发或地方流行性。有些动物可表现为流行性。许多因素,如卫生条件差、密度过大、气候恶劣、分娩、长途运输或并发其他疫病感染等,都可加剧该病的病情或使流行面积扩大。

(二)症状

成年牛、犊牛都可感染发生本病。

(1)成年牛 以急性和亚急性比较常见。急性型常常表现为突然发病、高热(40～41℃)、精神沉郁、食欲废绝、产奶量下降。不久即开始下痢,粪便呈水样,恶臭,带血或含有纤维素絮片。下痢开始后体温降至正常或略高。病程持续4～7天。未经治疗的病例,死亡率可高达75%,而经治疗后,死亡率可降至10%。病牛表现毒血症症状,脱水、消瘦。持续10～14天粪便稀软,一般需2个月才能完全康复。妊娠母牛感染后可发生流产。亚急性感染的发生比较缓和。病牛体温有不同程度升高或不升高,预后情况良好。但由其他疾病或应激因素激发的沙门菌病的表现则比较复杂。

(2)犊牛 有些犊牛在生后48小时内便开始拒食、卧地,并迅速出现衰竭等症状,常于3～5天内死亡。但多数犊牛则于10～14日龄以后发病,病初体温升高(40～41℃),24小时后排出灰黄色液状粪便,并混有黏液和血丝,通常于发病后5～7天内死亡,病死率可达50%。病期延长时,腕和跗关节可能肿大,有的还有支气管炎和肺炎等症状。

(三)防控

预防本病除需要加强一般性卫生防疫措施和疫苗接种预防外,应定期对牛群进行检疫。治疗可用抗生素及磺胺类药物。

三、牛病毒性腹泻-黏膜病

本病又名牛黏膜病或牛病毒性腹泻,是由牛病毒性腹泻-黏膜病病毒引起牛的一种急性热性传染病。牛发生本病时的临床特征是黏膜发炎、糜烂、坏死和腹泻。

(一)流行病学

本病可感染多种动物,特别是偶蹄动物,如牛、羊、猪、鹿等。患病动物和带毒动物为传染源,本病康复牛可带毒 6 个月,成为很重要的传染源。本病可以通过直接接触或间接接触传播,主要传播途径是消化道和呼吸道,也可通过胎盘垂直传播。牛不论大小均可发病,在新疫区急性病例多,但通常不超过 5%,病死率达 90%～100%,发病牛多为 6～18 月龄。老疫区发病率和死亡率均很低,但隐性感染率在 50% 以上。本病的发生通常无季节性,牛的自然病例常年均可发现,但以冬春季节多发。

(二)症状

牛自然感染的潜伏期 7～14 天。根据临床症状和病程可分为急性和慢性过程,临床上的感染牛群一般很少表现症状,多数表现为隐性感染。

急性型:常突然发病,最初的症状是厌食,鼻、眼流出浆液黏性鼻漏、咳嗽、呼吸急促、流涎、精神委顿、体温升高达 40～42℃、持续 4～7 天,同时白血球减少。在此阶段,本病与其他呼吸道传染病很难区分。此后体温再次升高,白细胞先减少、几天后有所增加,接着可能再次出现白细胞减少。进一步发展时,病牛鼻镜糜烂、表皮剥落,舌面上皮坏死,流涎增多,呼气恶臭。通常在口腔黏膜病变出现后,发生特征性的严重腹泻,持续 3～4 周或可间歇持续几个月之久。初时粪便稀薄如水,瓦灰色,有恶臭,混有大量黏液和无数小气泡,后期带有黏液和血液。有些病牛常有蹄叶炎及趾间皮肤糜烂、坏死,患肢跛行。急性病例常见于幼犊,犊牛死亡率高于年龄较大的牛;繁殖母牛的病状轻重不等,泌乳减少或停止。肉用牛群感染率为 25%～35%。急性病例多于 15～30 天死亡。

慢性型:很少出现体温升高,病牛被毛粗乱、消瘦和间歇性腹泻。最常见的症状是鼻镜糜烂并在鼻镜上连成一片,眼有浆液性分泌物、门齿齿龈发红。跛行、球节部皮肤红肿、蹄冠部皮肤充血、蹄壳变长而弯曲,步态蹒跚。病程 2～6 个月,多数病例以死亡告终。

妊娠母牛感染本病时常发生流产,或产下有先天性缺陷的犊牛。最常见的缺陷是小脑发育不全。患犊表现轻度的共济失调、完全不协调或不能站立。有些患牛失明。

(三)防控

平时预防要加强检疫,防止引进病牛,一旦发病,立即对病牛进行隔离治疗或急宰,防止本病的扩大或蔓延。对受威胁的无病牛群可应用弱毒疫苗和灭活疫苗进行免疫接种。目前牛群应用的弱毒疫苗多为牛病毒性腹泻-黏膜病、牛传染性鼻气管炎及钩端螺旋体病三联疫苗。

四、轮状病毒感染

本病是由轮状病毒感染多种幼龄动物而引起的一种消化道疾病。临床上以厌食、呕吐、腹泻、脱水和体重减轻为特征。

(一)流行病学

该病的易感动物包括哺乳动物和家禽等。各种年龄的动物都可感染轮状病毒,感染率最高可达 90%～100%,常呈隐性经过,但新生或幼龄动物感染时可造成较高发病率和死亡率。患病动物和隐性感染者是本病主要的传染源。病毒主要存在于肠道内,可随粪便排到外界环境,痊愈动物的排毒持续期至少可达 3 周;通过污染的饲料、饮水、垫草及土壤等媒介经口传播。本病多发生在晚秋、冬季和早春。应激因素,特别是寒冷、潮湿、不良的卫生条件、劣质的饲料和其他疾病的袭击等,均对疾病的严重程度和病死率有很大影响。

(二)症状

牛一般多发生于 1～7 日龄内的新生犊牛。发病最早的病例见于生后 12 小时,最迟的也在数周以内终止。人工感染的潜伏期是 18～24 小时。症状以突然腹泻开始,病犊精神萎靡,体温正常或略有升高。若体温降至常温以下则是死亡的征兆。厌食和腹泻,粪便黄白色液状,有时带有黏液和血液。腹泻时间延长,则脱水明显。病死率可达 10%～50%,死亡的原因多是急性脱水或酸中毒。病程 1～8 天。若继发感染大肠杆菌则预后不良,致死率增高。寒冷气候常使许多病犊在腹泻后暴发严重的肺炎而死亡。

(三)防控

通过加强饲养管理、认真执行兽医卫生措施、保持环境的清洁卫生,并定期进行消毒,可有效地增强母体和新生动物机体的抵抗力。在疫区要保证新生动物及早吃到初乳,使其接受母源抗体的保护以降低发病率。

哺乳动物经口接种同型轮状病毒的弱毒疫苗有一定的预防作用,但由于轮状病毒的血清型繁多,疫苗接种前应了解流行疫苗的免疫特性。国外已经研制出两种牛轮状病毒疫苗,一种是弱毒冻干活疫苗,可用于出生后吃初乳前的犊牛,经口接种后 2～3 天就可产生坚强的免疫力;另一种是灭活疫苗,可分别在产前 60～90 天和产前 30 天接种妊娠母牛,使母牛产生高滴度抗体而通过初乳转移给新生犊牛,该方法也可有效地保护犊牛安全地渡过易感期。

发病后应立即将患病动物隔离到清洁、干燥和温暖的圈舍,并应加强护理,尽量减少应激因素,及时清除粪便及其污染的垫草,对污染的环境和器物进行严格消毒。该病目前没有特效的治疗方法,患病动物可通过停止哺乳(如降低饲料投放量以减少母猪的排乳量等),自由饮用葡萄糖-甘氨酸盐水缓解病情。

第五节 肉牛育肥阶段多发病控制技术

一、前胃弛缓

前胃弛缓是指瘤胃、网胃、瓣胃神经肌肉装置感受性降低,平滑肌自动运动性减弱,内容物运转迟滞所致发的反刍动物消化障碍综合征。

(一)病因

①采食质量低劣的食物,如含蛋白少,发霉,过热或冰冻的,难以消化的粗饲料。

②饮食异常、饮水限制时则可促进本病的发生,无限制采食青贮料过多,也会引起消化不良,特别是在干草和谷物日粮不足的寒冷的冬天。

③轻度或中度的过食谷物精料(稍多饲喂了超过它们正常能够消化的精料,如过食精料则引起瘤胃酸中毒等症状)或谷物饲料的突然改变,尤其是燕麦换成大麦或小麦时。

④长期或大剂量口服磺胺类药物或抗生素,抑制了正常瘤胃微生物,可能会引起消化不良(如发生在娟姗牛会引起前胃弛缓)。

⑤某些内科病如:瘤胃臌气、积食、创伤性网胃炎、皱胃疾病(皱胃炎、溃疡)继发。

(二)症状

急性型多呈现急性消化不良,食欲减退或废绝,表现为只吃青贮饲料、干草而不吃精料或吃精料而不吃草。严重者,上槽后,呆立于槽前。反刍缓慢或停止,瘤胃蠕动次数减少,声音减弱。瘤胃内容物柔软或黏硬,有时出现轻度瘤胃臌胀。网胃和瓣胃蠕动音减弱或消失。粪便干硬或为褐色糊状;全身一般无异常,若伴发瘤胃酸中毒时,则脉搏、呼吸加快,精神沉郁,卧地不起,鼻镜干燥,流涎,排稀便,瘤胃液 pH 小于 6.5。碱性前胃弛缓,鼻镜有汗,虚嚼,口腔内有黏性泡沫。排粪减少,粪便干燥。瘤胃液的 pH 在 8 以上。慢性病例多为继发性因素引起,病情时好时坏,异嗜,毛焦皮吊,消瘦。便秘、腹泻交替发生,继发肠炎时,体温升高。病重者陷于脱水与自体中毒状态,最后衰竭而死亡。

(三)防控

改善饲料管理,合理调配饲料,不喂霉变、冰冻等饲料,防止突然改变饲料,合理使役。

二、瘤胃酸中毒

瘤胃酸中毒是由于反刍动物采食了过多容易发酵、富含碳水化合物的饲料,在瘤胃内发酵产生大量乳酸而引起的以前胃机能障碍,瘤胃微生物群落活性降低的一种疾病。临床上以严重的毒血症、脱水、瘤胃蠕动停止、精神沉郁、食欲下降、瘤胃 pH 下降和血浆二氧化碳结合力降低,虚弱、卧地不起、神志不清和高的死亡率等为特征。

(一)病因

1. 过量食入(饲喂)富含碳水化合物的谷物饲料

如大麦、小麦、玉米、水稻、高粱以及含糖量高的块根、块茎类饲料,如甜菜、萝卜、马铃薯及其副产品,尤其是加工成粉状的饲料,淀粉充分暴露出来,被反刍动物采食后在瘤胃微生物区系的作用下,极易发酵产生大量的乳酸而引起本病,饲喂酸度过高的青贮玉米或质量低劣的青贮饲料、糖渣等也是常见的原因。

2．饲料的突然改变

尤其是平时以饲喂牧草为主，没有一个由粗饲料向高精饲料逐渐变换的过程，而突然改喂含较多碳水化合物的谷类的饲料，农村散养舍饲的牛最常见的原因是在母牛生产前后，畜主会突然添加大量的谷类精料，尤其是玉米粉、小麦粉、大麦粉、高粱粉等而引起该病。另外，气候骤变，动物处于应激状态，消化机能紊乱，如此时不注意饲养方法，草料任其采食，如肉牛运输后和高精料育肥容易引起本病。

（二）症状

呈现急性经过，一般 24 小时内发生，有些特急性病例可在两次饲喂之间（饲喂后 3～5 小时内）突然死亡，主要与饲料的种类、性质及食入的量有关，食入加工粉碎的饲料比饲喂未经粉碎的饲料发病快。

临床上大多数病例都呈现急性瘤胃酸中毒综合征，并具有一定的中枢神经系统兴奋症状，病畜精神沉郁、目光呆滞、惊恐不安、步态不稳、食欲废绝、流涎、磨牙、空嚼。瘤胃运动消失，内容物胀满、黏硬，腹泻，粪便呈淡灰色，有酸奶气味。严重脱水，瘤胃内有多量的液体，瘤胃 pH 降低，血液二氧化碳结合力降低，碱储下降，卧地不起，具有蹄叶炎和神经症状。

（三）防控

本病预防的关键是饲养管理，在饲喂高碳水化合物饲料时要有一个逐渐适应的过程，注意饲料的选择与调配，不能随意增加碳水化合物精料的用量，同时也要注意补充一定的矿物质（如钙、磷、钾、钠等）及必需微量元素以及维生素等。在育肥动物饲养高谷物饲料的初期，适当加一些干草等，使之逐渐过渡适应；一种预防酸中毒的较新方法是将已经适应高碳水化合物饲料的动物瘤胃液移植给尚未适应的动物，可使其迅速适应高水平谷物饲料提高消化功能。

三、瘤胃积食

瘤胃积食是指瘤胃内填满了大量粗硬难消化的饲料,导致胃壁过于紧张,收缩力减弱,瘤胃体积增大变硬,内容物后送障碍,造成整个消化机能紊乱乃至脱水和毒血症,甚至死亡。本病多发于舍饲育肥肉牛。

(一)病因

①过多采食容易膨胀的饲料,如豆类、谷物等。

②采食大量未经铡断的半干半湿的甘薯秧、花生秧、豆秸等。

③突然更换饲料,特别是由粗饲料换为精饲料又不限量时,易致发本病。

④因体弱、消化力不强,运动不足,采食大量饲料而又是饮水不足所致。

⑤瘤胃弛缓、瓣胃阻塞、创伤性网胃炎、真胃炎和热性能病等也可继发。

(二)症状

牛发病初期,食欲、反刍、嗳气减少或停止,鼻镜干燥,表现为弓腰、回头顾腹、后肢踢腹、摇尾、卧立不安。触诊时瘤胃胀满而坚实呈现砂袋样,并有痛感。叩诊呈浊音。听诊瘤胃蠕动音初减弱,以后消失。严重时呼吸困难、呻吟、吐粪水,有时从鼻腔流出。如不及时治疗,多因脱水、中毒、衰竭或窒息而死亡。

(三)防控

预防在于加强饲养管理,合理配合饲料,定时定量,防止过食,避免突然更换饲料,粗饲料要适当加工软化后再喂。注意充分饮水,适当运动,避免各种不良刺激。

思考题

1.消毒分为哪几类？

2.消毒的方法有哪些？

3.常用的化学消毒药有哪些？

4.牛只兽药使用原则？

5.结合当地牛场实际情况,给肉牛制定免疫程序。

6.口蹄疫、布病、结核、瘤胃积食、前胃弛缓、瘤胃酸中毒如何防控？

第九章

规模化生态肉牛场粪污处理
与利用技术

导　　读　侧重介绍了肉牛场粪污处理的主要技术措施和工艺流程。主要介绍了肉牛场粪污的污染特性和资源性特性;有机肥的生产技术,包括平地堆肥、大棚发酵和塔式发酵;厌氧发酵处理技术,包括厌氧发酵原理、工艺、过程以及沼气残余物的处理利用;作为培养料的处理技术,包括以牛粪作为培养料养殖蚯蚓、食用菌和蝇蛆的技术,促进粪污无害化和资源化的环境友好发展。

规模化生态养肉牛的目的在于达到保护环境、资源永续利用的同时生产优质的牛肉,其中废弃物综合利用及粪便循环利用等环节是生态养殖的关键,最终实现清洁生产、无废弃物或少废弃物生产。

近年来,由于肉牛业规模的不断扩大,集约化、标准化程度增加,肉牛粪污的处理利用越来越成为世界各国肉牛养殖业发展的一个重大制约问题。据 2010 年统计,粪便年排放量超过 40 亿吨,是工业有机污染物的 4.1 倍。作为有机肥施入农田是我国目前处理畜禽粪便最主要也是最有效的方式。然而,农田中过量地施用畜禽粪便会引起水体、土壤污染等一系列环境问题,如氮磷流失、地表水富营养化、土壤重金属积累等污染。随着工业化和城镇化的发展,粪污处理引发的问题日益突出,环境容量或生态承载力越来越有限,据报道,全国耕地负荷的畜禽粪便平均值为 24 吨/公顷,7 个省区超过了 30 吨/公顷,如此高的负荷极有可能对农业环境造成极大威胁。可见,环境保护已经成为当前和未来集约化养殖面临的、不可回避的重大挑战之一,直接关系到我国畜牧业整体的可持续发展。

第一节　肉牛场粪污特性

肉牛场粪污主要包括肉牛养殖过程中多产生的粪便、尿、垫料以及冲洗畜舍的废水等污染物。有关专家或学者测定了牛粪的重量,平均 1 头 450 千克重的肉牛在牛舍内每天可产生 23 千克的粪便(粪和尿)。这个数字依据饲养的牛品种、所喂日粮的类型、饮水量和当地气候的不同,可以上下浮动 25%。根据 2011 年中国畜牧业年鉴资料,2010 年全国肉牛存栏 6 738.9 万头,年出栏 4 716.8 万头,那么一年中产生的粪便数量惊人。

一、肉牛场粪污的污染特性

(一)粪便污染

由于现在农业和畜牧业生产和组织方式的改革,农民对粪便的需求量逐渐萎缩,化肥由于其自身的方便性和短期高效性已经被农民所青睐,取代畜禽粪便的趋势越来越明显,结果导致大量的粪便堆积在畜牧场周围,甚至村边、道边,造成空气、水、土壤的污染,并滋生蚊虫和病原菌引发的公共卫生问题等。

粪便中含有大量不被消化的营养成分如氮、磷、钾等以及病源微生物,从各种家畜粪便中几乎都能检出沙门氏菌属、志贺菌属、埃希菌属及各种曲霉菌的致病菌,如牛放线菌、产气荚膜梭菌和绿脓杆菌等都是牛粪中常见的病原微生物。因此,牛场的粪便如果处理不当,会对环境造成很大的污染。牛粪对环境的污染主要体现在:牛粪对空气的污染、对清洁水源的污染、对土壤的污染和牛粪滋生苍蝇等大量害虫等。

1. 牛粪对空气的污染

牛在牛场中活动或奔跑时可以搅起干燥牛粪的灰尘,这种空气污染对干旱和半干旱地区尤为突出。据报道,最高峰一般出现在早上10:00 左右,此时空气中的灰尘含量达到 9 000 微克/米³(空气中灰尘含量在 3 000 微克/米³ 时对环境不会造成影响)。另外,牛粪产生的腐臭气味散发到牛场周围,不仅影响牛的健康和生产性能,也影响居民正常的生活和健康。牛场产生的有害气体主要是氨和硫化氢,有些人闻到牛粪就会头痛,吸入过多的灰尘也会产生气喘等症状。

2. 牛粪对水源的污染

夏季降雨或冬季的融雪经常把携带牛粪的污水冲刷到清洁的水源中。这种污水会消耗水中溶解氧,导致水中鱼虾类和藻类等水生植物缺氧而死亡。衡量牛粪对水的污染力的主要标准是生化需氧量(BOD)。研究表明,实际情况下,体重 450 千克的牛 1 天内产生的粪便可以消耗 91 米³ 水的氧气量。可见,牛粪对水源的破坏是非常严重的。另外,牛粪中的养分还会使水中的藻类大量繁殖,形成水体富营养化,造成藻类污染,破坏水的原始生态平衡。

3. 牛粪成为飞蝇等的繁殖地

牛粪如果堆积或处理不当,会成为苍蝇、蚊子等的繁殖媒介。牛粪中的水分和营养物质为飞蝇的繁殖提供了极好的生长环境。研究表明,飞蝇繁殖的潜力与牛粪的含水量直接相关。牛粪含水量在 30%～85% 时,苍蝇虫卵均可以存活并繁殖。而牛粪的含水量在 25% 以下时,不利于虫卵生存繁殖。因此,降低粪便含水量,也就是粪便固液分离,可减少场内的飞蝇数量。

(二)污水污染

畜牧场污水是高浓度的有机废水,主要包括尿液和冲洗废水的混合物。一般情况下尿中水分占 95%～97%,固体物占 3%～5%,尿中无机物主要指钾、钠、钙、镁和氨的各种盐,如氯化钾、氯化钠和氯化铵等,尿中有机物包括非蛋白含氮物,如尿素、氮、尿酸、嘌呤和嘧啶类化合物等。监测结果显示,污水中化学耗氧量(COD)高达 8 000～12 000 毫克/升,生物需氧量(BOD)高达 5 000～8 000 毫克/升,这种废水如果没经过处理或未达标排放,容易引起地表水甚至地下水的污染。另外,粪污中氮、磷等营养物质含量丰富,如果过量进入湖泊、河口、海湾等缓流水体,会导致水体富营养化,引起藻类及其他浮游生物迅速繁殖、水体溶解氧量下降、水质恶化、鱼类及其他生物大量死亡的现象。据报道,体重 500～600 千克的牛,每天可产生 600 克的 BOD、277 克氮、49 克磷和 3 000 克固体悬浮物,如果直接将含这些污染物的废水排入鱼塘或河流,后果可想而知。

(三)温室气体排放

温室气体(GHG)主要包括甲烷(CH_4)、二氧化碳(CO_2)和氧化亚氮(N_2O)等,与全球变暖有关,现已引起全世界政府、人民和科学家的广泛关注。CH_4 和 N_2O 是来自动物生产系统潜在的温室气体,主要来自反刍家畜牛和羊。粪污以及粪污储存利用过程中也会产生一定量的 CH_4 和 N_2O。反刍动物 CH_4 排放量约占全球 CH_4 排放量的 16%,而动物废弃物(主要是污水)排放的 N_2O 占 N_2O 总量的 6%。据估计,日本温室气体排放量为 1.34×10^{12} 千克/年,其中 CH_4 和 N_2O 分别占 2.14% 和 1.49%,而所有畜牧业产生的 CH_4 占 CH_4 总量的 32%,特别是肠发酵产生的大量 CH_4(3.28×10^8 千克/年)。这些温室气体的大量排放,把畜牧养殖业推向了节能减排的风口浪尖,2009 年哥本哈根气候峰会上,有学者将全球气候变暖的罪魁祸首指向畜牧业,用数据指出畜牧业的温室气体排放占全球总排放的 18%,比交通运输业的排放还要多。因此,如何更好地节约能源、减少温室气体的排放是畜牧业必须面对的问题。该问题的解决有两种解决方案,合理的粪污处理利用可以减少粪污对周围环境的污染,减少温室气体排放,为人类也为动物提供一个健康、舒适的生活环境,另外,提高动物生产性能、尽量减少饲喂数量、减少存栏量也是减少温室气体排放的主要途径。最终目标是实现低能耗(尽可能减少能源、水、饲料等各种资源的投入)、低污染(尽可能减少对养殖企业内部和外部的水、土、气等各种污染)、低排放(尽可能减少粪污和温室气体的对外排放)。

此外,粪污所产生的恶臭会对周围环境造成污染,成为家畜传染病、寄生虫病和人畜共患病的传染途径。

二、肉牛场粪污的资源化特性

肉牛日粮组成中氮、磷含量很高,牛粪中典型的营养成分见表9-1。而且肉牛对氮、磷消化率有一定的局限性,结果导致饲料中部分氮、磷随着粪尿排到体外。如果粪污得到合理的处理,可以变废为宝,因为粪尿中含有氮、磷等可直接或间接利用的养分元素,它有别于工业废弃物,可以将粪便制成肥料回归农田作为植物生长的调节剂,既可以减少粪便污染,又可以改善土壤肥力。《畜禽养殖污染防治管理方法》第十四条规定,畜禽养殖场应采取将畜禽废渣还田、生产沼气、制造有机肥、制造再生饲料等方法综合利用。粪便作为畜禽再生饲料的研究和生产实践在国内外均有许多报道,但畜粪安全性问题是畜粪作为再生饲料的重要制约因素,如畜粪中含有高量重金属铜、锌、砷、铬等的残留以及抗生素和兽药的残留。但随着科技发展,粪尿等废弃物的养分循环利用是发展生态农业的关键问题。

表 9-1　牛粪中的营养成分　　　　　　　　　　　　％

营养物质	水分	有机质	氮(N)	磷(P_2O_5)	氧化钾(K_2O)
牛粪	83.3	14.5	0.32	0.25	0.16

注:中国现代畜牧业生态学 2008 年中国农业出版社

第二节　生产有机肥技术

　　牛粪处理和管理不当会造成严重的环境污染,但若经过无害化处理加以合理利用,则可以成为宝贵的资源。大量研究和实践表明,牛粪中含有丰富的氮、磷、钾、微量元素等植物生长所需要的营养元素以及高量的纤维素、半纤维素和木质素等物质,所以牛粪经过处理后是植物生长所需的优质有机肥。粪便中的有机质经过微生物的分解和重新合成,最后形成腐殖质。腐殖质肥料对土壤改良、培养地力的作用是任何化肥无法比拟的。腐殖质具有调节土壤水分、温度、氧含量,促进植物发芽和根系发育等作用。腐殖质中的胡敏酸具有典型的亲水胶体性质,有助于土壤团粒结构的形成。

　　高温腐熟堆肥是一种好氧发酵。固体有机废弃物在微生物作用下,进行生物化学反应而自然分解,随着堆内温度升高,杀灭其中的病原菌、虫卵和蛆蛹,达到无害化并成为优质肥料。

一、高温堆肥原理

　　高温堆肥时,粪便与其他有机物如杂草、秸秆、垃圾等混合、堆积,控制好适宜的湿度,创造一个好气发酵的环境,微生物大量繁殖,有机物在微生物作用下进行矿质化和腐殖化,在好气腐生菌作用下好氧发酵,导致有机物分解、转化为植物可吸收的腐殖质和无机物。

　　碳水化合物＝水＋二氧化碳＋能量

　　当温度＜50℃时,水溶性有机物矿质化;温度＞60℃,纤维素分解菌分解纤维素和半纤维素,即腐殖化。

　　要想获得优质的有机肥,高温腐熟堆肥时必须达到以下条件:①好氧环境。堆肥过程中要通风，以维持好氧微生物的活动，同时可以带走堆肥基质中多余的水分及热量。②含水量 60%～70%。此时堆肥过程中氧气的摄入量、二氧化碳生成速度、细菌生长速度最大，有利于堆肥的发酵过程。③堆肥物料的碳氮比例为（26～35）：1。一般牛粪碳氮比为（20～23）：1，粪便中氮含量较高，可适当加入一定比例的秸秆、杂草、蔗渣等含碳元素较高的物料，以保持适宜的碳氮比。④温度以 50～60℃为宜。⑤物料 pH 值 7.0～8.0 为宜。粪便贮存时间久而 pH 降低可以用石灰调整。⑥堆肥时间为 10～100 天，根据堆肥方法的不同，粪便腐熟时间不同。

堆肥发酵过程一般分为三个阶段：①温度上升期。需 3～5 天，好氧微生物大量繁殖，使简单的有机物分解，释放能量，粪堆温度增加。②高温持续期。温度达 50℃以后处于稳定阶段，此段时间内，复杂有机物如蛋白质、纤维素和半纤维素开始形成稳定的腐殖质，其他嗜中温的微生物、寄生虫和虫卵死亡，该温度持续 1～2 周，可杀灭大部分病原菌、寄生虫和虫卵。③温度下降期。随着有机物质分解，热量释放减少，温度降到 50℃以下，嗜热菌逐渐减少，堆肥体积减小，堆内形成厌氧环境，厌氧微生物大量繁殖，是有机物转变为腐殖质。

高温腐熟的粪便颜色为棕黑色，且松软、无特殊臭味、不招苍蝇，呈干燥状态，手压不成块。

二、生产有机肥的技术和方法

由于不同规模的肉牛场粪便的产生量不同，不同牛场的经济状况和场况等也有不同程度的差异，生产有机肥的方法也各有不同，主要包括平地堆肥、大棚发酵、快速发酵塔等。生产有机肥过程中，许多因素均会影响堆肥效果，如微生物数量、温度、pH 值和空气状况等。

（一）平地堆肥
将物料堆成长、宽、高分别为 10～15 米，2～4 米，1.5～2 米的条垛,堆肥场外搭建一个草棚,防止雨水进入堆体,或在堆肥池边开沟,雨天时在堆体上盖塑料布,使雨水从沟中流走。堆肥开始时需人工或机械将堆肥原料混合均匀,并调节水分含量。供氧方式采用翻堆供氧,气温 20℃ 左右人工或机械翻堆,每 5 天翻 1 次,以供氧、散热和发酵均匀,为减少堆肥占地面积,可以在堆肥第 10 天将堆肥基质装袋,此时装袋不影响堆肥的腐熟过程,再需 15～20 天即可作为成品堆肥出售。平地堆肥示意图如图 9-1 所示。

为加快发酵速度,可在垛内埋秸秆束或垛底铺设通风管进行强制通风,在堆垛前 20 天因经常通风,则不必翻垛,温度可升至 60℃,此后在自然温度堆放 2～4 个月即可完全腐熟。这种方法因其发酵时间长,需要足够的粪场面积,故适用于规模较小的肉牛场。

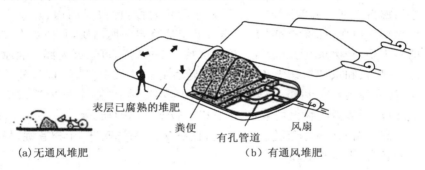

表层已腐熟的堆肥　　粪便　　有孔管道　　风扇

(a)无通风堆肥　　　　　　　　(b)有通风堆肥

图 9-1　平地堆肥

(二)大棚发酵

在发酵棚中,设置地上的发酵槽,发酵槽为条形或环形,槽宽 4～6 米,槽壁高 0.6～1.5 米,槽壁上面设置轨道,与槽同宽的自走式搅拌机可沿轨道行走,速度为 2～5 米/分钟。条形槽长 50～60 米,每天将经过预处理的物料放入槽一端,搅拌机往复行走搅拌并将新料推进与旧料混合,起充氧和细菌接种作用。环形槽长 100～150 米,搅拌机带盛料斗,环槽行走,边撒物料边搅拌。发酵棚可利用玻璃钢或塑料棚顶透入的太阳能,保降低温季节的发酵,一般每平方米槽面积可处理 0.5 头牛的粪便,腐熟时间为 25 天左右。腐熟物料出槽时应存留 1/4～1/3,起菌种和调整水分的作用。为了加快发酵速度,可以添加发酵菌种。槽式发酵大棚结构示意图和大棚发酵流程图见图 9-2 和图 9-3。

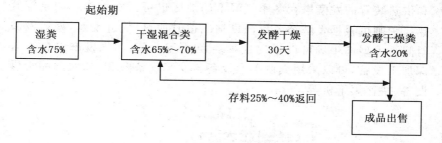

图 9-2　大棚发酵流程图

图 9-3　槽式发酵大棚结构示意图

(三)塔式发酵

发酵塔主要部件为垂直布置的多层,一般为 7 层的钢制翻板,国产发酵塔 6 层,每层 6 个发酵槽。上层设有布料机,使物料均匀地分布其中,因为粪便发酵时可送入 70～80℃的热风,所以物料发酵 6 天即可腐熟。每 3 天出一批物料,在经干燥、粉碎过筛后,装袋出售。

这种发酵塔结构紧凑,占地面积小,翻板每天仅操作 1 次,采用液压驱动,结构简单,动力消耗小,其结构示意图如图 9-4 所示。其优点是运行费用低,二次污染小,处理粪便效率高;缺点是金属耗量大,成本高。发酵塔外壁采用钢板,钢板加隔热层及砖结构,有保温隔热层和供热装置的发酵塔在冬季气温低的地区也可正常工作。如果配置热风炉则可根据发酵塔各层温度情况适时加热,促进发酵,缩短发酵时间。大型肉牛场可以采用这种粪便处理设备,如果发酵设备不含深加工设备,可以采用粪便干燥设备与发酵设备配套,如太阳能干燥设备、快速烘干机等。

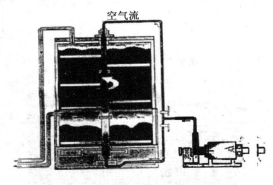

空气流

图 9-4　塔式发酵

第三节　厌氧发酵处理技术

　　近年来,在我国牛业迅速发展的同时,其废弃物对环境产生了严重的污染。根据测算,1 000 头规模的肉牛场日产粪尿 20 吨。这些粪尿除少部分用作肥料外,其余相当数量的粪便排放在牛场周围,成了牛场发展的限制性因素。从实际工程运行状况来看,牛场粪污很难达到达标排放,因为建设投资和运行处理成本太高,所以牛场粪污治理主要走"能环工程"的路线,通过厌氧发酵利用牛粪制取沼气,回收能源,沼液沼渣综合利用,这样可以做到牛场粪污"零排放",避免了达标排放的高难度和高成本。据测定,每吨干牛粪温发酵时可产生沼气为 300 米^3。沼气的热值为 18 017～25 140 千焦/米^3,相当于 1 千克原煤或 0.74 千克标准煤所产的热量。因此,利用牛粪便生产清洁能源,对于保护环境和发展可再生能源都有着重要的意义。

一、厌氧发酵原理及条件

沼气是利用厌氧细菌(主要是甲烷细菌)对粪尿、杂草、秸秆、垫料等有机物进行厌氧发酵产生一种混合气体。其主要成分为 CH_4,占 60%～70%,其次为 CO_2,占 25%～40%,还有少量的氧、氢、一氧化碳和硫化氢。沼气供烧水、做饭、照明等生活使用或发电,目前国内外沼气发电技术设备已较为成熟,其发电效率为 1.5～2.4 千瓦时/米^{3}沼气,发电效率受沼气纯度、湿度、发电机组热能转化率等影响。沼液供农业灌溉、浸种、杀虫或养鱼;粪渣经过发酵、加工制成有机肥。这样不仅使粪污得到净化处理,而且可以获得沼气,排放的废渣和废液还可用于农业生产,减少化肥、农药的使用量,使粪渣、沼液得到充分利用。据调查,全国已建成大中型沼气设施 460 多座,池容积达到 13 万米^3,年处理农业废弃物 3 000 万吨,全年产沼气达 2 000 万米^3。牛粪厌氧发酵处理的示意图见图 9-5。

(一)厌氧发酵原理

第一个阶段,成酸阶段。由成酸细菌如纤维分解细菌、脂肪分解细菌、蛋白分解细菌等将大分子物质分解为简单化合物,如乙酸、丁酸、乙醇、氨和二氧化碳等;第二个阶段,细菌将成酸阶段分解出的简单化合物和二氧化碳氧化还原为甲烷,这个阶段起作用的主要菌是甲烷菌。它们以氮作为氮源,简单的有机酸、醇作为碳源,并将这些碳源分解成

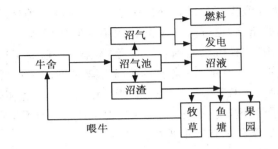

图 9-5　牛粪厌氧发酵工艺流程图

甲烷,还可使二氧化碳还原为甲烷。

$$(C_6H_{10}O_5)n + nH_2O \xrightarrow{\text{甲烷菌作用}} 3nCH_4\uparrow + 3nCO_2\uparrow + 热量$$

由酸分解为甲烷:

$$2C_3H_7COOH + 2H_2O \rightarrow 5CH_4\uparrow + 3CO_2\uparrow$$
$$CH_3COOH \rightarrow CH_4\uparrow + CO_2\uparrow$$

乙醇氧化使二氧化碳还原成甲烷及有机酸:

$$2CH_3CH_2OH + CO_2 \rightarrow 2CH_3COOH + CH_4\uparrow$$

利用氢气使二氧化碳还原成甲烷:

$$CO_2 + 4H_2 \rightarrow CH_4\uparrow + H_2O$$

(二)厌氧发酵条件

沼气产生率主要取决于如下几个条件:①保持沼气池的厌氧环境;②物料与水的适宜比例为 1:(1.5~3),碳氮比例为 25:1;③温度:划分为 3 个温度区,即常温发酵 20℃以下,中温发酵 20~45℃和高温发酵 45~60℃;④pH:一般发酵液正常为 6.0~8.0,pH 在 6.5~7.5,产气量最高,酸化期的 pH 为 5.0~6.5,甲烷化期的 pH 为 7.0~8.5;

⑤经常进料、出料和搅拌池底。

二、厌氧发酵工艺

（一）消化器的选择

厌氧发酵的方法很多,按消化器类型分为常规型、污泥滞留型和附着膜型。常规性消化器包括常规消化器、连续搅拌反应器(CSTR)和塞流式消化器(PFR)。污泥滞留型消化器养殖场应用最多的是升流式厌氧污泥床反应器(UASB)和升流式固体反应器(USR)。

（1）常规消化器 目前农村户用的沼气池多数是常规消化器。这种消化器发酵工艺比较简单、成本相对也较低,而且原料来源广泛。水压式沼气池(图9-6)是目前应用较多的主要池型,主要利用进、出料间的水封作用,使发酵间密闭,料液在厌氧条件下发酵产气,并通过排液贮气和液压用气的反复循环过程。这种沼气池通常建在地下,既节省建筑材料,又容易保持温度的稳定性,夏季产气率可达0.5 米^3/(米^3 · 天)。

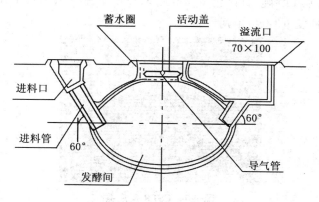

图 9-6 水压式沼气池构造示意图

（2）连续搅拌反应器（CSTR） 原料可以预处理或不预处理,连续或半连续进料,该消化器设搅拌装置或进行水力循环搅拌,使发酵原料和微生物处于完全混合状态,沼气从顶部排出,消化后的污泥和污水分别从消化器底部和上部排出。该法主要优点是粪污处理量大,沼气产生量高,产气率达到 $1.2\sim1.5$ 米^3/（米^3•天）,且易启动、运行费用低,但反应器容量大,投资高,沼液沼渣一起排出,后续处理麻烦,另外,沼渣停留时间短,消化不完全。目前福成五丰食品股份有限公司大型沼气利用工程则是采用搪瓷拼装一体化（CSTR）反应器（图 9-7）,中温发酵,该反应器将全混合式厌氧消化工艺（外径 21.39 米、高 8.4 米 CSTR）与双层膜气囊（外径 21.39 米、高 6.18 米）相结合而形成的。该反应器适用于高浓度（总固体含量 TS％＝8％～12％）进料,在反应器底部配料,罐内设有搅拌,当底物充足并不成为产气率的限制因素时,CSTR 反应器的适当搅拌可以使得发酵底物与微生物充分接触,起到加快反应,提高产气率。反应器中是静止与混合状态的交替进行,沼液从上部出料管溢流出反应器,沼渣定期从反应器底部排出。该套设施的反应器容积为 3 017 米^3,储气容积为 1 232 米^3,日处理牛粪 60 吨,日消耗污水 140 吨,日产沼气 3 000 米^3,并配置一台 150 千瓦的沼气发电机,日发电 3 000 千瓦。

图 9-7 CSTR 反应器

（3）升流式厌氧污泥床反应器（UASB） 污水从厌氧污泥床底部

流入,以充分接触污泥,使发酵器内的微生物数量大大增加,微生物分解有机物产生的沼气穿过水层向上进入气室,而污水中的污泥发生絮凝和重力沉降,处理后的水从沉淀区排出污泥床外。该方法适用于可溶性废水的厌氧处理,要求较低的悬浮固体含量,主要应用于猪场粪水的处理。从现有的牛场 UASB 工程看,由于三相分离器出现堵塞的问题,而且 UASB 沼气池高度一般在 5~6 米,产生的浮渣不能自然沉降。可见,UASB 沼气池不太适合牛场沼气工程。

(4)塞流式消化器(PFR)　又称推流式反应器,非完全混合,高浓度悬浮固体原料从一端进入,从另一端流出,原料在消化器内的流动呈活塞式推移状态。该消化器主要优点是进料粗放,不需搅拌,省掉除去粪中长草的过程,进料的总固体浓度可达 12% 以上,且具有结构简单,能耗低、运转方便,稳定性高等特点。但该消化器需要固体和微生物的回流作为接种物,而且容易使固体物质沉于底部,影响消化器的有效体积。因牛粪质轻、浓度高、长草多,本身含有较多产甲烷菌,不易酸化,所以塞流式消化器处理牛粪较为适宜。塞流式沼气池中国农业大学在内蒙古红武农牧公司设计的总容积 300 米^3,全地下塞流式消化器用于处理牛粪,运行效果很好,即使冬季也能运行良好。但由于塞流式沼气池占地较大,建设更大型的沼气工程会有一定的难度。

(5)升流式固体反应器(USR)　结构简单,适用于高固体含量的畜禽废水处理,目前在牛场粪污处理中应用广泛。原料从底部进入消化器内,与消化器里的活性污泥接触,使原料快速消化。未消化的生物质固体颗粒和沼气发酵微生物靠自然沉降滞留于消化器内,上清液从消化器上部溢出,利用水头压力自动排渣,污泥的停留时间大于水力停留时间,从而提高了固体有机物的分解率和消化反应器的效率,提高了固体有机物的分解率和消化器的效率。

(二)工艺流程

目前以产能为主的牛场大中型沼气工程基本工艺流程见图 9-8。

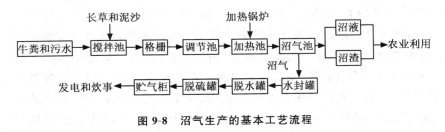

图9-8　沼气生产的基本工艺流程

(三)厌氧发酵过程

1.预处理

目前我国规模化牛场多数采用干清粪工艺,由人工或机械收集牛粪,尿液及冲洗水则从地下排水管道流出。鲜牛粪的总固体浓度一般在15%～22%,挥发性固体约占80%。牛粪中的杂质和饲养工艺密切相关,我国部分肉牛场实行舍饲散养,所以从运动场清理出来的牛粪含有较多细砂和长草,同时牛粪本身的总固体含量较高,粗纤维多,而且在收集过程中还会混入垫料、牛毛、饲料残渣和沙砾等,所以对厌氧发酵的工艺要求也较高,在厌氧发酵前需要对牛粪和污水进行预处理。牛粪的性质和产气潜力见表9-2。

表9-2　牛粪的性质和产气潜力

总固体(%)	总固体产沼气潜力(米³/千克)	COD去除率(%)
15～22	0.18～0.30	50～80

进料前的预处理是整个沼气工程的咽喉,如果不能确保沼气池的进料质量,将导致沼气池运行不稳定,难以发挥最佳的处理能力。一般沼气池进料最适宜的浓度为总固体量6%～8%,这需要对牛粪进行稀释混合。料液中的秸秆、长草、泥沙等杂物很多,如果料液不做任何预处理,会发生泵堵塞导致无法正常进料。综合现有沼气工程的调查结果,在进行预处理工程设计时可以考虑以下几种方案:①搅拌粪池设计为圆形;②搅拌池和调节池之间设置机械格栅代替

人工格栅;③加大搅拌粪池容积,同时在搅拌粪池中设置坡底和沙斗,可将大部分泥沙沉淀在搅拌池底部,定期清渣;④减少调节池停留时间,防止料液沉淀过多。

2.沼气发酵塔

沼气发酵塔是厌氧发酵核心设备,有立式和卧式两种形式(图9-9),微生物的繁殖、有机物的分解转化、沼气的生成都是在发酵塔中进行,因此发酵塔的结构和运行情况是沼气发酵工程的重点。发酵罐可采用钢、搪瓷等结构,均须进行严格保温。为节省能耗,同时保持沼气池具有一定的产气率,一般牛场沼气工程设计运行温度为35℃左右。沼气池消耗的热量主要为新鲜料液加热、沼气池体的散热和管道散热,管道散热量一般为料液加热量和沼气池体散热量之和的10%左右。因此,为减少能耗,在设计中料液管道、沼气池体应设计保温设施。

a. 立式发酵罐

b. 卧式发酵罐

图 9-9 沼气发酵罐

3.沼气净化

沼气发酵过程中会产生水和硫化氢,容易引起管路堵塞,也容易使设备受到腐蚀,所以大型沼气工程特别是集中沼气工程,必须采用脱水和脱硫装置进行沼气化(图9-10)。沼气脱水多采用重力法分离设备,而在管路上采用冷凝器。沼气脱硫目前多采用化学法,其主要脱硫剂为氧化铁,脱硫反应为:

$$Fe_2O_3 \cdot H_2O + 3H_2S \rightarrow Fe_2S_3 \cdot H_2O + 3H_2O$$

再生反应为:

$$Fe_2S_3 \cdot H_2O + 1.5O_2 \rightarrow Fe_2O_3 \cdot H_2O + 3S$$

图 9-10　脱硫设备

脱硫反应的主要运行参数:①温度控制在 15～30℃;②脱硫剂的pH 大于 9;③脱硫剂的水分控制在 10%～15%;④脱硫剂的床层阻力小于 100 帕/米;⑤通过脱硫塔的压力为常压。

4.沼气贮存

对于大型牛场的沼气工程,由于生产沼气工作状态的波动以及进料量和浓度的变化,单位时间沼气的产量有所变化。当沼气作为生活用气或者发电,需要集中供气时,为了合理有效地平衡产气与用气,通常需要把沼气贮存起来。目前采用的贮气方式多为低压湿式气柜,该气柜结构简单、容易施工,可提供较为恒定的压力,但在冬季寒冷地区使用需要注意保温,沼气贮气罐示意图如图 9-11 所示。近几年随着沼气技术的发展,产气贮气一体化技术已经被人们所青睐。

图 9-11　贮气罐

（四）沼液和沼渣处理和利用

在沼气生产过程中，因厌氧发酵可杀灭病原微生物和寄生虫。发酵后的沼渣和沼液又是很好的肥料，这既能防止二次污染的发生，又能使畜产废弃物资源化。

1. 沼液

沼液中含的营养成分具体可分为三部分：一是氮、磷、钾、微量元素等营养元素；二是有机质和腐殖酸等有机营养成分；三是未腐熟的原料含未分解的营养成分，施入农田后可以继续发酵释放养分。另外，沼液中还含有吲哚乙酸、赤霉素等杀虫成分，可以有效杀死蚜虫、红蜘蛛等害虫，具有抗病、杀虫、增肥效作用。鉴于沼液的这些特性，以及其营养成分易于被作物吸收、速效、清洁等诸多优点，在农业生产中具有很大的应用价值和利用空间。

（1）用于植物生长的有机肥　经调查，我国沼液的利用方式可归结为四种主要模式，详见表 9-3。其中，沼液制肥借鉴了粪便直接制肥的模式，沼液同粪便混在一起生产固态肥，在国内应用较多；四位一体模式起源于我国北方,主要适用于家庭式沼气用户;就地循环模式(还田)实现了种植、养殖、再种植的园区内循环。实践结果表明,沼液非常适合作根外施肥施用于水稻、玉米、蔬菜等作物,可以提高叶面的叶绿素含量,使叶片增厚、光合作用加强、产量提高;施用于果树有利于花芽分化保花保果,其效果比化肥好。北京留民营生态农场严格按照有机农业的标准进行生产,不使用任何化学农药与化肥,大田与日光温室已连续施用沼液、沼渣多年,效果很好(图 9-12)。对于万头牛场的沼气工程,进行电能转化后可申报联合国的二氧化碳减排项目(CDM 申请)。但该方案必须与种植业相结合,必须有 1 000 亩(1 亩＝667 米^2,全书同)以上的农田或 300 亩以上的牧草或饲料田相配套才能实施;第三方统一运营模式产生于我国南方,该模式和丹麦沼液利用模式大同小异,尚没有得到规模化大面积推广。

表 9-3　四种典型的沼液利用模式

模式	特点	适应对象	优点	缺点
沼液制肥	收集→堆肥→添加辅料→商品有机肥	养殖场、社区	深加工制作商品有机肥,公司独立经营、集中处理,便于存储、销售、增值	资源利用率低、污染环境
四位一体	沼气池＋畜舍＋厕所＋日光温棚	农户	农村庭院经济,投资小、见效快,低能耗,利用便利	限于分散养殖户
就地循环	沼气站→输配利用管网→种植基地	养殖场、社区	通过沼液输配管道就地、实时利用	沼气站附近须有配套种植田
第三方统一运营	收集→储存→销售	农户、社区	异地建设储液池和输配管网,社会化服务	需要政府扶持和协调

　　(2)用于浸种　因沼液含有多种营养元素和微量元素,常作为农作

图 9-12 北京留民营农场有机蔬菜大棚

物种子的催芽剂。用于沼液浸种的沼气池必须正常产气 1 个月以上才能用。主要技术要点:①晒种。沼液浸种前,将种子晒 1～2 天,清除杂物,保证种子的质量和纯度。②装袋。将种子装入透水性好的编织袋或布袋中,每袋装 15～20 千克,并留有种子吸水后膨大的空间。③清理沼气池出料间。将出料间杂物和浮渣清除干净。④浸种。将一木杠横放在水压间上,绳子一端系住口袋,另一端固定在木杠上,使装有种子的袋子处于沼液中部为宜,浸种时间以种子吸足水分为宜。如果浸种时间短于 12 小时,种子可放在盛有沼液的容器中进行,一般玉米沼液浸种时间为 12～16 小时,花生浸种需 4～6 小时,而瓜类与豆类种子则需 2～4 小时。⑤清洗。沼液浸种结束后,清水洗净种子,然后催芽或播种。

(3)用于叶面肥 沼液由于含有多种水溶性养分,可用于果树叶面喷洒,其吸收率更高,可吸收喷洒量的 80%,主要表现为增加分蘖,枝叶茂盛,茎秆粗壮,穗大粒多,提前成熟和增加产量等功能。用于喷洒叶面肥的沼液必须是从正常产气使用 1 个月以上的沼气池中取出,过滤。幼苗期和嫩叶期的植物喷洒沼液时,稀释比例为沼液:水=1:2,夏季高温时,沼液:水则调整为 1:1;气温较低,且喷洒的是老叶、老苗时可直接喷洒沼液原液,不用稀释,喷洒用量一般为 40 千克/亩。沼液不可现取现用,应放置一段时间才能使用,喷施时以叶背面为主便于吸收。

(4)人工湿地处理 人工湿地处理技术是利用草地的植被、土壤中的微生物和动物以及土壤的过滤作用处理沼液或粪污的一种方式(图9-13),该法主要结合物理、化学和生物学特性,通过人工湿地的处理床、湿地动植物以及微生物等之间的互作关系,达到净化的效果。人工湿地是经过精心设计和建造的,湿地处理床可以选用碎石或土壤,处理床上可种植耐有机物污水的植物如水葫芦、细绿萍等,水生植物、微生物和基质是污水净化不可缺少的3个关键组成部分。如果选用碎石床,污水渗流石床后,在一定时间内碎石床会出现生物膜,在根系发达的有氧区,膜上的大量微生物将经过的污水中有机物氧化分解为 CO_2 和 H_2O,通过氨化、硝化作用把含氮有机物转化为无机物,而在缺氧区,可以通过反硝化作用脱氮达到净化效果。通过人工湿地处理后的污水中大部分的固体悬浮物和部分有机物已经被去除,并且对污水中重金属、氮、磷以及病原体也有一定的去除效果。廖新俤等(2003)以风车草和香根草作为人工湿地植物研究了污水的净化效果,结果表明,BOD 和 COD 去除率达到 50% 以上,夏季进水 COD 达 1 000~4 000 毫克/升时,COD 的去除率可达 90%。为了增加污水净化效果,通常构建串联或并联的几个湿地小室,这种结构更实用、更灵活。

由于人工湿地的水生植物根系较发达,为微生物提供了良好的生存场所。微生物以有机物质为食物而生存,它们排泄的物质又成为水生植物的养料,收获的水生植物可再作为沼气原料、肥料或草鱼等的饵料。另外,水生动物及菌藻随水流入鱼塘作为鱼的饵料,这种"氧化塘＋人工湿地"处理模式在国内外有很多实例,通过微生物与水生植物的共生互利作用,使污水得以净化。氧化塘(如水生植物塘和鱼塘)常见于畜禽场污水处理系统的末端,接纳厌氧发酵处理的沼液或后续好氧处理的净化污水。水生植物塘可以种植浮水植物、挺水植物和沉水植物,利用这些水生植物处理出水。浮水植物净化塘是目前应用较为广泛的水生植物净化系统,其中最常用的浮水植物是水葫芦,其次为水花生和水浮莲。在南方地区应用较普遍。据报道,高浓度有机粪水流入水葫芦池中经过 7~8 天则可以被净化,有机物质可降低 82.2%,速效磷降低 51.3%,有效态氮降低 52.4%。

该处理模式与其他粪污处理设施比较具有投资少、维护保养简单的优点,尤其适宜于城市近郊的规模牛场。实践证明,这是一种较经济、实用和有效的污水处理方法。

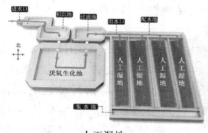

a. 人工湿地

b. 氧化塘

图 9-13　人工湿地的氧化塘处理系统

2. 沼渣

沼渣含有丰富的有机质和营养元素,是一种优质有机肥料。其中有机质 $36\%\sim49.9\%$,腐殖酸 $10.1\%\sim24.6\%$,全氮 $0.8\%\sim1.5\%$,全磷 $0.39\%\sim0.71\%$,全钾 $0.61\%\sim1.3\%$,还有一些富含矿物质的灰分。

(1)用作肥料　沼渣单作基肥肥效很好,若和沼液浸种、根外追肥相结合效果更好。沼渣做基肥时,沼渣的施用量为 1.5 万~2.25 万千克/公顷,直接泼洒田面,并立即耕翻,这样利于沼肥入土,其肥效与相同数量的厩肥基本相当。连施 3 年后能增强土壤活性与肥力,提高土壤中有机物、氮、磷、钾等营养元素含量,并提高优质土层的厚度。沼渣用于果树基肥时,沼渣要施于基坑内。沼渣也可以做农作物的追肥,施用量 1.5 万~2.25 万千克/公顷,可以直接开沟挖穴浇灌在作物根部的周围,并覆土以提高肥效。

沼渣堆制有机肥时,先放 1 层沼渣与磷矿粉的混合物,厚度 20~30 厘米,再放有机垃圾(厚度 30~40 厘米),依次循环填入,形成肥料堆。最后用泥土把肥料堆封严盖紧实。30 天左右即可形成沼腐磷肥,施用于缺磷土壤具有显著的增产效果。沼肥在堆腐过程中氮素容易损失,可将磷铵和氨水混入沼渣或沼液中施用,抑制氮素挥发,减少损失,

从而提高化肥利用率。

（2）用作培养料　由于沼渣养分全面，营养丰富，与食用菌栽培料的养分含量相近，且杂菌少，适合培养食用菌，尤其是蘑菇。实践证明，沼渣适宜的酸碱度以及具有质地疏松、保墒性好等的特性，是人们公认的人工栽培蘑菇的优质、廉价培养料。

以栽培蘑菇为例。沼渣要选择在正常产气的沼气池中停留 3 个月并且出池后的无粪臭味的沼渣。沼渣取出后晾干、捣碎并过粗筛备用。另取新鲜麦草或稻草铡成 30 厘米长的小段。沼渣与秸秆适宜的配比为 2∶1。蘑菇培养料的制作方法为：将水浸透发胀后的秸秆平铺地上，厚度约为 17 厘米。在秸秆上均匀地铺撒沼渣，厚度为 30 厘米。再按顺序依次叠加秸秆和沼渣各 3 层。然后向料堆均匀泼洒沼液，以完全浸透为准。随后再顺序叠加 3 层，每层均用沼液泼洒，用料比为沼渣∶秸秆∶沼液＝2∶1∶1.2。堆沤 7 天后，堆内温度达 70℃时，翻堆并加入 3％的硫酸氢铵（按沼渣重量计）、2.5％的钙镁磷肥、6.3％的饼粕和 3％的石膏粉，混合后再堆沤 5～6 天，这时料堆内温度达到 70℃时再一次翻料，并用 40％的甲醛水稀释 40 倍后对料堆消毒。料堆发干添加适当的沼液使之潮润，再堆沤 3～4 天即可移入苗床作为培养料使用。培养蘑菇时，将已备好的培养料平铺在菇床上，厚 8～10 厘米。菌丝均匀撒在培养料上，再铺 5 厘米厚的培养料。待菌丝长到培养料层表面时，用细土覆盖 5 厘米左右，喷水保持潮湿。温度控制在 20～25℃，相对湿度 70％左右。

（3）沼渣养殖黄鳝　沼渣可直接投喂鳝鱼，同时也能促进水中浮游生物的繁殖生长，为鳝鱼提供饵料，减少饵料的投放，降低养殖成本 30％左右。投料一般选在黄昏，小黄鳝下池 1 个月以后，每隔 10 天投 1 次鲜沼渣，投放量为每平方米水面 15 千克沼渣，但要注意观察池水水质，应保持池内适当溶氧量，如发现鳝鱼缺氧浮头时应立即换水。鳝鱼喜欢吃活食，在催肥阶段，除了投喂沼渣，每隔 5～7 天还要投喂一些蚯蚓、蚕蛹、蛆蛹、小鱼虾和部分豆饼等，投喂量为鳝鱼体重的 2％～4％。

第四节 作为培养料的处理技术

利用牛粪作为培养料,培养蚯蚓、蝇蛆和食用菌等,使牛粪中的有机物质和各种微量元素在农业生产体系中得以多层次的循环利用,变废为宝,是解决养殖场环境污染问题和农业废弃物资源化利用的有效模式。在消除环境污染的同时充分利用了物质和能量资源,生产出蚯蚓、蝇蛆、生物有机肥、食用菌和饲料等产品,符合生态农业发展要求,同时可产生巨大的经济、生态和社会效益。

一、培养蚯蚓

新鲜牛粪经过发酵后,通过蚯蚓的消化系统,在蛋白酶、脂肪酶、淀粉酶和纤维酶的作用下,迅速分解并转化成为其自身或其他生物易于利用的营养物质。蚯蚓粪中含有多种必需氨基酸,且腐殖质的含量约为牛粪的 2.67 倍,既可以作为优良的动物蛋白,又可以作为肥沃的生物有机肥。日本在 20 世纪 70 年代开始用蚯蚓处理畜禽粪污,并发展迅速。而我国 20 世纪 80 年代也开始了相关的实验工作,并取得一定的成果,如陕西省秦川肉牛良种繁育中心蚯蚓饲养及产品开发模式的有效运行,并起到了以点带面的效果。

利用蚯蚓生物技术消解牛粪,温度、湿度、饵料碳氮比以及接种密度均会影响粪便处理的效果。

(一)蚯蚓处理粪便的蚓种选择

蚯蚓作为最常见的土壤生物之一,广泛地存在于自然界中,目前世界上有记载的蚯蚓品种达 3 000 多种。虽然蚯蚓的品种繁多,但应用于有机废弃物堆肥处理的主要集中在正蚓科和巨蚓科的几个属种。其中赤子爱胜蚓(*Eisenia foetida*)是应用最广的一种蚯蚓,俗称"太平二号"(图 9-14),该品种成蚓体长 70 毫米左右,大者达 150 毫米,径粗 47 毫米,体表红亮,生长快,寿命长,易饲养,适应性强,繁殖率高。

图 9-14　太平二号

(二)牛粪养殖蚯蚓的影响因素

(1)碳氮比(C/N)　粪便中的有机质是蚯蚓生存的主要条件,但有机质的营养搭配是蚯蚓生长和繁殖的关键。饵料的 C/N 是影响蚯蚓生产有机肥的关键指标。Pius MNdegwa 等(2000)指出,C/N＝25 时,堆肥后的悬浮颗粒物减少最明显,氮的去除率较高,可溶性氮、磷下降也较多,生产的有机肥产品稳定性高、肥效好,对环境影响少。多年研究结果表明,当饵料中 C/N 为(25～40):1 时,蚯蚓生产有机肥效率最高。

(2)温度　温度是影响蚯蚓堆肥效果的制约因素。不同品种的蚯蚓其生长和繁殖域值范围也不相同,一般情况下,最适宜温度为 20～25℃。赤子爱胜蚓的温度域值较广,可用于室外堆肥,但最适季节为春季和秋季,夏季和冬季由于温度的过热和过冷均会影响蚯蚓的生长和繁殖,但冬季可采用大棚模式不影响蚯蚓和有机肥产量。

(3)湿度　蚯蚓的呼吸和其他生命活动跟环境湿度密切相关。湿度过小,蚯蚓会降低新陈代谢速率,降低水分消耗,出现逃逸、脱水而极度萎缩呈半休眠状态;湿度过高则溶解氧不足,出现逃逸或窒息死亡。蚯蚓能够适应的湿度范围为 30%～80%,最适宜的湿度范围为 60%～80%。

(4)接种密度　在大规模的处理粪便时,增大蚯蚓投加密度可提高单位容积的处理效率,但投加密度过高使种群内发生生存空间和食物的争夺,影响粪便处理效率。有研究表明,蚯蚓投加密度为 1.6 千克/米^2,投喂量为 1.25 千克/(千克·天)时蚯蚓的生物转化效率最高,而同样投加密度下,投喂量为 0.75 千克/(千克·天)时堆肥产物稳定化效果最佳。

(5)有毒有害物质　新鲜的牛粪成分较复杂,常含有对蚯蚓生长不利的因素。因此,一般投加蚯蚓前必须对其进行预堆肥,以杀死大量病原菌和其他有害的微生物。堆肥过程中发生厌氧发酵时产生 CH_4 和 CO_2 等气体,对蚯蚓的存活造成极大的威胁。

(三)牛粪养殖蚯蚓的方法

(1)蚯蚓床建造　利用一切空闲地,蚯蚓床宽 1.5～2.0 米,长度不限,床间留 1 米左右的通道,以便采集蚯蚓和补充粪料。床底比通道高 20 厘米,上置 10 厘米厚牛粪作为饵料,每平方米蚓床放养种蚓 1～2 千克,让其自然爬入牛粪中,然后上覆稻草以保湿通气防暑防冻防天敌(图 9-15)。

图 9-15　蚯蚓床

（2）保温　蚯蚓床要勤洒水保持湿润，保持蚯蚓床粪料含水量适宜（手攥刚好有水滴渗出），夏季每天浇水 1 次，春秋季节 3～5 天浇一次水，以平时蚓床粪料不干燥失水，浇水时不往外流为度。

（3）繁殖　平均气温达 20℃时，蚯蚓生长 38 天就能产卵，大约每 5 周采集一次蚯蚓粪和蚯蚓，同时加 5～10 毫米鲜牛粪，补给蚯蚓营养，加快繁殖生长，盖好稻草。

（4）采集蚯蚓　最佳方法是自然光照采集法。当 80% 蚯蚓个体重达到 0.3 克以上时，每平方米蚯蚓床密度达 2 万～3 万条时，即可收取成蚓。采收时，提取前 24 小时前浇足水，不可过干过湿，其方法是刮去上层约 5 厘米厚的蚯蚓粪，将下层粪土连同蚯蚓一起置于塑料编织布上，利用蚯蚓怕光的特点，逐层扒开，将饵料扒净，最后，使蚯蚓集中在底层，达到收集目的。

蚯蚓生产有机肥技术是公认的"生态环境友好"型技术。它不仅能处理牛场产生的大量粪便，减少对周围环境的影响，生产出一级产品蚓粪和蚯蚓，每亩地引种 300 千克，每年可处理 20～40 头肉牛的粪便等废弃物，可以生产蚓粪有机肥 150 吨，鲜蚯蚓 1 500～3 000 千克。蚯蚓处理后的牛粪经加工后成为高效、稳定的蚓粪复合肥，该复合肥含有植物必需的氮、磷、钾及微量元素，于斌等（2009）研究指出，蚓粪中全氮含量低于有机肥和鲜牛粪，全磷、全钾含量高于有机肥和鲜牛粪，且蚓粪中微生物数量明显高于鲜牛粪，是优良的花卉和农作物肥料。另外，蚯蚓处理粪便的同时也收获了相当数量的蚯蚓，蚓体本身富含蛋白质、氨基酸、脂肪酸等营养物质，可加工作为畜禽饲料，但由于蚯蚓具有积累重金属的作用，加工饲料时一定要注意产品的安全性。目前蚯蚓应用较多的是药物价值，可以生产降血压、降血脂的医药制品，如蚓激酶胶囊是市场公认的蚯蚓制品。

二、培养食用菌

牛粪中含有丰富的有机质和氮、磷、钾等营养物质，粪中加入一定的辅料堆制发酵后,可用来培养食用菌如蘑菇和草菇。闽南地区是我国主要的食用菌产区,主要生产双孢蘑菇、草菇、姬松茸、鸡腿菇等食用菌,它们的培养料是以稻草、秸秆等农业废料作为碳源,以牛粪、羊粪、马粪、鸡粪等有机肥作为氮源,而以肉牛粪作为氮源最受专业户欢迎。因为对牛粪检测数据表明,牛粪中含氮达 3.1%,有机碳含量 36.7%,C：N 为 11.8,这些均表明牛粪是蘑菇养殖比较理想的原料。

　　牛粪培养食用菌的秘诀主要在于发酵和高温杀菌,牛粪通过与石灰粉、含碳量较高的稻草或秸秆混合来调节碳氮比,再添加适当的无机肥料和石膏等,混合发酵后就转化成栽培食用菌必需的有机物肥料。具体方法为:选用未变质的锯末,过筛后在阳光下暴晒 2～3 天,牛粪需晒干、打碎,然后把牛粪、锯末按体积比 1：1 的比例充分混合,同时,加入牛粪和锯末总重量 0.3% 的碳酸氢铵、2% 的磷酸二氢钾、2% 的轻质碳酸钙和 2% 的生石灰,混匀后加水,使水分含量达到 68%～70%,然后建高 1 米、宽 1.2 米的料堆,长度不限,料堆充分发酵后,温度达到 28℃ 时即可播种。利用牛粪培育食用菌是一项高效栽培技术,也是一个一箭三雕的产业,不但可以生产食用菌,还能通过利用牛粪和锯末降低二者对环境的污染,同时产生优质的有机肥,生产食用菌后的菌糠粗蛋白含量高达 10%,从而促进了有机农业的发展。

　　王宇等(2008)研究表明,在草菇培养基中添加 10% 的畜禽粪便发酵产物,可使首茬出菇产量提高 24.4%。刘本洪等(2006)用畜禽粪为原料制成的蘑菇专用基料,出菇整齐,与常规配料相比,商品菇产量增高约 20%。可见,利用畜禽粪便栽培食用菌可作为一个经济项目向种植户推广,增加收益。

三、培养蝇蛆

　　利用牛粪中的营养成分可以培养蝇蛆,生产动物蛋白。将牛粪晒干粉碎加入适量麸皮或谷糠,堆在阴凉处,盖上秸秆或杂草,后用污泥密封,一周左右即可生出小虫,生出的小虫是家禽和水产动物优良的动物性蛋白质饲料。牛粪生产动物蛋白可以使物质能量向更高级的质量转化,提高了资源利用率。该处理技术不但能减少粪便对环境的污染,还能缓解目前动物养殖过程中蛋白饲料的紧缺,是值得推广应用的一种模式。

蝇蛆作为高蛋白饲料,鲜蝇蛆粗蛋白含量为15%左右,但加工成蝇蛆粉后,粗蛋白高达56%~63%,并含有8种人体需要的必需氨基酸和组氨酸,其营养水平是豆粕的1.3倍、肉骨粉的1.9倍。此外,蝇蛆还含有很多糖类、矿物质、B族微生物和脂溶性维生素A以及丰富的锌和铁。蝇蛆不仅可以作为猪、鸡、鱼、鸭的饲料,还是特种经济动物黄鳝、牛蛙、龟、鳗、虾蟹等的活饵料。

目前,世界各国由于蛋白质饲料资源的缺乏已经影响了畜牧业的可持续发展。近几年欧美许多国家已经禁止或限制了动物性肉骨粉饲料,昆虫作为一种高蛋白饲料已经显示出巨大的潜力。20世纪60年代末,美、日、英、俄等国家已经实现机械化、工厂化的蝇蛆生产。如美国迈阿密市郊的苍蝇农场,主要生产无菌蝇蛆,并带动了畜禽养殖业的发展。我国20世纪70年代末80年代初,京津两地相继开展了鸡粪饲养蝇蛆的实验研究,进而将我国蝇蛆养殖推向高潮。有研究表明,在鸡饲料中用10%蝇蛆替代10%鱼粉,结果鸡产蛋率提高了20.3%,饲料利用率提高了15.8%。牛粪由于含有丰富的营养物质,而且来源广泛,因此牛粪培养蝇蛆是蛋白质饲料资源开发的重要途径。

思考题

1.肉牛场粪污厌氧发酵的原理和生产工艺是什么?沼气残余物如何利用?

2.肉牛粪污对生态环境有何影响?

3.生产有机肥的常用技术有哪些?每种技术的工艺流程是什么?

4.肉牛粪污的循环利用途径有哪些?

参 考 文 献

[1] 毕于运,等.中国秸秆资源评价与利用.北京:中国农业科学技术出版社,2008.

[2] 卞爱萍.沼液沼渣在果树上的施用技术.北方果树,2012(3):43.

[3] 蔡志强,等.家畜早期妊娠诊断的研究进展.中国畜牧杂志,2000(6):49.

[4] 曹兵海,杨军香.肉牛养殖技术百问百答.北京:中国农业出版社,2012.

[5] 曹兵海.我国高档牛肉市场现状分析及其技术展望.现代畜牧兽医,2010(3):2-3.

[6] 曹兵海.2012年肉牛牦牛产业发展趋势与政策建议.中国畜牧业,2012(6):25-27.

[7] 曹兵海.我国肉牛业与发达国家的差距与对策.饲料博览,2010(11):55-56.

[8] 曹竑,等.养牛业产业化经营的若干模式.黄牛杂志,2002(1):46.

[9] 曹玉凤,李建国.秸秆养肉牛配套技术问答.北京:金盾出版社,2010.

[10] 曹玉凤,李建国.肉牛标准化养殖技术.北京:中国农业大学出版社,2004.

[11] 曹玉凤,李英.肉牛标准化养殖技术问答.北京:中国农业大学出版社,2004.

[12] 曹玉凤,等.肉牛标准化养殖技术.北京:中国农业大学出版社,2004.

[13] 曹玉凤,等.复合化学处理秸秆对肉牛生产性能的影响,中国草食动物,2000(1):13.

[14] 曹玉凤,等.农作物秸秆饲料处理方法和应用前景,河北畜牧兽

医,1998,(13)4:208.

[15] 曹玉凤,等.肉牛高效养殖教材.北京:金盾出版社,2005.

[16] 陈北亨,王建辰.兽医产科学.北京,中国农业出版社,2001(4):411.

[17] 陈寒青,等.中草药饲料添加剂研究进展.饲料工业,2002,23(10):18-23.

[18] 陈溥言.兽医传染病学.5版.北京:中国农业出版社,2006.

[19] 陈喜斌.饲料学.北京:科学出版社.2003.

[20] 陈秀兰,谭丽,等.家畜胚胎移植.上海,上海科学技术出版社,1983.

[21] 陈幼春.关于牛胴优质分割肉块名称的讨论.黄牛杂志,2003(2):1.

[22] 陈幼春.现代肉牛生产.北京:中国农业出版社,1999.

[23] 丁露雨,等.我国不同地区肉牛舍夏季环境状况测定.家畜生态学报,2011(1):68-72.

[24] 董宽虎,沈益新.饲草生产学.北京:中国农业出版社,2002.

[25] 杜少林.规模化牛场牛粪生产双孢菇技术.石河子科技.2009(4):39-40.

[26] 范铁力,等.北方日光暖棚牛舍的设计及其环境评价.中国畜禽种业,2011(9):88-90.

[27] 方希修,等.尿素在反刍动物饲养中的应用.中国饲料,2000(17):11-13

[28] 冯仰廉.肉牛营养需要和饲养标准.北京:中国农业大学出版社,2000.

[29] 甘肃农业大学.家畜产科学.北京:中国农业出版社,1996.

[30] 高士争.饲料添加剂脂肪酸钙的研究进展和应用前景.饲料工业,1999,20(3):32-33.

[31] 葛蔚,等.缓冲剂的作用机制及应用效果.中国饲料,2001(16):8-9.

[32] 关正军,等.牛粪固液分离液两相厌氧发酵技术.农业工程学报,

2011(7):300-304.

[33] 郭宏,等.北方地区暖棚牛舍的设计、温热环境控制及评价.中国奶牛,2003(6):49-52.

[34] 郭亮.现代养牛生产中的粪污处理.安徽农业技术师范学院学报,2001(2):49-51.

[35] 国家肉牛牦牛产业技术体系.2011年度肉牛产业技术发展报告.国家肉牛牦牛产业技术体系网站,2012.

[36] 韩正康,陈杰.反刍动物瘤胃的消化和代谢.北京:科学出版社,1988.

[37] 贺普霄.家畜营养代谢病.北京:中国农业出版社,1994.

[38] 胡坚.动物饲养学.长春:吉林农业出版社.1999.

[39] 冀一伦.实用养牛科学.北京:中国农业出版社,2001.

[40] 贾慎修.中国饲用植物志(第一卷).北京:中国农业出版社,1987.

[41] 蒋洪茂,肖定汉.农家养牛120问.北京:中国农业出版社,1995.

[42] 蒋洪茂.肉牛高效育肥饲养与管理技术.北京:中国农业出版社,2003.

[43] 蒋洪茂.优质牛肉生产技术.北京:中国农业出版社,1995.

[44] 蒋振山.糖蜜在反刍动物饲料中的应用.饲料工业,2001,22(5):46.

[45] 李德发.现代饲料生产.北京:中国农业大学出版社,1997.

[46] 李德发.中国饲料大全.北京:中国农业出版社,2001.

[47] 李复兴,等.配合饲料大全.青岛:青岛海洋大学出版社,1994.

[48] 李广有.牛鲜粪便转化民用燃料原料配方的筛选.中国奶牛,2012(2):2-6.

[49] 李建国,冀一伦.养牛手册.石家庄:河北科学技术出版社,2008.

[50] 李建国,李运起.肉牛养殖手册.北京:中国农业大学出版社,2004.

[51] 李建国,等.粗料型日粮真胃灌注棕榈油对肉牛能量和蛋白质转化效率影响的初步研究.畜牧兽医学报,2000,31(5):385-389.

［52］李建国,等.肉牛标准化生产技术.北京:中国农业大学出版社,2003.

［53］李建国,等.肉牛高效育肥技术技术.石家庄:河北科学技术出版社,1998.

［54］李建国.饲料添加剂应用技术问答.北京:中国农业出版社,2001.

［55］李建军,等.反刍动物高能添加剂—脂肪酸钙研究进展.中国畜牧兽医杂志,2000,27(2):14-16.

［56］李琍,丁角立.瘤胃微生物的肽营养.中国畜牧杂志,1999,35(2):54.

［57］李胜利,冯仰廉.养牛科学研究进展.北京:中国农业科技出版社,1998.

［58］李傣东,等.浅谈养殖场粪污处理设备.机械研究与应用.2010(5):129～130.

［59］李英,桑润滋.现代化肉牛产业化生产.石家庄:河北科学技术出版社,2000.

［60］李英,等.河北饲料区划与开发.石家庄:河北科学技术出版社,1994.

［61］李勇钢,等.犊牛直线育肥技术.黄牛杂志,1999(1):60.

［62］李震钟.畜牧场生产工艺与畜舍设计.北京:中国农业出版社,2000.

［63］廖新俤,等.家畜生态学.北京:中国农业出版社,2009.

［64］刘基伟,等.牛粪的污染与处理.黑龙江农业科学,2010(11):82-84.

［65］刘继军,等.畜牧场规划设计.北京:中国农业出版社,2008.

［66］刘汀.畜牧养殖业污染分析与清洁生产技术研究.能源与环境,2009(1):69-71.

［67］刘薇,等.北京市奶牛养殖结构及粪污处理现状分析.北京农业,2011(36):74-76.

［68］柳春铃.沼液利用技术综述.现代化农业,2012(5):44-45.

［69］柳楠,等.牛羊饲料配制和使用技术.北京:中国农业出版

社,2003.

[70] 卢德勋.反刍动物营养调控理论及其应用.内蒙古畜牧科学特刊,1993.

[71] 栾冬梅,等.黑龙江省不同类型肉牛舍冬季环境的研究.东北农业大学学报,2011(6):66-70.

[72] 满红.牛场的粪污处理与利用.四川畜牧兽医,2012(2):40.

[73] 缪应庭.饲料生产学(北方本).北京:中国农业科学技术出版社,1993.

[74] 内蒙古农牧学院.牧草及饲料作物栽培学.2版.北京:中国农业出版社,1990.

[75] 南京农学院.饲料生产学.北京:农业出版社,1980.

[76] 倪有煌.兽医内科学.北京:中国农业出版社,1996.

[77] 潘宝海,等.饲用酶制剂的应用研究进展.中国饲料,2001(18):18-20.

[78] 齐德生,等.膨润土在饲料生产中的应用及存在问题.饲料工业,2002,23(14):25-27.

[79] 钱凤芹,党佩珍.马牛羊病防治问答.石家庄:河北科学技术出版社,1995.

[80] 钱靖华,等.牛场沼气工程设计中的关键问题研究.中国沼气.2009(1):20-23.

[81] 邱怀.牛生产学.北京:中国农业出版社,1995.

[82] 邱怀.现代肉牛生产及产品加工.西安:陕西科学技术出版社,1995.

[83] 荣玲.浅谈养牛场粪污的无害化处理与资源化利用.江西畜牧兽医杂志,2011(6):24-26.

[84] 桑润兹,等.优质高效肉牛生产及产品加工.北京:中国农业科技出版社,2000.

[85] 桑润滋,等.黑白花奶牛胚胎移植黄牛试验.中国畜牧杂志,1987(1):34.

[86] 桑润滋.动物繁殖生物技术.北京:中国农业出版社,2002.

[87] 沙长青,等.沼气发酵产生的沼渣、沼液处理技术研究.黑龙江科学,2010(1):1-5.

[88] 帅丽芳,等.微生态制剂对反刍动物消化系统的调控作用.中国饲料,2002(9):16-17.

[89] 苏纯阳,等.微量元素氨基酸(小肽)螯合物的研究进展.饲料工业,2002,23(1):15-18.

[90] 孙维斌.国外引进的肉牛品种简介.黄牛杂志,2002(3):65.

[91] 汪耳洲,等.牛场沼气发酵技术与产品利用.中国奶牛,2011(22):61～63.

[92] 王根林.养牛学.北京:中国农业出版社,2000.

[93] 王恒,刘润铮.实用家畜繁殖学.长春:吉林科学出版社,1993.

[94] 王加启.肉牛的饲料与饲养.北京:科学技术文献出版社,2002.

[95] 王建华.兽医内科学(第四版).北京:中国农业出版社,2010.

[96] 王清义,等.中国现代畜牧业生态学.北京:中国农业出版社,2008.

[97] 王全军,等.低聚糖在动物饲养中的应用.中国饲料,2000(16):15-17.

[98] 王思珍,等.北纬43°地区日光暖棚牛舍的设计及其环境评价.中国畜牧,2006(17):54-56.

[99] 王钟建.反刍动物尿素饲用技术研究.中国饲料,1996(16):8-10.

[100] 魏玉明,等.中小型奶牛场奶牛粪便两种处理模式效果分析.甘肃科技,2009(16):40-41.

[101] 吴乃科,等.优质高档牛肉规范化生产技术规程.黄牛杂志,2002(1):52.

[102] 肖文一,陈德新,吴渠来.饲用植物栽培与利用.北京:中国农业出版社,1991.

[103] 邢廷铣.农作物秸秆饲料加工与应用.北京:金盾出版社,2000.

[104] 邢廷铣.农作物秸秆营养价值及其利用.长沙:湖南科学技术出

版社,1995.

[105] 徐丹.畜禽标准化规模养殖场建设(连载四)粪污无害化处理(下).湖南农业,2012(4):19.

[106] 徐学明.微量元素氨基酸络合物的特点与应用.中国饲料,2000(19):20-21.

[107] 许尚忠,等.肉牛高效生产实用技术.北京:中国农业出版社,2002.

[108] 宣长和,等.当代牛病诊疗图说.北京:科学技术文献出版社,2002.

[109] 杨凤.动物营养学.北京:中国农业出版社,1993.

[110] 杨文章,等.肉牛养殖综合配套技术.北京:中国农业出版社,2002.

[111] 杨效民.我国牛胚胎工程技术研究与应用进展.黄牛杂志,2003(2):40.

[112] 姚军虎.育肥牛日粮结构及饲喂技术研究进展.黄牛杂志,1998(1):26.

[113] 俞美子,等.畜牧场规划与设计.北京:化学工业出版社,2011.

[114] 原积友,等.如何生产无公害牛肉.黄牛杂志,2003(4):39.

[115] 岳文斌,等.高档肉牛生产大全.北京:中国农业出版社,2003.

[116] 昝林森.肉牛饲养技术手册.北京:中国农业出版社.2000.

[117] 张嘉保,周虚.动物繁殖学.长春:吉林科技出版社,1999.

[118] 张坚中,徐铁铮.家畜冷冻精液.北京:中国农业科技出版社,1988.

[119] 张力,郑中朝.饲料添加剂手册.北京:化学工业出版社,2000.

[120] 张壬午,等.农业生态工程技术.郑州:河南科学技术出版社,2000.

[121] 张玉茹,等.肉牛舍的标准化设计及环境控制.云南畜牧兽医,2007(3):23-26.

[122] 张振兴,姜平.兽医消毒学.北京:中国农业出版社,2010.

[123] 张忠诚,等.家畜繁殖学.3版.北京:中国农业出版社,2000.

[124] 赵西莲,等.如何生产无公害牛肉.黄牛杂志,2003(6):52.

[125] 甄玉国,等.反刍动物氨基酸营养研究进展.饲料工业,2001
(7):16.

[126] 中国农业科学院畜牧研究所,等.中国饲料成分及营养价值表.
北京:农业出版社,1985.

[127] 中华人民共和国农业行业标准.无公害食品　畜禽饮用水水质.
北京:中国标准出版社,2008.

[128] 中华人民共和国农业行业标准.无公害食品.北京:中国标准出
版社,2001.

[129] 中华人民共和国农业行业标准.无公害食品.北京:中国标准出
版社,2002.

[130] 中华人民共和国国家标准(GB/T 19630.1—2011).有机产品第
1 部分:生产.中华人民共和国国家质量监督检验检疫总局、中
国国家标准化管理委员会发布.

[131] 周元军,等.架子牛的快速育肥.黄牛杂志,2003(4):61.

[132] 周自永.新编常用药物手册.北京:金盾出版社,1987.

[133] 朱延旭.优质肉牛肥育技术.辽宁畜牧兽医,2002(1):6-7.